模拟电子技术基础

MONI DIANZI JISHU JICHU

主编◎任　丹　曲萍萍　杨莲红

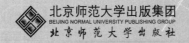

北京师范大学出版集团
BEIJING NORMAL UNIVERSITY PUBLISHING GROUP
北京师范大学出版社

图书在版编目（CIP）数据

模拟电子技术基础/任丹，曲萍萍，杨莲红主编. —北京：北京师范大学出版社，2021.5

ISBN 978-7-303-26631-9

Ⅰ. ①模… Ⅱ. ①任… ②曲… ③杨… Ⅲ. ①模拟电路－电子技术 Ⅳ. ①TN710

中国版本图书馆 CIP 数据核字（2020）第 259925 号

营 销 中 心 电 话 010-58802181　58805532
北师大出版社科技与经管分社 www.jswsbook.com
电 子 信 箱 jswsbook@163.com

出版发行：北京师范大学出版社　www.bnupg.com
　　　　　北京市西城区新街口外大街 12－3 号
　　　　　邮政编码：100088

印　　刷：北京京师印务有限公司
经　　销：全国新华书店
开　　本：787 mm×1092 mm　1/16
印　　张：16.75
字　　数：393 千字
版　　次：2021 年 5 月第 1 版
印　　次：2021 年 5 月第 1 次印刷
定　　价：39.80 元

策划编辑：赵洛育　　　　　　　责任编辑：赵洛育
美术编辑：李向昕　　　　　　　装帧设计：李向昕
责任校对：段立超　　　　　　　责任印制：赵非非

◈ 内 容 提 要 ◈

模拟电子技术基础是一门实践性很强的学科，为适应应用技术型大学的教学需要，本书内容覆盖面较宽，但难度较浅，主要突出基本内容、基本知识和课程的工程性，将电子线路识图和 EDA 软件应用的内容纳入课程，突出了课程的实践性和应用性。

全书共分为 11 章，主要内容有绪论、半导体器件、基本放大电路、多级放大电路、集成运算放大电路、放大电路的频率响应、放大电路中的反馈、信号处理与信号产生电路、功率放大电路、直流稳压电源、模拟电子电路读图，每章配套引言、小结、习题和 Multisim 仿真实例。

本书可作为高等学校、高等职业院校电气自动化类、电子信息类、应用电子类、机电类、计算机类等专业的基础课教材，也可供初学者自学和社会从业人员参考使用。

❖ 前　　言 ❖

　　模拟电子技术基础是一门研究关于对模拟信号进行处理的模拟电路的学科。它以半导体二极管、半导体三极管和场效应管为关键电子器件，包括电压放大电路、功率放大电路、运算放大电路、反馈放大电路、信号运算与处理电路、信号产生电路、电源稳压电路等内容。各类放大电路贯穿模拟电子技术基础整个课程，它们不仅能完成对信号电压或电流的放大作用，而且还是构成其他模拟电路的基础。

　　模拟电子技术基础课程的任务是使学生掌握半导体电子器件和模拟电子电路的基本概念、基本原理和基本分析方法，着力培养学生分析问题、解决问题的发展性能力和创造性能力，培养学生的实践技能，为以后深入学习电子技术领域的其他内容以及为电子技术在各个专业中的应用打好基础。

　　本书编写时坚持"重视基础、强调应用，理论与实践相结合，以能力培养为目标"的原则。本书编写的思路如下：

　　（1）以模拟电子技术最基础、最经典的部分作为基本内容，加强课堂教学的基础性，突出基本内容；根据"精讲多练，启发引导，留有余地，注重创新"的原则编排教学内容，突出课程的工程性；将电子线路识图和电子电路设计自动化（EDA）软件应用的内容纳入课程，突出课程的实践性和先进性。

　　（2）在内容编写上，力求深入浅出，按照由特殊到一般的思维方法组织教材内容，突出模拟电子技术中的基本概念、原理与分析方法，以适应实践教学环节和工程实践的需求；通过将定性与定量分析方法相结合、半导体器件原理介绍与电路实例相结合、电子线路识图与电子电路设计自动化软件融入教学内容中，提高学生分析问题、解决问题及工程实践的能力。

　　本书共分为 11 章，主要内容有绪论、半导体器件、基本放大电路、多级放大电路、集成运算放大电路、放大电路的频率响应、放大电路中的反馈、信号处理与信号产生电路、功率放大电路、直流稳压电源、模拟电子电路读图，每章均有 Multisim 仿真实例。

　　本书由辽东学院任丹、北华大学曲萍萍、昌吉学院杨莲红任主编。其中第 1 章、第 3 章、第 5 章、第 6 章、第 7 章和第 8 章由辽东学院任丹编写；第 2 章和第 4 章由昌吉学院杨莲红编写；第 9 章由北华大学曲萍萍编写；第 10 章由辽东学院赵伟编写；第 11 章由沈阳建筑大学张辉编写。

　　由于编者的水平所限，书中难免有疏漏和错误之处，诚请广大读者批评指正，帮助我们不断加以改进。

编　者

◈ 目　　录 ◈

❖ 第 1 章 绪 论 ❖

引言

模拟电子技术是对模拟电子信号进行处理的技术，它以半导体二极管、半导体三极管和场效应管为关键电子器件，包括电压放大电路、功率放大电路、运算放大电路、反馈放大电路、信号运算与处理电路、信号产生电路、电源稳压电路等内容。各类放大电路是模拟电子技术的基础。

人们现在生活在电子世界中，电子技术无处不在，近至计算机、手机、数码相机、音乐播放器、彩电、音响等生活常用品，远至工业、航天、军事等领域都可看到电子技术的身影。电子技术是 19 世纪末、20 世纪初开始发展起来的新兴技术，它的迅速发展大大推动了航空技术、遥测传感技术、通信技术、计算机技术以及网络技术的迅速发展，因此它是近代科学技术发展的一个重要标志。

电子技术是研究电子器件、电子电路及其应用的技术学科，包括信息电子技术和电力电子技术两大分支。信息电子技术包括模拟电子技术和数字电子技术。电子技术是对电子信号进行处理的技术，处理的方式主要有信号的发生、放大、滤波、转换等。从 1950 年起，电子技术经历了晶体管时代、集成电路时代、超大规模集成电路时代。目前电子技术的应用主要体现在微电子技术、纳米技术、EDA（Electronic Design Automation）技术、嵌入式技术等方面。

➡ 1.1 电信号

➤ 1.1.1 信号与电信号

信号是运载信息的工具，是反映客观信息的物理量，如工业生产中的温度、压力、亮度、颜色和流量，自然界的声音信号等，因此信号是信息的表现形式，信息是信号的内涵。通常，信息需要借助某些物理量（如声、光、电）的变化来表示和传递，无线电话、电视和广播就是利用电磁波来传送声音和图像的。

电压、电流和电磁波等电信号具有容易转换处理、传送和控制的特点，因此工程上常常通过各种传感器将非电信号先转换成电信号的形式，再进行处理和传送。许多信息是通过电信号进行提取、存储、传送、变换和放大的，电信号是应用最广泛的信号。

电信号是指随着时间而变化的电压或电流，因此在数学描述上可将它表示为时间的函数，并可画出其波形。电子电路中的信号均为电信号，一般也简称为信号。

电信号的形式是多种多样的，可以从不同的角度进行分类。根据信号的随机性可以分为确定信号和随机信号；根据信号的周期性可以分为周期信号和非周期信号；根据信号的连续性可以分为连续时间信号和离散信号；在电子线路中又将信号分为模拟信号和数字信号。

▶ 1.1.2　模拟信号与数字信号

模拟信号是指信息参数在给定范围内表现为连续的信号。在一段连续的时间间隔内，代表信息的特征量可以在任意瞬间呈现为任意数值的信号，信号的幅度（或频率、或相位）随时间连续变化，如广播的声音信号、电视的图像信号等。

从宏观上看，人们周围世界中的大多数物理量都是时间连续、数值连续的变量，如气温、气压、风速等，这些变量都可通过相应的传感器转换为模拟电信号输入电子系统。处理模拟信号的电子电路称为模拟电路。

数字信号的幅度的取值是离散的，幅值被限制在有限个数值之内。二进制码就是一种数字信号，它受噪声的影响小，易于由数字电路进行处理，所以得到了广泛的应用。

➡ 1.2　电子系统

电子系统是指由若干相互连接、相互作用的基本电路组成的具有特定功能的电路整体。电子系统有两个过程链条，分别为：传感检测信息输入—信号调理放大变换—信号处理决策—放大变换—控制驱动执行输出—对象—反馈—信号处理决策；人为控制—信号处理决策—放大变换—控制驱动执行输出—对象—反馈—信号处理决策。

电子系统分为模拟型和数字型或两者兼而有之的混合型电子系统，无论哪一种形式的电子系统，都是能够完成某种任务的电子设备。一般把规模较小、功能单一的电子电路称为单元电路；而把功能复杂、由若干个单元电路（功能块）组成的规模较大的电子电路称为电子系统。通常电子系统由输入、输出、信息处理 3 部分组成，用来实现对信息的处理、控制或带动某种负载。

随着计算机技术的发展和应用的普及，绝大多数电子系统都引入了计算机或微处理器来对信号进行处理。由于计算机或微处理器是数字电路系统，只能处理数字信号，所以需要将模拟信号转换为数字信号。

由于大规模集成电路和模拟-数字混合集成电路的大量出现，在单个芯片上可能集成许多种不同类型的电路，从而自成一个系统。例如，目前有多种单个芯片构成的数据采集系统产品，芯片内部往往包括多路模拟开关、可编程放大电路、取样-保持电路、模数转换电路、数字信号传输与控制电路等多种功能电路，并且已互相连接成为一个单片电子系统。

⇒ 1.3 模拟电子技术基础课程

▷ 1.3.1 模拟电子技术基础课程的地位和作用

模拟电子技术基础课程是电子信息类、自动化类、计算机类等专业的基础课程，也叫作半导体电子电路课程、模拟电子线路课程等。模拟电子技术研究方法以线性化方法为主，故有些地区（如中国台湾）也称之为线性电子技术。

模拟电子技术基础课程的前修课程一般有电路原理（或电路分析）、微积分（或高等数学）等，后续课程有数字电子技术基础（也可同时学习甚至先学习）、高频电子线路、电子系统设计等。因此，模拟电子技术基础是上述各类专业的专业入门课程，将为以后专业课程的学习打下基础。

▷ 1.3.2 模拟电子技术基础课程的内容

模拟电子技术基础是一门研究关于对模拟信号进行处理的模拟电路的学科。它以半导体二极管、半导体三极管和场效应管为关键电子器件，包括电压放大电路、功率放大电路、运算放大电路、反馈放大电路、信号运算与处理电路、信号产生电路、电源稳压电路等内容。在模拟电子技术基础课程中，各类放大电路贯穿整个课程，它们不仅能完成对信号电压或电流的放大作用，而且还是构成其他模拟电路的基础。

虽然现在早已进入集成电路时代，但是模拟电子技术课程还是从晶体管和场效应管等基本器件入手，因为晶体管和场效应管是集成电路的细胞。然后在此基础上，介绍一些具有特定功能的电路，或称之为模块电路和典型应用电路，为今后学习专业课程或在其他工程中应用打下良好的基础。

▷ 1.3.3 模拟电子技术基础课程的主要任务和分析方法

模拟电子技术基础课程的任务是使学生掌握半导体电子器件和模拟电子电路的基本概念、基本电路和基本分析方法，着力培养学生分析问题、解决问题的发展性能力和创造性能力，培养学生的电路实践技能，为以后深入学习电子技术领域的其他内容以及为电子技术在各个专业中的应用打好基础。

根据模拟电子技术基础课程的工程性和实践性很强的特点，在学习该课程的过程中一定要注意以下几点。

1. 重点掌握基本概念、基本电路和基本分析方法

掌握模拟电子技术基础中的基本概念、基本电路和基本分析方法是学好模拟电子技术基础课程的关键。

- 对于基本概念，不仅要理解概念引入的必要性，更要理解基本概念的物理意义以及适应的条件，并能灵活运用。

- 在模拟电路中，有成千上万种电路，但是每一个复杂电路其实都是由若干单元电路有机组合在一起构成的。所以在学习模拟电子技术基础课程时，一定要熟练掌握常见的基本单元电路，不仅要掌握单元电路的原理和分析计算，更要理解各单元电路的参数、性能、特点以及应用方法。

- 不同类型的模拟电路具有不同的功能，在对电路进行分析时，可能用到不同的参数和方法。在学习模拟电子技术基础过程中，不仅要掌握各种参数的求解方法、电路的识别方法、性能指标的估算方法和描述方法，还要清楚各种参数、分析方法所适用的条件和范围。

2．灵活运用电路理论的基本定理、定律

晶体管等半导体电子器件是非线性器件，由半导体电子器件和线性器件（如电阻、电容、电感等）组成的模拟电子电路是一种非线性电路。电路中的非线性器件除了体现其自身的伏安特性规律之外，它和线性器件组成的电路还满足电路理论的基本定律和定理，如基尔霍夫定律、戴维宁定理、诺顿定理等。在小信号工作情况下，晶体管等非线性器件可以用其线性电路模型表示，此时可将非线性电路转变为线性电路进行分析。

3．学会用全面、辩证的观点分析模拟电子电路

模拟电路千差万别，应用条件、应用场合各不相同。如果从实际应用出发讨论各种电路，应该说没有最好的电路，只有最合适的电路，或者说在某一特定条件下最好的电路。因为在改变电路的某些参数来改善电路某些性能指标的同时，可能使其他某些电路指标变差。也就是说电路的各方面性能指标往往是相互影响的，要注意不能顾此失彼。因此，只有辩证、全面地学习模拟电子电路，才能掌握模拟电子技术基础。

4．勤于实践

模拟电子技术基础课程的实践性很强，因此学习该课程时，一定要十分重视实践环节。通过实验课或课程设计等实践教学环节，掌握常用仪器仪表的使用方法、常见电子电路的设计与调试方法。

5．至少学会使用一种电子电路仿真与设计软件

学会使用一种电子电路仿真与设计软件，可以加深对电子电路的分析和理解，提高学习模拟电子技术基础课程的效率，使学习、实验与设计变得容易和轻松。为方便读者学习，本书给出了大量基于 Multisim 软件的仿真实例。

总之，只要在学习模拟电子技术基础课程的过程中，坚持发挥自己的主动性，坚持理论联系实际、积极实践，就一定能够根据自己的基础条件，探索出适合自己的高效学习方法。

⇒ 1.4 电子电路的计算机辅助分析和仿真软件 Multisim 介绍

EDA 技术已经在电子设计领域得到广泛应用。发达国家目前已经基本上不存在电子产品的手工设计。一件电子产品的设计过程，从概念的确立，到包括电路原理、PCB 版图、单片机程序、机内结构、FPGA 的构建及仿真、外观界面、热稳定分析、电磁兼容分析在内的物理级设计，再到 PCB 钻孔图、自动贴片、焊膏漏印、元器件清单、总装配图等生产所需资料等全部在计算机上完成。EDA 技术借助计算机存储量大、运行速度快的特点，可对设计方案进行人工难以完成的模拟评估、设计检验、设计优化和数据处理等工作。EDA 已经成为集成电路、印制电路板、电子整机系统设计的主要技术手段。美国国家仪器公司（National Instruments，NI）的 Multisim 软件就是在这方面很好的一个工具。Multisim 是以 Windows 为基础的仿真工具，适用于板级的模拟/数字电路板的设计工作。在世界各地，许多教师都使用 Multisim 来进行电子理论教学，工程师将其应用于各个行业的电路设计和原型开发。

Multisim 是一个原理电路设计、电路功能测试的虚拟仿真软件。Multisim 的元器件库提供数千种电路元器件供实验选用，同时也可以新建或扩充已有的元器件库。Multisim 的虚拟测试仪器仪表有万用表、函数信号发生器、双踪示波器、直流电源、波特图仪、字信号发生器、逻辑分析仪、逻辑转换器、失真仪、频谱分析仪和网络分析仪等。

Multisim 可以设计、测试和演示各种电子电路，可以对被仿真的电路中的元器件设置各种故障，如开路、短路和不同程度的漏电等，从而观察不同故障情况下的电路工作状况。在进行仿真的同时，软件还可以存储测试点的所有数据，列出被仿真电路的所有元器件清单，以及存储测试仪器的工作状态、显示波形和具体数据等。

Multisim 提供了与国内外流行的印刷电路板设计自动化软件 Protel 及电路仿真软件 PSpice 之间的文件接口，能通过 Windows 的剪贴板把电路图输入文字处理系统中进行编辑排版，支持 VHDL 和 Verilog HDL 语言的电路仿真与设计。

1. 基本界面

Multisim 的基本界面分为电路工作区、菜单栏、工具栏、元器件库栏、仪器仪表栏、仿真开关和设计工具箱。

2. 元器件的使用

（1）元器件的选用

选用元器件时，首先在元器件库栏中单击包含该元器件的图标，打开该元器件库，然后在选中的元器件库对话框中单击该元器件，最后单击确认，用鼠标拖曳该元器件到电路工作区的适当地方即可。

（2）选中元器件

单击某元器件即可选中该元器件。被选中的元器件的四周出现 4 个黑色小方块（电路工作区为白底），便于识别。对选中的元器件可以进行移动、旋转、删除、设置参数等操作。用鼠标拖曳形成一个矩形区域，可以同时选中在该矩形区域内包含的一组元器件。

要取消某一个元器件的选中状态，只需单击电路工作区的空白部分即可。

（3）元器件的移动

单击某元器件并按住左键不动，拖曳鼠标即可移动该元器件。要移动一组元器件，必须先用前述的矩形区域方法选中这些元器件，然后按鼠标左键拖曳其中的任意一个元器件，则所有选中的部分就会一起移动。元器件被移动后，与其相连接的导线就会自动重新排列。选中元器件后，也可按箭头键使之做微小的移动。

（4）元器件的旋转与反转

选中该元器件，选择"编辑"菜单中的"左右旋转""上下旋转""顺时针旋转 90°""逆时针旋转 90°"命令即可实现元器件的旋转和反转。也可按 Ctrl 键实现旋转操作。

（5）元器件的复制、删除

选中该元器件，选择"编辑"菜单中的"剪切""复制""粘贴""删除"等命令即可实现元器件的复制与删除。

（6）元器件标签、编号、数值、模型参数的设置

在选中元器件后，双击该元器件，或者选择"编辑"菜单中的"元器件特性"命令，会弹出相关的元器件特性对话框，其中具有多种选项可供设置，包括标识、显示、数值、故障设置、引脚端、变量等。

3. 电路创建

（1）导线的连接

在两个元器件之间，首先将鼠标指针指向一个元器件的端点使其出现一个小圆点，按鼠标左键并拖曳出一根导线，拉住导线并指向另一个元器件的端点使其出现小圆点，释放鼠标左键，则导线连接完成。然后导线将自动选择合适的走向，不会与其他元器件或仪器发生交叉。

（2）连线的删除与改动

将鼠标指针指向元器件与导线的连接点时会出现一个圆点，按左键拖曳该圆点使导线离开元器件端点，释放左键，导线自动消失，完成连线的删除。也可以将拖曳移开的导线连至另一个接点，实现连线的改动。

（3）改变导线的颜色

在复杂的电路中，可以将导线设置为不同的颜色。要改变导线的颜色，用鼠标指针指向该导线，右击，在弹出的菜单中选择"这段颜色"命令，出现颜色选择框，然后选择合适的颜色即可。

（4）在导线中插入元器件

将元器件直接拖曳放置在导线上，然后释放鼠标即可将元器件插入电路中。

（5）从电路删除元器件

选中该元器件，选择"编辑"菜单中的"删除"命令，或者右击，在弹出的菜单中选择"删除"命令即可。

（6）"连接点"的使用

"连接点"是一个小圆点，单击放置节点即可。一个"连接点"最多可以连接来自 4 个方向的导线。可以直接将"连接点"插入连线中。

（7）节点编号

在连接电路时，Multisim 自动为每个节点分配一个编号。是否显示节点编号可选择"选项"菜单中的"电路图属性"命令，在打开的对话框中进行设置。选择 RefDes 选项，可以选择是否显示连接线的节点编号。

4. 仪器的选用与连接

（1）仪器选用

用鼠标将仪器库中所选用的仪器图标拖放到电路工作区即可，类似元器件的拖放。

（2）仪器连接

将仪器图标上的连接端（接线柱）与相应电路的连接点相连，连线过程类似元器件的连线。

（3）设置仪器仪表参数

双击仪器图标即可打开仪器面板。可以用鼠标操作仪器面板上相应按钮及参数设置对话框的选项。

（4）改变仪器仪表参数

在测量或观察过程中，可以根据测量或观察结果来改变仪器仪表参数的设置，如示波器、逻辑分析仪等。

小　　结

模拟电子技术基础是一门研究关于对模拟信号进行处理的模拟电路的学科。它以半导体二极管、半导体三极管和场效应管为关键电子器件，包括电压放大电路、功率放大电路、运算放大电路、反馈放大电路、信号运算与处理电路、信号产生电路、电源稳压电路等内容。在模拟电子技术基础课程中，各类放大电路贯穿整个课程，它们不仅能完成对信号电压或电流的放大作用，而且还是构成其他模拟电路的基础。

模拟电子技术基础课程的任务是使学生掌握半导体电子器件和模拟电子电路的基本概念、基本原理和基本分析方法，着力培养学生分析问题、解决问题的发展性能力和创造性能力，培养学生的实践技能，为以后深入学习电子技术领域的其他内容以及为电子技术在各个专业中的应用打好基础。

使用一种电子电路仿真与设计软件，可以加深对电子电路的分析和理解，提高学习模拟电子技术基础课程的效率，使学习、实验与设计更简单。

习　　题

1.1　什么是电信号？什么是模拟信号？什么是数字信号？

1.2　什么是模拟电路？什么是数字电路？

1.3　模拟电子技术基础课程的特点表现在哪些方面？如何学习模拟电子技术基础课程？

1.4　电子电路仿真分析与设计软件 Multisim 有哪些优点？

❖ 第 2 章　半导体器件 ❖

引言

　　半导体器件是半导体技术的重要组成部分，由于它具有体积小、重量轻、使用寿命长、输入功率小和功率转换高等优点而得到广泛的应用。集成电路，特别是大规模和超大规模集成电路不断更新换代，促使电子设备在微型化、可靠性和电子系统设计的灵活性等方面有了重大的进步，因而半导体技术被称为高新技术是当之无愧的。

　　半导体二极管和三极管是最常用的半导体器件。它们的基本结构、工作原理、特性和参数是学习电子技术和分析电子电路必不可少的基础，而 PN 结又是构成各种半导体器件的共同基础。因此，本章从讨论半导体的导电特性和 PN 结的基本原理开始，介绍二极管和三极管，为今后的学习打下基础。

⏩ 2.1　半导体基础知识

▷ 2.1.1　半导体材料

　　什么是半导体？绝大多数教材上习惯于按材料导电能力的高低区分导体、半导体和绝缘体，把电阻率介于导体和绝缘体之间的材料定义为半导体。这固然是一个非常通俗而容易被广泛接受的定义，但毋庸讳言，这个定义模糊而欠准确。在半导体理论中，给出了较为严格的半导体定义，即半导体是在绝对零度下无任何导电能力，但其导电性随温度升高呈总体上升趋势，且对光照等外部条件和材料的纯度与结构完整性等内部条件十分敏感的一类材料。硅、锗、硒以及大多数金属氧化物和硫化物都是半导体。

　　很多半导体的导电能力在不同条件下有很大差别。例如，有些半导体（如钴、锰、镍等的氧化物）对温度的反应特别灵敏，环境温度升高时，它们的导电能力要增强很多。利用这种特性就做成了各种热敏电阻。又如，有些半导体（如镍、铅等的硫化物与硒化物）受到光照时，它们的导电能力变得很强；当无光照时，又变得像绝缘体那样不导电。利用这种特性就做成了各种光敏元件。更重要的是，如果在纯净的半导体中掺入微量的某种杂质，它的导电能力就可增加几十万乃至几百万倍。例如，在纯净的半导体中掺入百万分之一的硼时，硅的电阻率就从大约$2\times10^{3}\Omega\cdot m$减小到$4\times10^{-3}\Omega\cdot m$左右。利用这种特性做成了各种不同用途的半导体器件，如二极管、双极型晶体管、场效应管及晶闸管等。

　　半导体何以有如此悬殊的导电特性呢？根本原因在于事物内部的特殊性。

▶ 2.1.2 本征半导体

纯净的单晶半导体称为本征半导体。所谓单晶，是指晶格排列完全一致的晶体，而晶体是指由原子、离子或分子按照一定的空间次序排列而形成的具有规则外形的固体。

硅和锗都是四价元素，其原子的最外层轨道上有 4 个价电子，原子结构模型如图 2-1（a）所示，外圈上的 4 个黑点表示 4 个价电子，内圈中的"+4"表示元素原子核和内层电子所具有的正电荷数。硅和锗本征半导体的结构如图 2-1（b）所示，原子在空间形成有序排列的点阵，称为晶格，每个原子都和相邻的 4 个原子结合组成 4 个电子对，这种电子对中的价电子同时受自身原子核和相邻原子核的束缚，因此称为共用电子对。价电子为相邻原子所共有，这种结构称为共价键。

在绝对零度且无光照时，价电子不能摆脱共价键的束缚，这时的本征半导体不导电。

在室温或光照下，少数价电子能够获得足够的能量摆脱共价键的束缚成为自由电子，同时共价键中留下一个空位，这个空位称为空穴，如图 2-1（b）所示，这种现象称为本征激发。由此可见，本征激发会成对产生自由电子和空穴。空穴很容易吸引邻近共价键中的价电子去填补，使空穴发生转移，这种价电子填补空穴的运动可以看成空穴的运动，但是其运动方向与价电子运动方向相反。

自由电子和空穴在运动中相遇时会重新结合而成对消失，这种现象称为复合。温度平稳时，自由电子和空穴的产生和复合将达到动态平衡，这时自由电子-空穴对的浓度一定。

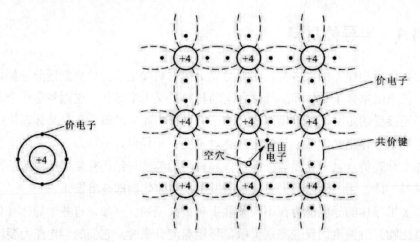

（a）硅（或锗）的原子结构模型　　　　（b）本征半导体的结构示意图

图 2-1　硅（或锗）的原子结构模型和本征半导体的结构示意图

能够运载电荷的粒子称为载流子。在电场作用下，载流子将做定向运动形成电流，这种运动称为漂移运动，所形成的电流称为漂移电流。可见，半导体中有自由电子（带负电）和空穴（带正电）两种载流子参与导电，这与导体导电不一样，导体中只有自由电子一种载流子参与导电。

在室温下，本征半导体的载流子浓度很低，因此导电能力很弱。所以本征半导体几乎没有实用价值。

▶ 2.1.3　杂质半导体

采用一定的工艺在本征半导体中掺入微量杂质元素后，可大大改善半导体的导电特性，掺杂后的半导体称为杂质半导体，它是制造半导体器件的主要材料。

杂质半导体可分为 N 型半导体和 P 型半导体，掺入五价元素（如磷、砷、锑等）后形成的杂质半导体称为 N 型半导体（或电子型半导体），掺入三价元素（如硼、铝、铟等）后形成的杂质半导体称为 P 型半导体（或空穴型半导体）。

在 N 型半导体中，掺入的五价杂质原子将替代晶格中某些四价元素原子的位置，如图 2-2（a）所示。杂质原子与周围的四价元素原子相结合组成共价键时多余一个价电子，这个价电子在室温下很容易挣脱原子核的束缚成为自由电子，与此同时杂质原子变成了正离子，称为施主离子，将五价杂质称为施主杂质。掺入多少杂质原子就能够电离产生多少个自由电子，因此自由电子的浓度大大增加，这样由本征激发所产生的空穴被复合的机会增多，使空穴浓度减少，因此 N 型半导体中自由电子占多数，为多数载流子，简称为多子。空穴为少数载流子，简称为少子。

在 P 型半导体中，掺入的三价杂质原子参与形成共价键时因缺少一个价电子而产生一个空穴，室温下这个空穴极容易被邻近共价键中的价电子所填补，使得杂质原子变成负离子，称为受主离子，将三价杂质称为受主杂质。与此同时产生空穴，如图 2-2（b）所示。这种掺杂使得空穴浓度大大增加，而自由电子浓度减小，因此 P 型半导体中空穴为多子，自由电子为少子。

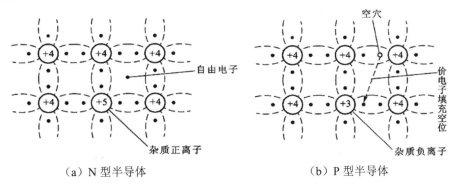

（a）N 型半导体　　　　　　　　　　（b）P 型半导体

图 2-2　杂质半导体的结构示意图

在杂质半导体中，存在自由电子、空穴和杂质离子 3 种带电粒子，如图 2-3 所示。其中自由电子和空穴是载流子，杂质离子不能移动，因而不是载流子。虽然有一种载流子占多数，但是整个半导体呈电中性。

杂质半导体的导电性能主要取决于多子浓度，而多子浓度主要取决于掺杂浓度，其值较大且稳定，故导电性能得到显著改善。少子对杂质半导体的导电性能也有影响，由于少子由本征激发产生，对温度和光照敏感，因此半导体器件对温度和光照敏感会导致器件性能不稳定，在应用中需加以注意。这种敏感性也可以加以利用，制作热敏和光敏传感器。

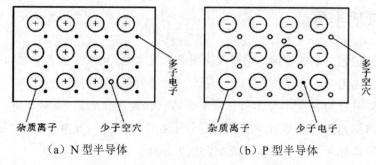

（a）N 型半导体　　　　　　（b）P 型半导体

图 2-3　杂质半导体的带电粒子结构示意图

▶ 2.1.4　PN 结

采用掺杂工艺，在同一块半导体基片的两边分别形成 P 型和 N 型半导体，则这两种半导体的交界面处会形成一个很薄的空间电荷区，称为 PN 结。它是构成各种半导体器件的核心。

1. PN 结的形成

在 P 型和 N 型半导体交界面两侧，自由电子和空穴的浓度存在极大差异：P 区的空穴浓度远大于 N 区，N 区的电子浓度远大于 P 区。浓度差会引起载流子从高浓度区向低浓度区运动，这种运动称为扩散运动，如图 2-4（a）所示，扩散运动所形成的电流叫作扩散电流。P 区中的多子空穴扩散到 N 区，与 N 区的电子复合而消失；N 区中的多子电子向 P 区扩散并与 P 区的空穴复合而消失，使交界面处载流子浓度骤减，形成了由不能移动的杂质离子构成的空间电荷区，同时建立了内建电场（简称内电场），内电场的方向由 N 区指向 P 区，如图 2-4（b）所示。

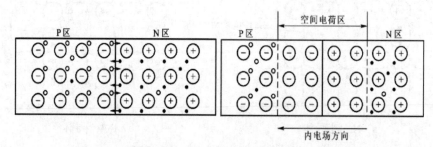

（a）载流子的扩散运动　　　　　　（b）动态平衡时的 PN 结及其内电场

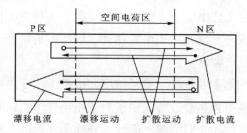

（c）动态平衡时 PN 结中的载流子运动及电流

图 2-4　PN 结的形成

内电场将产生两个作用：一方面阻碍多子扩散；另一方面促使交界面处的少子产生漂移运动。起始时内电场较小，扩散运动较强，漂移运动较弱，随着扩散的进行，空间电荷区变宽，内电场增大，扩散运动逐渐困难，漂移运动逐渐加强。当外部条件一定时，扩散运动和漂移运动最终达到动态平衡，即扩散过去多少载流子必然漂移过来同样多的同类载流子，扩散电流等于漂移电流。这时，空间电荷区的宽度一定，内电场一定，形成了所谓的 PN 结，如图 2-4（c）所示。

PN 结两侧的电位差称为内建电位差，又叫接触电位差，用 U_B 表示，其大小与半导体材料、掺杂浓度和温度有关。室温时，硅材料 PN 结的内建电位差为 0.5～0.7V，锗材料 PN 结的内建电位差为 0.2～0.3V。当温度升高时，U_B 将减小。

由于空间电荷区中的载流子几乎被消耗殆尽，所以空间电荷区又称为耗尽区。另外，从 PN 结内电场阻止多子扩散这个角度而言，空间电荷区也称为阻挡层或势垒区。

2. PN 结的单向导电性

加在 PN 结上的电压称为偏置电压。若 P 区端的电位高于 N 区端的电位，则称 PN 结外接正向电压或正向偏置，简称正偏；反之，则称 PN 结外接反向电压或反向偏置，简称反偏。

PN 结正偏时，外电场将多子推进空间电荷区，使其变窄，如图 2-5（a）所示。这时内电场减弱，扩散运动强于漂移运动，通过 PN 结的电流主要取决于多子的扩散电流，扩散所消耗的载流子源源不断地从外电源得到补充，使扩散运动得以维持，从而在回路中形成正向电流。由于正向电流较大，PN 结呈现的电阻很小，因此 PN 结处于导通状态。正向电流会随着正偏电压的增加而显著增加，为防止烧坏 PN 结，回路中串接了限流电阻 R 进行限流。

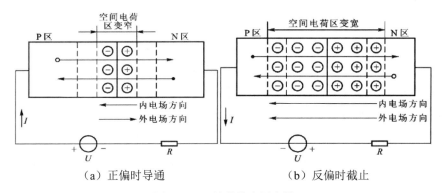

（a）正偏时导通　　　　　　（b）反偏时截止

图 2-5　PN 结的单向导电性

当 PN 结反偏时，外电场驱使多子移离空间电荷区，使空间电荷区变宽，如图 2-5（b）所示。这时内电场增强，漂移运动强于扩散运动，通过 PN 结的电流主要取决于少子的漂移电流，漂移电流所消耗的载流子从外电源得到补充，在回路中形成反向电流。由于反向电流很小（一般为微安级，通常忽略不计），PN 结呈现的电阻很大，因此 PN 结处于截止状态。在反向电压并不很高时，几乎所有的少子都参与了导电，当反向电压增加时，反向电流几乎不增加，因此反向电流又称为反向饱和电流。

综上所述，PN 结正偏时导通，呈现很小的电阻，形成较大的正向电流；反偏时截止，呈现很大的电阻，反向电流很小，近似为零，因此具有单向导电性。

PN 结的单向导电性的数学表达式（称为 PN 结电流方程）为

$$i = I_{\mathrm{S}}\left(\mathrm{e}^{\frac{u}{U_{\mathrm{T}}}} - 1\right) \tag{2-1}$$

式中，u 为加在 PN 结上的电压，其规定参考方向是 P 区端为正，N 区端为负；i 为 PN 结在外电压 u 作用下流过的电流，其规定参考方向是从 P 区流向 N 区；I_{S} 为 PN 结反向饱和电流；$U_{\mathrm{T}} = \dfrac{kT}{q}$，其中 $k = 1.38 \times 10^{-23}$J/K，为玻尔兹曼常数，T 为热力学温度，单位为 K，$q = 1.6 \times 10^{-19}$C，为电子电荷量，U_{T} 称为温度电压当量，常温（$T=300$K）下，$U_{\mathrm{T}}=26$mV。

思考题：

1. 什么叫本征半导体、N 型半导体和 P 型半导体？
2. 如何理解 PN 结的单向导电特性？

2.2　半导体二极管

2.2.1　二极管的结构与类型

在 PN 结的两端各引出一条电极引线，然后用外壳封装起来就构成了二极管，其结构示意图和图形符号分别如图 2-6（a）、（b）所示。由 P 区引出的电极称为正极（或阳极），由 N 区引出的电极称为负极（或阴极），图形符号中的箭头方向表示正向电流的流向。

二极管按所用半导体材料的不同分为硅管和锗管；按 PN 结面积大小的不同分为点接触型和面接触型。点接触型二极管是由一根很细的金属触丝（如三价元素铝）与一块 N 型半导体（如锗）的表面接触，然后在参考方向通过很大的正向瞬时电流，使触丝和半导体牢固地熔接在一起，三价金属与 N 型锗半导体相结合就构成了 PN 结，如图 2-6（c）所示。点接触型二极管由于金属丝很细，形成的 PN 结面积很小，所以不能承受大的电流和高的反向电压，但是极间电容很小，适合用于高频、小电流的场合，如作为高频检波元件、数字电路中的开关元件等。面接触型二极管的 PN 结是用合金法或扩散法做成的，结构如图 2-6（d）所示。这种二极管的 PN 结面积大，可承受较大的电流，但极间电容较大，适用于低频、大电流电路，主要用于整流电路。在集成电路中，二极管通常采用硅工艺平面型结构，如图 2-6（e）所示。当用于高频电流或开关电路时，要求 PN 结面积小；用于大电流电路时，要求 PN 结面积大。

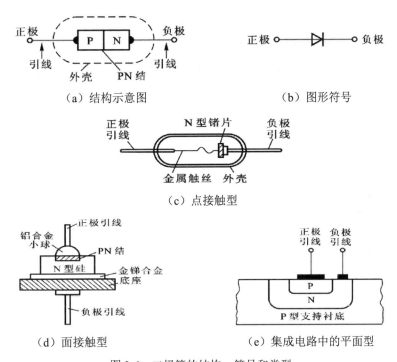

（a）结构示意图　　　　　　　　　（b）图形符号

（c）点接触型

（d）面接触型　　　　　　　　（e）集成电路中的平面型

图 2-6　二极管的结构、符号和类型

▶ 2.2.2　二极管的伏安特性

二极管的伏安特性指二极管电流 i_D 与管子两端所加电压 u_D 之间的关系。二极管本质上是一个 PN 结，所以具有 PN 结的特性，可近似地用 PN 结的伏安特性方程表示，即

$$i_D = I_S \left(e^{\frac{u_D}{U_T}} - 1 \right) \qquad (2\text{-}2)$$

式中，u_D 为二极管端电压，规定其参考方向是以二极管正极为正，负极为负；i_D 为二极管电流，规定其参考方向从二极管正极流向负极；I_S 为二极管反向饱和电流；U_T 为温度电压当量，常温下 $U_T \approx 26\text{mV}$。

由于与 PN 结相比，二极管还存在电极的引线电阻、管外电极间的漏电阻、PN 结两侧的 P 区和 N 区的电阻（称为体电阻），因此，用式（2-2）表示二极管特性时存在一定的误差，但这种误差通常可忽略。

伏安特性可用曲线直观地表示，如图 2-7 所示分别为硅管和锗管的伏安特性曲线。由图可见，在正偏电压大于 U_{th} 时，二极管才正偏导通，这是因为需要足够强的外电场才能克服 PN 结内电场对多子扩散运动造成的阻力而产生电流，U_{th} 称为门槛电压或死区电压。室温下硅管死区电压约为 0.5V，锗管死区电压约为 0.1V。当明显导通时，正向电流随正偏电压的增加而迅速增大，伏安特性曲线几乎陡直，硅管导通压降为 0.6～0.8V，锗管导通压降为 0.1～0.3V，这说明二极管具有恒压特性。为便于分析，工程上定义了导通电压，用 U_{on}

表示，近似认为当正偏电压大于等于 U_{on} 时，二极管导通，管压降为约等于 U_{on}，否则二极管截止，电流约等于零。硅管 $U_{on} \approx 0.7V$；锗管 $U_{on} \approx 0.2V$。

当反偏电压未增大到反向击穿电压 $U_{(BR)}$ 时，反向电流为很小的饱和电流，二极管截止；反偏电压增大到 $U_{(BR)}$ 时，发生反向击穿。

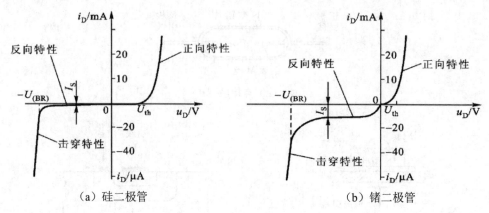

（a）硅二极管　　　　　　　　　　　（b）锗二极管

图 2-7　二极管的伏安特性曲线

比较图 2-7（a）、（b）可知：锗管比硅管易导通，但硅管的反向电流比锗管的反向电流小很多（室温下小功率硅管的反向电流小于 $0.1\mu A$，锗管的反向电流约为几十微安），所以硅管的单向导电性和温度稳定性较好。另外，硅管比较耐击穿、耐温，因此硅管的综合性能较好，在实际中应用较多。

二极管特性受温度影响比较明显，如图 2-8 所示。当温度升高时，正向特性曲线左移，反向特性曲线下移。具体变化规律为：在接近室温时，温度每升高 1℃，正向压降减小 2～2.5mV；温度每升高 10℃，反向电流约增加一倍。正向压降减小的主要原因是：当温度升高时，PN 结的内建电位差减小，因而克服 PN 结的内电场对多子扩散运动阻碍作用所需要的死区电压减小，正向压降也相应减小。反向电流增大的主要原因是：当温度升高时，由本征激发所产生的少子浓度增大，因而由少子漂移所形成的反向电流增大。

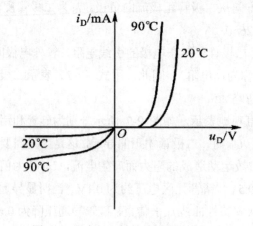

图 2-8　温度对二极管特性曲线的影响

若温度过高,将导致本征激发所产生的少子浓度过大,使少子浓度与多子浓度相当,杂质半导体变得与本征半导体相似,PN 结消失,二极管失效。其他半导体器件也存在这种高温失效现象,为避免半导体器件在高温下失效,一般规定硅管的最高允许结温为 150～200℃,锗管的最高允许结温为 75～100℃。

2.2.3 二极管的主要参数

二极管特性除了可用伏安特性方程和伏安特性曲线表示外,还常用参数来描述,实际使用中一般通过查器件手册,依据参数来选用二极管。

1. 最大整流电流 I_F

最大整流电流 I_F 指二极管长期运行允许通过的最大正向平均电流。使用时若超过此值,可能烧坏二极管。

2. 最高反向工作电压 U_{RM}

最高反向工作电压 U_{RM} 指允许加在二极管两端的最大反向电压,通常规定为反向击穿电压的一半。

3. 反向电流 I_R 和反向饱和电流 I_S

反向饱和电流 I_S 指二极管未击穿时的反向电流值,其值越小,则单向导电性和温度稳定性越好。反向电流会随温度升高而明显增加,在实际使用中需加以注意。因反向电流主要取决于温度而与外加电压基本无关,所以 $I_R \approx I_S$。

4. 最高功率频率 f_M

最高功率频率 f_M 指二极管能单向导电的最高工作频率。工作频率超过此值,则单向导电性变差,甚至失去单向导电性。这是因为 PN 结电容对通过 PN 结的交流电流起分流作用,当工作频率超过 f_M 时,其影响不能忽略,若工作频率过高,则交流电流主要通过 PN 结电容流通,几乎不受 PN 结导通与否的影响,使二极管失去单向导电性。所以 f_M 取决于 PN 结电容大小,PN 结电容越小,f_M 就越大。

思考题:

1. 二极管的主要参数有哪些?
2. 温度上升后,二极管伏安特性曲线如何变化?

2.3 二极管基本应用电路及其分析

利用二极管的伏安特性可构成多种应用电路,如利用单向导电性可构成整流电路和门电路,利用正向恒压特性可构成低电压稳压电路和限幅电路。

二极管的伏安特性是非线性的，因此电路分析中需要求解非线性方程组，这是复杂的、困难的；而实际上做精确计算一般并无实用价值，因为元器件参数具有离散型，且参数可能随工作条件和环境的变化而变化，并且工程上允许一定程度的近似，因此工程中通常采用近似分析，主要有模型分析法、图解分析法和仿真分析法。本节重点介绍模型分析法，其思路是在一定条件下，将非线性器件近似地用合理的线性或分段线性的电路模型等效，使电路和分析简化。

1. 理想模型分析法和恒压降模型的建立

实际使用中，若忽略二极管的导电电压、反向饱和电流，并且管子不会反向击穿，那么实际二极管的伏安特性（如图 2-9（a）中虚线所示）用图 2-9（a）实线所示的伏安特性近似，具有这种理想伏安特性的二极管为理想二极管，也称为二极管的理想模型，图形符号如图 2-9（b）所示。它在正偏时导通，电压降为零；反偏时截止，电流为零，反向击穿电压为无穷大。显然，理想二极管相当于一个理想的压控开关，正偏时开关闭合，反偏时开关断开。

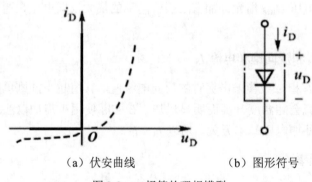

（a）伏安曲线　　　　　　　　（b）图形符号

图 2-9　二极管的理想模型

在多数应用场合，需要考虑二极管的导通电压，但不考虑反向饱和电流和反向击穿电压，这时可将伏安特性用图 2-10 实线所示的伏安特性近似，它在 $u_D \geq U_{on}$ 时导通，导通后电压降为 U_{on}，在 $u_D < U_{on}$ 时截止，i_D 为 0。

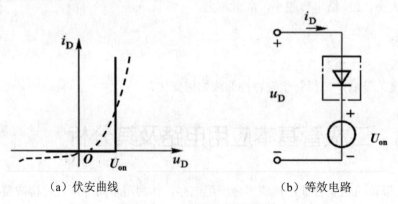

（a）伏安曲线　　　　　　　　（b）等效电路

图 2-10　二极管的恒压降模型

2．二极管应用电路及其分析实例

【**例 2-1**】如图 2-11（a）所示为硅二极管直流电路，试求电流 I_1、I_2、I_O 和输出电压 U_O 的值。

解题分析：在直流电路中二极管起单向导电作用，应先判断二极管导通与否，然后选择合理的模型进行估算。判断二极管导通与否的方法是断开二极管，观察或计算加在二极管正、负极间的电压，若正偏电压大于或等于导通电压，则二极管导通；若反偏或正偏电压小于导通电压，则二极管截止。

解：假设二极管断开，由图得二极管正、负极电位分别为：$U_P=15V$，$U_N=12V$。

故 $U_{PN}=3V$，二极管导通。导通后的硅二极管等效为 0.7V 的恒压源，如图 2-11（b）所示。

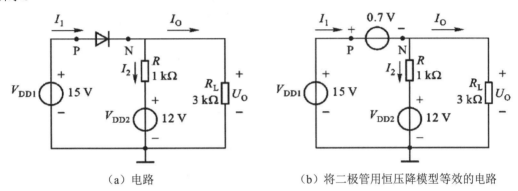

（a）电路   （b）将二极管用恒压降模型等效的电路

图 2-11 二极管直流电路

由图 2-11（b）得：

$$U_O=V_{DD1}-U_{on}=14.3V$$

$$I_O=\frac{U_O}{R_L}=4.8mA$$

$$I_2=\frac{U_O-V_{DD2}}{R}=2.3mA$$

$$I_1=I_O+I_2=7.1mA$$

【**例 2-2**】如图 2-12（a）所示电路中，设二极管为理想二极管，输入电压 u_i 为振幅 15V 的正弦波，试画出输出电压 u_o 的波形。

解：当 u_i 为正半周时，二极管正偏导通，等效电路如图 2-12（b）所示，得 $u_o=u_i$；当 u_i 为负半周时，二极管反偏截止，等效电路如图 2-12（c）所示，得 $u_o=0$。因此 u_o 的波形如图 2-12（d）所示。

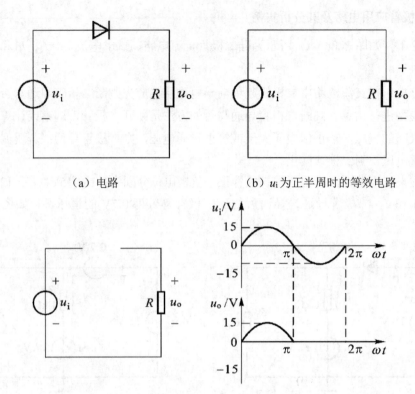

（a）电路　　　　　　　　　　（b）u_i 为正半周时的等效电路

（c）u_i 为负半周时的等效电路　　　（d）输入、输出电压波形

图 2-12　二极管半流整流电路

本例电路为半波整流电路。整流电路是直流稳压电源的重要组成之一，其作用是把正弦电压变换成单向脉动电压。

【例 2-3】在图 2-13（a）中，设 D_A、D_B 均为理想二极管，当输入电压 U_A、U_B 为 0V 和 5V 的不同组合时，求输出电压 U_O 的值。

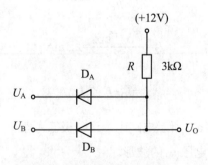

图 2-13　二极管与门电路 Ω

解： 断开两个二极管，得它们的正极电位均为 12V，负极电位分别为 U_A、U_B。

当 $U_A = U_B = 0V$ 时，D_A 和 D_B 加上 12V 的正偏电压，两管都导通，管压降为零，$U_O = 0$。

当 $U_A = 0V$，$U_B = 5V$ 时，D_A、D_B 的正偏电压分别是 12V、7V，因此 D_A 优先导通，使 $U_O = 0$。这时 U_B 正极电位为 0V，负极电位为 5V，因此 D_B 反偏截止。

同理可分析 $U_A=5V$，$U_B=0V$ 和 $U_A=U_B=5V$ 两种输入时的电路工作情况，如表 2-1 所示。

表 2-1　二极管与门电路工作分析

输　入　电　压		二极管工作状态		输　出　电　压
U_A/V	U_B/V	D_A	D_B	U_O/V
0	0	正偏导通	正偏导通	0
0	5	正偏导通	反偏截止	0
5	0	反偏截止	正偏导通	0
5	5	正偏导通	正偏导通	5

本例电路即数字电路中的二极管与门电路，由表 2-1 可知，电路功能为：当输入电压中有低电压（0V）时，输出电压为低电压（0V）；只有当输入电压均为高电压（5V）时，输出电压才为高电压（5V）。

需要指出，对有多个二极管的电路，分析时要弄清楚哪个二极管优先导通，并注意优先导通的二极管对其他二极管的工作状态所产生的影响。

【例 2-4】 分析图 2-14（a）所示的硅二极管电路：（1）画出电压特性曲线；（2）已知 $u_i=10\sin\omega t(V)$，画出 u_i 和 u_o 的波形。

解： 分析电路工作情况如下。

由于 D_1 管的负极电位恒为 2V，D_2 管的正极电位恒为 -4V，因此，当 $u_i \geqslant 2.7V$ 时，D_1 管导通，管压降恒为 0.7V，D_2 管截止，使其所在支路开路，故 u_o 恒等于 2.7V；当 $-4.7V < u_i < 2.7V$ 时，D_1 管和 D_2 管均截止，使其所在支路均开路，故 $u_o=u_i$；当 $u_i \leqslant -4.7V$ 时，D_1 管截止，D_2 管导通，故 u_o 恒等于 -4.7V。

根据上述分析结果，画出电压传输特性曲线如图 2-14（b）所示；画出 u_i 和 u_o 的波形如图 2-14（c）所示。

由波形图可见，当输入正电压超过 2.7V 时，输出电压被限幅在 2.7V；当输入负电压超过 4.7V 时，输出电压被限幅在 -4.7V；当输入值未超过规定限幅值时，输入信号能正常地传送到输出。这样的电路称为双向限幅电路，也称为削波电路。

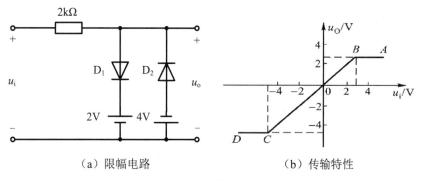

（a）限幅电路　　　　　　（b）传输特性

图 2-14　二极管限幅电路

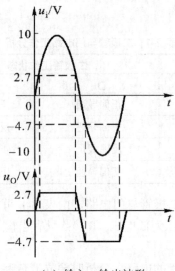

（c）输入、输出波形

图 2-14　二极管限幅电路（续）

限幅电路可以限制信号的电压范围，常用作保护电路，防止电子系统中的敏感器件或电路因电压过大而损坏。

思考题：

1．在什么条件下，二极管电路可采用理想二极管模型？

2．二极管等效电路有哪几种常用模型？

2.4　特殊二极管

二极管种类很多，除前面讨论的普通二极管外，常用的还有稳压二极管、发光二极管、光电二极管、变容二极管等。

2.4.1　稳压二极管

1．稳压二极管的符号、特性与主要参数

稳压二极管又称为齐纳二极管，简称稳压管，它是一种特殊的面接触型硅二极管，符号和伏安特性曲线如图 2-15 所示。其正向特性曲线与普通二极管相似，而反向击穿特性曲线很陡。正常情况下稳压管工作在反向击穿区，由于曲线很陡，反向电流在很大范围内变化时，端电压变化很小，因而具有稳压作用。稳压管在使用时应串接限流电阻，以保证反向电流不超过最大允许电流，避免热击穿。

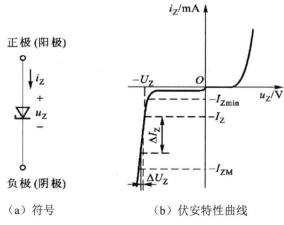

（a）符号　　　　　　（b）伏安特性曲线

图 2-15　稳压二极管的符号和伏安特性曲线

稳压二极管的主要参数有：

（1）稳定电压 U_Z：指流过规定电流时稳压管两端的反向电压值，通常就是稳压管稳压工作时的压降，其值取决于反向击穿电压值。

（2）稳定电流 I_Z：指稳压管稳压工作放入的参考电流，通常为工作电压等于 U_Z 时所对应的电流值。当工作电流小于 I_Z 时，稳压效果变差，若小于 I_{Zmin}（称为最小稳压电流），则失去稳压作用。

（3）最大耗散功率 P_{ZM} 和最大工作电流 I_{ZM}：P_{ZM} 和 I_{ZM} 是为了保证二极管不被热击穿而规定的极限参数，由二极管允许的最高结温决定。P_{ZM} 和 I_{ZM} 的关系为

$$P_{ZM} = I_{ZM} U_Z \tag{2-3}$$

（4）动态电阻（也称交流电阻）r_z：指稳压管稳压工作时的电压变化量与相应电流变化量之比，即

$$r_z = \frac{\Delta U_Z}{\Delta I_Z} \tag{2-4}$$

r_z 值很小，约几欧到几十欧。r_z 值越小，稳压管的稳压性能越好。

（5）电压温度系数 C_{TV}：指温度每增加 $1°C$ 时稳定电压的相对变化量，即

$$C_{TV} = \frac{\dfrac{\Delta U_Z}{U_Z}}{\Delta T} \tag{2-5}$$

2. 稳压管稳压电路的工作原理

如图 2-16 所示稳压管稳压电路中，R 为限流电阻（又称降压电阻），R_L 为负载电阻。当稳压管在稳压工作时，有下列关系

$$U_O = U_I - I_R R = U_Z \tag{2-6}$$

$$I_R = I_Z + I_O \qquad (2\text{-}7)$$

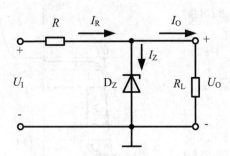

图 2-16 稳压管组成的稳压电路

当 R_L 不变而 U_I 增大时，U_O 随之上升，加于稳压管两端的反向电压增加，使电流 I_Z 大大增加，由式（2-7）可知，I_R 随之显著增加，从而使限流电阻 R 上的压降增大，导致 U_I 的增加量绝大部分降落在限流电阻上，而输出电压 U_O 维持基本恒定。反之，当 R_L 不变而 U_I 下降时，电路将产生与上述相反的稳压过程。

当 U_I 不变而 R_L 增大（即负载电流减小）时，U_O 随之增大，则 I_Z 大大增加，迫使 U_O 下降以维持基本稳定。反之，当 U_I 不变而 R_L 减小时，将产生与上述相反的稳压过程。

综上所述，稳压管稳压电路的原理是：当 U_I 或 R_L 变化时，电路将自动调整 I_Z 的大小，以改变降压电阻 R 上的压降，从而维持 U_O 基本稳定。

为使电路安全可靠地稳压工作，应加足够大的反偏电压，使稳压管工作于反向击穿区，且给稳压管串接适当大小的限流电阻 R，使稳压管电流满足

$$I_{Zmin} \leqslant I_Z \leqslant I_{ZM} \qquad (2\text{-}8)$$

2.4.2 发光二极管

发光二极管简称 LED（Light Emitting Diode），图形符号如图 2-17（a）所示。它利用自由电子和空穴复合时能产生光的半导体制成，采用不同的材料，分别得到红、黄、绿、橙、蓝光和红外光。LED 的伏安特性与普通二极管相似，但正向导通电压大；当正偏导通时发光，光亮度随电流增大而增强，工作电流为几毫安到几十毫安，典型值为 10mA；反向击穿电压一般大于 5V，为安全起见，一般工作在 5V 以下。

LED 基本应用电路如图 2-17（b）所示，串接限流电阻 R 将 LED 的工作电流限定在额定范围内，电源电压 U 可以是直流、交流或脉冲信号。

LED 主要用作显示器件，可单个使用，用作电源指示灯、测控电路中的工作状态指示灯等，也常做成条状发光器件，制成七段或八段数码管，用以显示数字或字符；还可以以 LED 为像素，组成矩阵式显示器件，用以显示图像、文字等，在电子公告、影视传媒、交通管理等方面得到广泛应用。

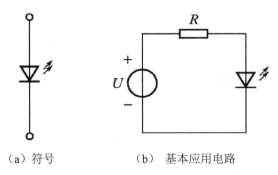

（a）符号　　　　　　　（b）　基本应用电路

图 2-17　发光二极管的符号与基本应用电路

▶ 2.4.3　光电二极管

　　光电二极管是将光信号转化为电信号的半导体器件，图形符号如图 2-18 所示。其结构与普通二极管类似，但管壳上有一个用于接收光照的玻璃窗口。使用时光电二极管的 PN 结应反偏，在光信号的照射下，反向电流随光照强度的增加而上升，这时的反向电流叫光电流。光电流也与入射光的波长有关。

　　显然，将发光二极管和光电器件组合可以实现光电耦合，如图 2-19 所示。发光二极管 LED₁ 发出的光强度按照输入信号的规律变化，光电二极管 LED₂ 接收到光信号后，还原为按照输入信号规律变化的电信号输出，从而实现信号的光电耦合。光电耦合的应用很多，可实现信号的光传输，也常用作监控电路中的抗干扰接口电路。

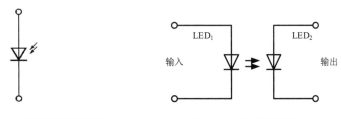

图 2-18　光电二极管的图形符号　　　　　图 2-19　光电耦合器

思考题：

1．分别叙述光电二极管、发光二极管的主要作用和用途。

2．稳压管的伏安特性与普通二极管的伏安特性有何区别？

3．在稳压管稳压电路中，稳压管起什么作用？限流电阻起什么作用？

➡ 2.5　晶体三极管

　　半导体三极管具有放大和开关作用，应用非常广泛。它有双极型和单极型两类，双极型半导体三极管通常简称为晶体三极管、晶体管、三极管或 BJT（Bipolar Junction Transistor），它有空穴和自由电子两种载流子参与导电；单极型半导体三极管通常称为场效应管，简称

FET（Field Effect Transistor），是一种利用电场效应控制输出电流的半导体器件，它依靠一种载流子（多子）参与导电。

▶ 2.5.1 晶体管及其特性

晶体管是通过一定的工艺，将两个 PN 结结合在一起所构成的器件。按照制造材料不同，分为硅管和锗管；按照结构不同，分为 NPN 型管和 PNP 型管。

如图 2-20（a）所示为 NPN 型晶体管的结构示意图，它由 3 个掺杂区构成，中间是一块很薄的 P 型半导体，称为基区，两边各有一块 N 型半导体，其中高掺杂区（标 N$^+$）称为发射区，另一块称为集电区；从各区所引出的电极相应地称为基极、发射极和集电极，分别用 B、E、C 表示。当两块不同类型的半导体结合在一起时，交界处会形成 PN 结，因此晶体管有两个 PN 结，发射区与基区之间的 PN 结称为发射结，集电区与基区之间的 PN 结称为集电结。

如图 2-20（b）所示为硅平面管管芯结构剖面图，它以 N 型衬底的氧化膜上光刻一个窗口，进行硼杂质扩散，获得 P 型基区，经氧化膜掩护后再在 P 型半导体上光刻一个窗口，进行高浓度的磷扩散，获得 N$^+$型发射区，然后从各区引出电极引线，最后在表面生长一层二氧化硅，以保护芯片免受外界污染。一般的 PN 型硅管都属于这种结构。

NPN 型晶体管的图形符号如图 2-20（c）所示，箭头指示了发射极位置及发射结正偏时的发射极电流方向。

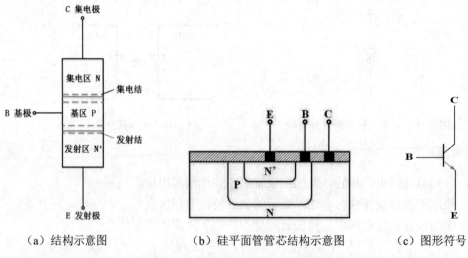

（a）结构示意图　　　　　　（b）硅平面管管芯结构示意图　　　　（c）图形符号

图 2-20　NPN 型晶体管的结构与图形符号

PNP 型晶体管的结构和图形符号如图 2-21 所示，其结构与 NPN 型管对应，因此它们的工作原理和特性也对应，但各电极的电压极性和电流流向正好相反，在图形符号中，NPN 型晶体管的发射极电流是流出的，而 PNP 型晶体管的发射极电流则是流入的。

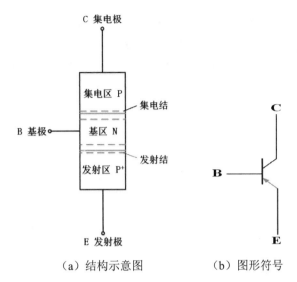

（a）结构示意图 　　　　（b）图形符号

图 2-21　PNP 型晶体管的结构与图形符号

综上可知，晶体管的发射区掺杂浓度很高，基区很薄且掺杂浓度很低，集电区掺杂浓度较低但集电结面积很大，这些制造工艺和结构的特点是晶体管起放大作用所必须具备的内部条件，通过下面的讨论读者会理解这一点。

2.5.2　晶体管的工作原理

晶体管有两个 PN 结，根据 PN 结的偏置条件不同对应有 4 种工作状态。当发射结正偏导通、集电结反偏时，晶体管工作于放大状态；当发射结正偏导通、集电结正偏时，晶体管工作于饱和状态；当发射结未正偏导通、集电结反偏时，晶体管工作于截止状态；当发射结反偏、集电结正偏导通时，晶体管工作于倒置放大状态。实际电路中通常只用放大、饱和和截止 3 种工作状态，下面以 NPN 型管为例讨论这 3 种状态的工作原理。

1．放大状态

（1）偏置条件

在图 2-22 电路中，基极电源 V_{BB} 通过电阻 R_B 和发射结形成输入回路，使基极 B 和发射极 E 之间的电压 $U_{BE}>0$，给 NPN 管的发射结加上正偏电压；集电极电源 V_{CC} 通过集电极电阻 R_C 和集电结形成输出回路，由于发射结正偏导通后的压降很小，因此 V_{CC} 主要降落在电阻 R_C 和集电结两端，可以使集电极 C 和基极 B 之间的电压 $U_{CB}>0$，即给 NPN 管的集电结加上反偏电压，因此该电路能使发射结正偏导通、集电结反偏，晶体管工作于放大状态。图中发射极 E 为输入、输出回路的公共端，这种接法称为共发射极接法。

（2）晶体管内部载流子的运动规律和电流分配关系

由于发射结正偏导通，发射区的多子（电子）不断地向基区扩散，形成电流 I_{EN}，基区多子（空穴）也要向发射区扩散，但因其数量很小可忽略，因此发射极电流 $I_E \approx I_{EN}$。发射到基区的电子继续向集电结方向扩散，由于基区很薄且掺杂浓度低，故扩散过程中只有少数电子与基区空穴复合形成电流 I_{BN}，绝大部分电子到达集电结。由于集电结反偏，这些电子能顺利漂移过集电结，被集电区收集形成电流 I_{CN}。此外，集电结因反偏还产生反向饱和电流 I_{CBO}，它由集电区的少子（电子）在电压作用下做漂移运动所形成。因此可得基极和集电极电流分别为

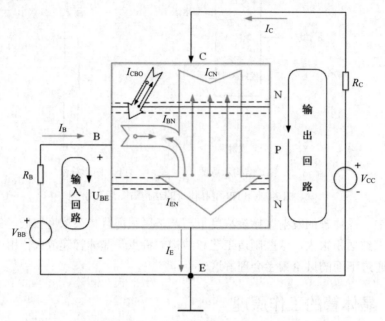

图 2-22　放大状态时的 NPN 管内部载流子运动规律和各极电流

$$I_B = I_{BN} - I_{CBO} \tag{2-9}$$

$$I_C = I_{CN} + I_{CBO} \tag{2-10}$$

I_{BN}、I_{CN} 由 I_{EN} 分配得到，当晶体管制成后，这个分配比例就确定了，通常用参数 $\bar{\beta}$ 来表示，称为晶体管共发射极直流电流放大系数，定义为

$$\bar{\beta} = \frac{I_{CN}}{I_{BN}} = \frac{I_C - I_{CBO}}{I_B + I_{CBO}} \tag{2-11}$$

显然 $\bar{\beta} \gg 1$。

综上可推得各电极电流之间的关系为

$$I_E = I_B + I_C \tag{2-12}$$

$$I_C = \bar{\beta} I_B + \left(1 + \bar{\beta}\right) I_{CBO} = \bar{\beta} I_B + I_{CEO} \tag{2-13}$$

式中，I_{CEO} 称为穿透电流

$$I_{CEO} = \left(1 + \bar{\beta}\right) I_{CBO} \tag{2-14}$$

通常 I_{CEO} 较小，可忽略不计，因此可得下面这组在工程分析中十分有用的近似公式

$$I_C \approx \overline{\beta} I_B \tag{2-15}$$

$$I_E \approx \left(1 + \overline{\beta}\right) I_B \approx I_C \tag{2-16}$$

（3）电流放大作用

由于各极电流之间有确定的分配关系：$I_C \approx \overline{\beta} I_B$ 且 $\overline{\beta} \gg 1$，所以当输入电流 I_B 有微小变化时能得到输出电流 I_C 的很大变化，说明晶体管具有电流放大作用。

晶体管的电流放大作用是依靠 I_E 通过基区传输，其中极少部分在基区复合形成 I_B，绝大部分到达集电区形成 I_C 而实现的。为保证这个传输过程，晶体管必须满足内部工艺条件和发射结正偏导通、集电结反偏的偏置条件，只有这样才能使晶体管具有很强的电流放大能力。

2．饱和状态

在图 2-22 电路中，当减小 R_B 时，I_B 增大，I_C 随之增大，U_{CE} 减小。当 R_B 足够小时可使 $U_{CB} < 0$，即集电结正偏，这样就使发射结正偏导通、集电结正偏，晶体管进入饱和状态。

集电结正偏不利于集电区收集基区的电子，扩散到基区的电子中将有大部分在基区复合形成 I_B，I_C 不再能像放大状态时按比例得到，因此在饱和状态时，晶体管失去了 I_B 对 I_C 的控制能力，即失去了电流放大能力。这时 I_C 主要受 U_{CE} 控制。当 U_{CE} 减小，使集电结从零偏（即临界饱和）向正偏导通（即饱和）的变化过程中，集电区收集基区电子的能力迅速减弱，导致 I_C 随着 U_{CE} 的减小而迅速减小。

3．截止状态

当发射结未正偏导通、集电结反偏时，晶体管处于截止状态，各极电流 I_E、I_B 和 I_C 近似为零。为使晶体管可靠截止，通常要求发射结零偏或反偏、集电结反偏。

综上可知：

- 晶体管工作的状态由发射结和集电结的偏置条件决定。放大与饱和都属于导通状态，可根据 U_{CE} 大小加以判别：当 $U_{CE} = U_{BE}$（即 $U_{CB} = 0$）时，晶体管工作于临界饱和状态；当 $U_{CE} > U_{BE}$（即 $U_{CB} > 0$）时，NPN 型管工作于放大状态；当 $U_{CE} < U_{BE}$（即 $U_{CB} < 0$）时，NPN 型管工作于饱和状态。放大和临界饱和时晶体管有电流放大作用，饱和和截止时晶体管无电流放大作用。
- 晶体管在电路中的接法是：一个电极作信号输入端，另一个电极作信号输出端，剩下的那个电极作输入、输出回路的公共端。根据公共端不同，有共发射极、共基极和共集电极 3 种接法（或称 3 种组态），如图 2-23 所示，相应的电路分别称为共发射极电路、共基极电路和共集电极电路。

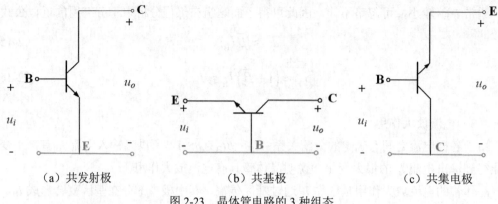

（a）共发射极　　　　　　　　（b）共基极　　　　　　　　（c）共集电极

图 2-23　晶体管电路的 3 种组态

2.5.3　晶体管的伏安特性

晶体管的伏安特性是指晶体管的极电流与极电压之间的函数关系。下面以共发射极接法的输入和输出特性为例加以讨论。为便于讨论，将图 2-23（a）所示的共发射极电路改画成图 2-24（a）。

1. 输入特性

输入特性描述 u_{CE} 为某一常数时，输入电流 i_B 与输入电压 u_{BE} 之间的函数关系，即

$$i_B=f(u_{BE})\big|_{u_{CE}=常数} \tag{2-17}$$

图 2-24（b）所示为某 NPN 型管的输入特性曲线，对应一个 u_{CE} 值可画出一条曲线，因此输入特性由一簇曲线构成。由图可知：

● 晶体管输入特性与二极管输入特性相似，在发射结电压 u_{BE} 大于死区电压时才导通，导通后 u_{BE} 近似为常数。

● 当 u_{CE} 从 0 增大为 1V 时，曲线明显右移，而当 $u_{CE} \geqslant 1V$ 后，曲线重合为同一根线。这是因为，当 u_{CE} 从 0 增大为 1V 时，集电结从正偏变化为反偏，集电区收集基区电子的能力从弱变强，在基区复合形成 i_B 的电子从多变少，因此，相同的 u_{BE} 作用下，i_B 迅速减小，曲线明显右移。当 $u_{CE} \geqslant 1V$ 后，集电区收集电子的能力已足够强，已能把基区的绝大多数电子拉到集电区，以至 u_{CE} 再增大时，对 i_B 没有明显影响，曲线基本重合。在实际使用中，多数情况下满足 $u_{CE} \geqslant 1V$，因此通常用的是最右边这条曲线。由该曲线可见，硅管的死区电压约为 0.5V，导通电压（用 $U_{BE(on)}$ 表示）为 0.6～0.8V，近似分析时通常取 0.7V。

● 对于锗管，死区电压约为 0.2～0.3V，近似分析时通常取 0.2V。

2. 输出特性

输出特性描述 i_B 为某一常数时，输出电流 i_C 与输出电压 u_{CE} 之间的函数关系，即

$$i_C=f(u_{CE})\big|_{i_B=常数} \tag{2-18}$$

对应一个 i_B 值可画出一条曲线，因此输出特性曲线也由一簇曲线构成，如图 2-24（c）所示，通常划分为放大、饱和和截止 3 个工作区域。

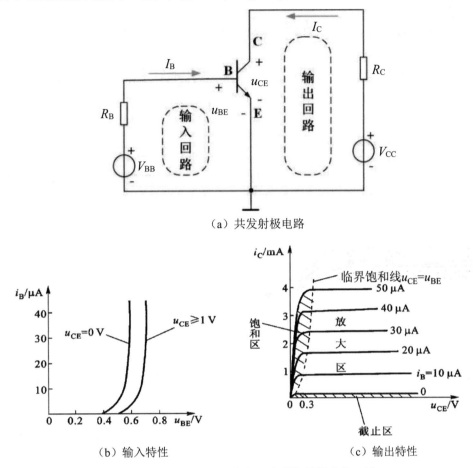

（a）共发射极电路

（b）输入特性　　　　　　（c）输出特性

图 2-24　NPN 型硅管的共发射极特性曲线示例

（1）放大区

放大区即图 2-24（c）中 $i_B>0$ 且 $u_{CE}\geqslant u_{BE}$ 的区域，为一簇几乎和横轴平行的间隔均匀的直线，这是放大工作状态所对应的伏安特性。特性曲线为一簇几乎和横轴平行的直线，说明 i_C 几乎与 u_{CE} 无关，仅取决于 i_B，$i_C=\overline{\beta} i_B$，因此具有恒流输出特性。当 i_B 等量增大时，曲线间隔均匀地上移，说明 $\Delta i_C\propto\Delta i_B$，因此具有电流线性放大作用。曲线略有向上倾斜，是因为当 u_{CE} 增大时，u_{CB} 随之增大（因 $u_{CB}=u_{CE}-u_{BE}$），集电结变宽，基区宽度减小，基区载流子复合的机会减小，若要维持相同的 i_B，就要求发射区更多的多子到基区，因此 i_C 略增大，这种现象称为基区宽度调制效应。

（2）饱和区

饱和区即图 2-24（c）中 $i_B>0$ 且 $u_{CE}<u_{BE}$ 的区域，为一簇紧靠纵轴的很陡的曲线，这是饱和工作状态所对应的伏安特性。这时晶体管不具有放大作用，$i_C\neq\overline{\beta} i_B$，$i_C$ 基本不受 i_B 控制而随 u_{CE} 的减小而迅速减小。饱和时 C 与 B 之间的压降称为饱和压降，记作 U_{CES}。饱和压

降很小，小功率 NPN 硅管的$U_{CES} \approx 0.3V$。当$i_B > 0$且$u_{CE} = u_{BE}$时，晶体管工作于临界饱和状态，此时晶体管仍具有放大作用。

（3）截止区

截止区即图 2-24（c）中 $i_B \leq 0$ 的区域，这是截止工作状态所对应的伏安特性，$i_B \approx 0$，$i_C \approx 0$。

综上可知：晶体管工作于放大区时具有放大和恒流特性；工作于饱和、截止区时，具有开关特性，即饱和时 C 与 E 之间电压近似为零，等效为开关闭合，截止时 C 与 E 之间电流近似为零，等效为开关断开。

3．温度对晶体管特性的影响

温度主要影响导通电压、$\bar{\beta}$和I_{CBO}。当温度升高时，导通电压减小，$\bar{\beta}$和I_{CBO}增大，其变化规律为：温度每升高 1℃，导通电压值减小 2～2.5mV，$\bar{\beta}$增大 0.5%～1%；温度每升高 10℃，I_{CBO}约增加一倍。

▶ 2.5.4 晶体管的主要参数

晶体管主要参数有电流放大系数、极间反向电流、极限参数等，前两者反映晶体管的性能优劣，后者表示晶体管安全工作范围，它们是选用晶体管的依据。

1．电流放大系数

电流放大系数反映了晶体管的电流放大能力，常用的是共发射极电流放大系数，它有直流和交流之分，共发射极直流电流放大系数用$\bar{\beta}$表示，定义为

$$\bar{\beta} \approx \frac{i_C}{i_B} \tag{2-19}$$

共发射极交流电流放大系数用β表示，定义为

$$\beta = \frac{\Delta i_C}{\Delta i_B}\bigg|_Q \tag{2-20}$$

$\bar{\beta}$ 和β的含义不同，前者反映静态电流之比，后者反映了静态工作点 Q 上的动态电流之比。由于目前多数晶体管在放大状态时，$\bar{\beta}$和β基本相等且为常数，因此工程上通常不加以区别，都用β表示，在手册中有时用h_{fe}表示，其值范围通常为 20～200。

有时也用共基极电流放大系数表示晶体管电流放大能力。共基极直流电流放大系数和交流电流放大系数分别记作$\bar{\alpha}$和α，定义为

$$\bar{\alpha} \approx \frac{i_C}{i_E} \tag{2-21}$$

$$\alpha = \frac{\Delta i_C}{\Delta i_E} \tag{2-22}$$

工程上也不加以区分，都用 α 表示，α 值小于 1 而接近于 1，一般在 0.98 以上。

可证明 α 和 β 有如下关系

$$\alpha = \frac{\beta}{1+\beta} \tag{2-23}$$

2. 极间反向电流

极间反向电流有 I_{CBO} 和 I_{CEO}，它们反映晶体管的温度稳定性。

I_{CBO} 称为集电极-基极反向饱和电流，它是发射极开路时流过集电结的反向饱和电流，如图 2-25 所示。室温下，小功率硅管的 I_{CBO} 小于 $1\mu A$，锗管的 I_{CBO} 约为几微安到几十微安。

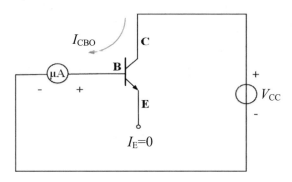

图 2-25　I_{CBO} 的测量电路

I_{CEO} 是基极开路，C、E 之间加正偏电压时，从集电极直通到发射极的电流称为穿透电流，如图 2-26 所示。可证明：$I_{CEO} = (1+\bar{\beta}) I_{CBO}$。

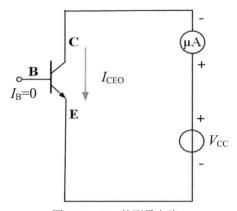

图 2-26　I_{CEO} 的测量电路

I_{CBO} 和 I_{CEO} 均随温度上升而增大，其值越小，受温度影响越小，晶体管温度稳定性越好。硅管的 I_{CBO} 和 I_{CEO} 远小于锗管的，因此实际使用中多用硅管。当 β 大时，I_{CEO} 会较大，因此实际使用中 β 不宜选用过高的，一般选用 $\beta = 40 \sim 120$ 的管子。

3．极限参数

极限参数主要指允许的最高极间电压、最大工作电流和最大管耗，它们确定了晶体管安全工作范围。

（1）集电极最大允许电流 I_{CM}

集电极电流若超过 I_{CM}，β 值将明显下降，但不一定损坏晶体管，若电流过大，则会烧坏晶体管。

（2）集电极最大允许功率损耗 P_{CM}

晶体管的损耗功率主要为集电结功耗，通常用集电极功耗 P_C 表示，$P_C=i_C u_{CE}$。集电极功耗 P_C 若超过 P_{CM}，晶体管性能将变差，甚至过热烧坏。

（3）反向击穿电压 $U_{(BR)CEO}$、$U_{(BR)CBO}$ 和 $U_{(BR)EBO}$

$U_{(BR)CEO}$ 指基极开路时集电极-发射极间的击穿电压；$U_{(BR)CBO}$ 指发射极开路时集电极-基极间的反向击穿电压；$U_{(BR)EBO}$ 指集电极开路时发射极-基极间的反向击穿电压。三者关系为：$U_{(BR)EBO}<U_{(BR)CEO}<U_{(BR)CBO}$。

当晶体管工作点位于 $i_C<I_{CM}$、$u_{CE}<U_{(BR)CEO}$、$P_C<P_{CM}$ 的区域内时，晶体管能安全工作，因此称该区域为安全工作区，如图 2-27 所示。

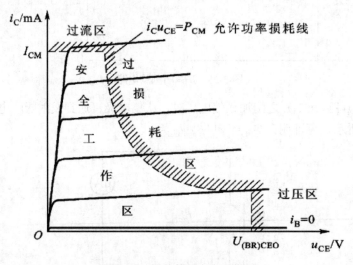

图 2-27　晶体管的安全工作区

思考题：

1．如何理解三极管的电流放大作用？

2．画出三极管的输入特性曲线，并简述其特点。

3．画出三极管的输出特性曲线，简述其特点。

4．三极管主要有哪些参数？

5．三极管的工作状态有哪几种？简述各自条件和特点。

2.6　场效应管及其基本应用

与晶体管相比，场效应管不仅具有输入阻抗非常高、噪声高、热稳定性好、抗辐射能力强等优点，而且制造工艺简单、占用芯片面积小、器件特性便于控制、功耗小，因此在大规模和超大规模集成电路中得到极其广泛的应用。

根据结构不同，目前常用的场效应管主要分为两大类：结型场效应管（Junction FET，J-FET）和金属氧化物半导体场效应管（Metal-oxide semiconductor FET，MOS-FET）。两类场效应管都有 N 沟道和 P 沟道之分，MOS 场效应管还有增强型和耗尽型之分，所以场效应管共有 6 种类型。

2.6.1　MOS 场效应管的结构、工作原理及伏安特性

1．N 沟道增强型 MOS 管

（1）结构和符号

N 沟道增强型 MOS 管简称为增强型 NMOS 或 NEMOS 管，其结构示意如图 2-28（a）所示，它以一块掺杂浓度较低的 P 型硅片作衬底，在衬底上面的左、右两侧利用扩散的方法形成两个高掺杂 N^+ 区，并用金属铝引出两个电极，称为源极（S）和漏极（D）；然后在硅片表面生长一层很薄的二氧化硅（SiO_2）绝缘层，在漏、源极之间的绝缘铝引出电极，称为栅极（G）；另外在衬底引出衬底引线（它通常已在管内与源极相连）。可见这种场效应管由金属、氧化物和半导体组成；由于栅极与源极、漏极之间均无电接触，栅极电流为零，故又称绝缘栅场效应管。

增强型 NMOS 管的图形符号如图 2-28（b）所示，图中衬底极的箭头方向是区别沟道类型的标志，若图 2-28（b）中的箭头方向反向，就成为增强型 PMOS 管的符号。

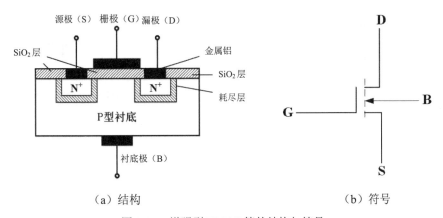

（a）结构　　　　　　　　　　　　　（b）符号

图 2-28　增强型 NMOS 管的结构与符号

（2）工作原理

由图 2-28（a）可见，漏区（N^+ 型）、衬底（P 型）和源区（N^+ 型）之间形成两个背靠背的 PN 结，当 G 与 S 之间无外加电压（即 $u_{GS}=0$）时，无论在 D、S 之间有哪种极性的电

压，总有一个 PN 结反偏，D 与 S 之间无电流流过。

若给 G 与 S 之间加上较小的正电压 u_{GS}，且 S 与 B 相连，则在正电压 u_{GS} 作用下，栅极下的 SiO_2 绝缘层中将产生一个垂直于半导体表面的电场，方向由栅极指向 P 型衬底，如图 2-29（a）所示。该电场是排斥空穴而吸引电子的，由于 P 型衬底中空穴为多子，电子为少子，所以被排斥的空穴很多而吸引到的电子较少，使栅极附近的 P 型衬底表面层中主要为不能移动的杂质离子，因而形成耗尽层。当 u_{GS} 足够大时，该电场可吸引足够多的电子，使栅极附近的 P 型衬底表面形成一个 N 型薄层，因它在 P 型衬底上形成，故称为反型层。这个 N 型反型层将两个 N^+ 区连通，这时只要在 D 与 S 之间加上正向电压，电子就会沿着反型层由源极向漏极运动，形成漏极电流 i_D，如图 2-29（b）所示，所以导电沟通是 N 型的。

将开始形成反型层所需的栅源电压称为开启电压，通常用 $U_{GS(th)}$ 表示，其值由它自身的工艺参数确定。由于这种场效应管无原始导电沟道，只有当栅源电压大于开启电压 $U_{GS(th)}$ 时，才能产生导电沟道，故称为增强型 NMOS 管。产生导电沟道以后，若继续增大 u_{GS} 值，则导电沟道加宽，沟道电阻减少，漏极电流 i_D 增大。

场效应管的工作主要依据这种压控电流原理，通过控制 u_{GS} 来控制输出电流 i_D 的有无和大小，此外 u_{DS} 对 i_D 的大小也有一定影响。

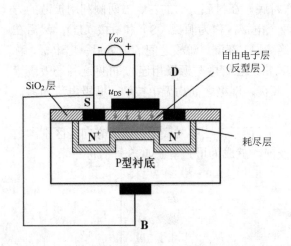
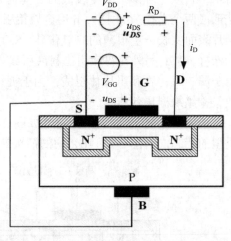

（a）$u_{GS} > U_{GS(th)}$ 时产生导电沟道 　　　（b）D 与 S 之间外加电压时沟道中流过电流 i_D

图 2-29　增强型 NMOS 管的导电沟道

（3）伏安特性

① 转移特性

转移特性描述 u_{DS} 为某一常数时，i_D 与 u_{GS} 之间的函数关系，即

$$i_D = f(u_{GS})|_{u_{DS}=常数} \tag{2-24}$$

它反映输入电压 u_{GS} 对输出电流 i_D 的控制作用。

实践表明，当场效应管工作于放大状态时，u_{DS} 对 i_D 的影响极小，对于不同的 u_{DS}，转移特性曲线基本上重合，如图 2-30（a）所示。在 $u_{GS} < U_{GS(th)}$ 时，因为无导电沟道，因此 $i_D = 0$；

当 $u_{GS}>U_{GS(th)}$ 时，产生反型层导电沟道，因此 i_D 不等于 0；增大 u_{GS}，则导电沟道变宽，i_D 增大。

场效应管工作于放大状态的转移特性曲线近似地具有平方律特性，对增强型 NMOS 管可表示为

$$i_D=I_{DO}\left(\frac{u_{GS}}{U_{GS(th)}}-1\right)^2 \tag{2-25}$$

式中，I_{DO} 是 $u_{GS}=2U_{GS(th)}$ 时的 i_D 值。

② 输出特性

输出特性描述 u_{GS} 为某一常数时，i_D 与 u_{DS} 之间的函数关系

$$i_D=f(u_{DS})|_{u_{GS}=常数} \tag{2-26}$$

取不同 u_{DS} 值，可得不同的函数关系，因此所画出的输出特性曲线为一簇曲线，根据工作特点不同，输出特性可分为 3 个工作区域，即可变电阻区、放大区和截止区。

● 可变电阻区：指晶体管导通，但 u_{DS} 较小，满足 $u_{DS}<u_{GS}-U_{GS(th)}$ 的区域，伏安曲线为一簇直线。说明当 u_{DS} 一定时，i_D 与 u_{DS} 成线性关系，漏源之间等效为电阻；改变 u_{DS} 可改变直线的斜率，也就控制了电阻值，因此漏源之间可等效为一个受电压 u_{DS} 控制的可变电阻，称为可变电阻区。

● 放大区：指管子导通，且 u_{GS} 较大，曲线为一条基本平行于 u_{DS} 轴的略上翘的直线，说明 i_D 基本上仅受 u_{GS} 控制而与 u_{DS} 无关，i_D 不随 u_{DS} 而变化的现象在场效应管中称为饱和，这时因为无导电沟道，所以这一区域又称为饱和区。在这一区域内，场效应管的漏源之间相当于一个受电压 u_{GS} 控制的电流源，故又称为恒流区。场效应管用于放大电路时，一般就工作在该区域，所以称为放大区。

● 截止区：指 $u_{GS}<U_{GS(th)}$ 的区域，这时因为无导电沟道，所以 $i_D=0$，管截止。

图 2-30（b）中的虚线是根据 $u_{DS}=u_{GS}-U_{GS(th)}$ 画出的，称为预夹断轨迹，它是放大区和可变电阻区的分界线，当 $u_{DS}>u_{GS}-U_{GS(th)}$ 时，NEMOS 管工作于放大区；当 $u_{DS}<u_{GS}-U_{GS(th)}$ 时，NEMOS 管工作于可变电阻区。

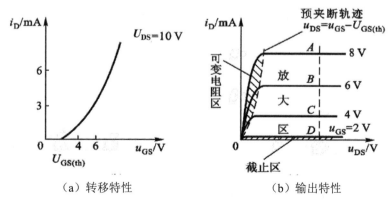

（a）转移特性　　　　（b）输出特性

图 2-30　增强型 NMOS 管的特性曲线示例

2. N 沟道耗尽型 MOS 管

N 沟道耗尽型 MOS 管简称为耗尽型 NMOS 管或 NDMOS 管，其结构与增强型 NMOS 管基本相同，但它在制造时，通常在二氧化硅绝缘层中掺入大量的正离子，因正离子的作用使漏源间的 P 型衬底表面在 $u_{GS}=0$ 时已感应出 N 反型层，形成原始导电沟道，如图 2-31（a）所示。耗尽型 NMOS 管的图形符号如图 2-31（b）所示。

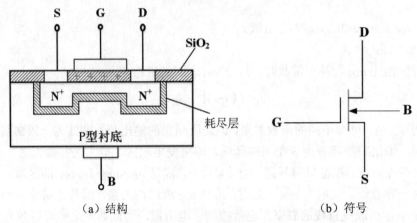

（a）结构　　　　　　　　　　　（b）符号

图 2-31　耗尽型 NMOS 管的结构与符号

耗尽型 NMOS 管的工作原理与增强型 NMOS 相似，具有压控电流的作用，但由于存在原始导电沟道，因此在 $u_{GS}=0$ 时就有电流 i_D 流通；当 u_{GS} 由零值向正值增大时，反型层增厚，i_D 增大；而当 u_{GS} 由零值向负值增大时，反型层变薄，i_D 减小。当 u_{GS} 负向增大到某一数值时，反型层会消失，称为沟道全夹断，这时 $i_D=0$，管截止。使反型层消失所需的栅源电压称为夹断电压，用 $U_{GS(off)}$ 表示。

耗尽型 NMOS 管的特性曲线如图 2-32 所示，其中图（b）为工作于放大区时的转移特性，参数 I_{DSS} 称为饱和漏极电流，它是 $u_{GS}=0$ 且管子于工作区时的漏极电流。由于耗尽型 NMOS 管在 u_{GS} 为正、负和零时均可导通工作，因此应用起来比增强型管灵活方便。当工作于放大区时，耗尽型 NMOS 管的转移特性曲线可近似地用下式表示

$$i_D = I_{DSS}\left(1 - \frac{u_{GS}}{U_{GS(off)}}\right)^2 \qquad (2\text{-}27)$$

3. P 沟道 MOS 管

P 沟道 MOS 管简称 PMOS 管，其结构、工作原理与 NMOS 管相似，PMOS 管以 N 型半导管硅为衬底，两个 P$^+$ 区分别作为源极和漏极，导电沟道为 P 型反型层。使用时，u_{GS}、u_{DS} 的极性与 NMOS 管相反，漏极电流 i_D 的方向也相反，即由源极流向漏极。

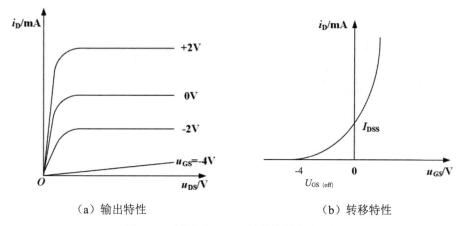

（a）输出特性   （b）转移特性

图 2-32 耗尽型 NMOS 管的特性曲线示例

▶ 2.6.2 结型场效应管的结构、工作原理及伏安特性

结型场效应管的结构、工作原理与 MOS 管的有所不同，但也利用 u_{GS} 来控制输出电流 i_D，特性与 MOS 管的相似。

如图 2-33 所示为 N 沟道结型场效应管的结构示意图和符号，它是在一块 N 型单晶硅片的两侧形成两个高掺杂区浓度的 P⁺ 区，这两个 P⁺ 区连在一起所引出的电极为栅极（G），两个从 N 区引出的电极分别为源极（S）和漏极（D）。当 D 与 S 间流通，导电沟道是 N 型的，因此称为 N 沟道结型场效应管。由于存在原始导电沟道，故它也属于耗尽型。

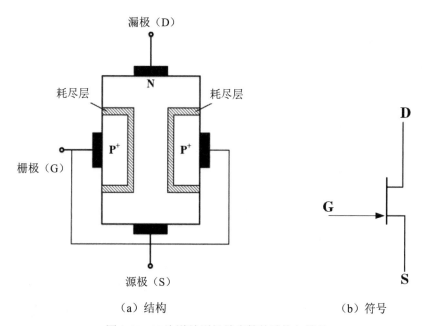

（a）结构   （b）符号

图 2-33 N 沟道结型场效应管的结构与符号

结型场效应管的栅极不是绝缘的，为使场效应管呈现高输出电阻、栅极电流近似为零，

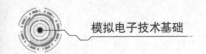

应使栅极和沟道间的 PN 结截止。因此，对于 N 沟道结型场效应管，栅极电位不能高于源极和漏极电位，故偏置电压的极性要满足 $u_{GS} \leq 0$，但且 $u_{DS} > 0$。

当栅源间加上负电压 u_{GS} 时，沟道两侧的 PN 结变宽，使导电沟道变窄，沟道电阻增大，漏极电流 i_D 减小。u_{GS} 负值越大，则导电沟道越窄，i_D 越小。因此，通过改变 u_{GS} 的大小可以控制 i_D 的大小，实现压控电流的作用。

当 u_{GS} 负值足够大时，沟道将全夹断，$i_D = 0$，沟道全夹断所需的栅源电压为夹断电压，用 $U_{GS(off)}$ 表示。

▶ 2.6.3　场效应管的参数

1．开启电压 $U_{GS(th)}$ 和夹断电压 $U_{GS(off)}$

开启电压 $U_{GS(th)}$ 是增强型场效应管产生导电沟道所需的栅源电压，而夹断电压 $U_{GS(off)}$ 是耗尽型场效应管夹断导电沟道所需的栅源电压，两者的概念虽不同，却都是决定沟道是否存在的"门槛电压"，所以从对沟道影响的角度看，它们是同一种参数。通常，令 u_{DS} 等于某一固定值（一般绝对值为 10V），调节 u_{GS} 使 i_D 等于某一微小电流，这时的 u_{GS} 对于增强型管为开启电压，对于耗尽型管则为夹断电压。

2．饱和漏极电流 I_{DSS}

饱和漏极电流指工作于饱和区的耗尽型场效应管在 $u_{GS} = 0$ 时的漏极电流，它只是耗尽型管的参数。

3．直流输入电阻 R_{GS}

直流输入电阻指在漏源间短路的条件下，栅源间加一定电压时的栅源直流电阻。一般大于 $10^8 \Omega$。

4．低频跨导 g_m（又称低频互导）

低频跨导指静态工作点处漏极电流的微变量和引起这个变化的栅源电源微变量之比，即

$$g_m = \frac{\Delta i_D}{\Delta u_{GS}}\bigg|_Q \approx \frac{\partial i_D}{\partial u_{GS}}\bigg|_Q \tag{2-28}$$

g_m 反映了 u_{GS} 对 i_D 的控制能力，是表征场效应管放大能力的重要参数，单位为西门子，单位符号为 S，其值范围一般为十分之几至几毫西。

g_m 与工作点有关，其值等于转移特性曲线上工作点处斜切线的斜率，如图 2-34 所示。通过对式（2-25）求导，可得增强型场效应管工作于放大区时的 g_m 计算公式为

$$g_m = 2\frac{I_{DO}}{U_{GSQ}}\left(\frac{U_{GSQ}}{U_{GS(th)}} - 1\right) = \frac{2}{U_{GS(th)}}\sqrt{I_{DO}I_{DQ}} \tag{2-29}$$

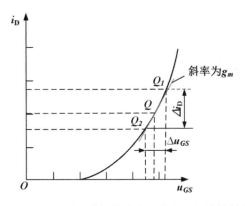

图 2-34　g_m 为转移特性曲线上工作点处切线的斜率

对式（2-27）求导，则得耗尽型场效应管工作于放大区时的 g_m 计算公式为

$$g_m = \frac{-2I_{DSS}}{U_{GS(off)}}\left(1 - \frac{U_{GSQ}}{U_{GS(off)}}\right) = \frac{-2}{U_{GS(off)}}\sqrt{I_{DSS}I_{DQ}} \qquad (2\text{-}30)$$

式（2-29）、式（2-30）中的 U_{GSQ}、I_{DQ} 分别是静态栅源电压和静态漏极电流。

5. 漏极动态电阻 r_{ds}

漏极动态电阻指静态工作点处的漏源电压微变量于相应漏极电流微变量之比，故

$$r_{ds} \approx \left.\frac{\partial u_{DS}}{\partial i_D}\right|_Q \qquad (2\text{-}31)$$

r_{ds} 反映了 u_{DS} 对 i_D 的影响，是输出特性曲线上工作点处斜切率的倒数。在放大区，由于输出特性基本上是水平直线，i_D 基本上不随 u_{DS} 变化，因此 r_{ds} 值很大，一般在几十千欧到几百千欧，在应用中往往可忽略不计。

6. 栅源击穿电压 $U_{(BR)GS}$

栅源击穿电压指栅源间能承受的最大反向电压，当 u_{GS} 值超过此值时，栅源发生击穿。

7. 漏源击穿电压 $U_{(BR)DS}$

漏源击穿电压指漏源间能承受的最大电压，当 u_{DS} 值超过此值时，i_D 开始急剧增加。

8. 最大耗散功率 P_{DM}

最大耗散功率指允许耗散在场效应管上的最大功率，其大小受场效应管最高工作温度的限制。

【例 2-5】 有两种场效应管，其输出特性或饱和转移特性如图 2-35 所示，试判断它们各为何种类型的场效应管？对增强型管，求开启电压 $U_{GS(th)}$；对耗尽型管，求夹断电压 $U_{GS(off)}$ 和饱和漏电流 I_{DSS}。

解： 图 2-35 所示为输出特性曲线。图 2-35（a）中，u_{GS} 为正、负和零均可，而 u_{DS} 为正，故为耗尽型 NMOS。由于 $u_{GS}=-4V$ 时，$i_D \approx 0$，故 $U_{GS(off)}=-4V$。由于 $u_{GS}=0$ 时，i_D 的饱和值为 2mA，故 $I_{DSS}=2mA$。图 2-35（b）中，u_{GS} 和 u_{DS} 均为负值，故为增强型 PMOS。由

于 u_{GS}=-2V 时，$i_D \approx 0$，所以 $U_{GS(th)}$=-2V。

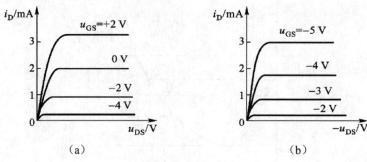

图 2-35　例 2-5 图

思考题：

1．场效应管如何分类？

2．场效应管的 3 个电极分别相当于三极管的哪个电极？

3．场效应管有哪几项主要参数？

➡ 2.7　Multisim 仿真举例——二极管特性的研究

➤ 2.7.1　二极管正向伏安特性的测量

二极管正向伏安特性的仿真电路如图 2-36 所示。由图 2-36 可知，当 R_2=1.5×50%=0.75kΩ 时，二极管两端电压 u_D=0.626V，通过二极管电流 i_D=1.840mA，二极管正向电阻为 ，$r_d = \dfrac{0.626}{1.840 \times 10^{-3}} \approx 340\Omega$ 由此可见二极管正向电流很大，正向电阻很小。依次设置滑动电阻器 R_2=0.15～1.35kΩ 时，调整二极管两端的电压即可画出二极管正向伏安特性曲线。

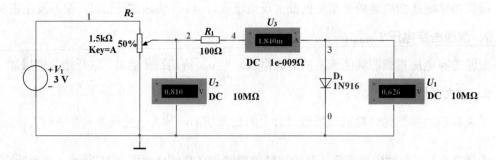

图 2-36　二极管正向伏安特性的仿真电路

➤ 2.7.2　二极管反向伏安特性的测量

二极管反向伏安特性的仿真电路如图 2-37 所示。由图 2-37 可知，当 R_2=1.5×50%=0.75kΩ

时，二极管两端电压u_D=62.490V，通过二极管的电流i_D=7.105μA，二极管反向电阻为

$r_d=\dfrac{62.490}{7.105\times10^{-6}}\approx8.8795\text{M}\Omega$，由此可见二极管反向电流很小，反向电阻很大。依次设置滑动

电阻器R_2=0.15～1.35kΩ时，调整二极管两端的电压即可画出二极管反向伏安特性曲线。

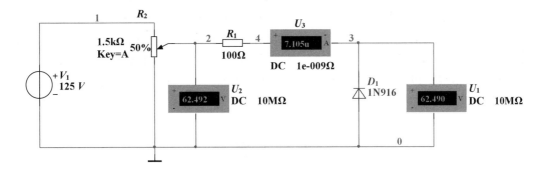

图 2-37　二极管反向伏安特性的仿真电路

小　结

半导体有电子和空穴两种载流子参与导电。本征半导体的载流子由本征激发产生，自由电子和空穴成对产生，浓度较低，因此本征半导体的导电能力较差。本征半导体掺入五价元素杂质，则成为 N 型半导体，其中电子是多子，空穴是少子；掺入三价元素杂质，则成为 P 型半导体，其中空穴是多子，电子是少子。杂质半导体的导电性能主要由多子决定，多子主要由掺杂产生，浓度很大且基本不受温度影响，因此杂质半导体的导电性能较好。杂质半导体中的少子由本征激发产生，其浓度随温度升高而增加，因此杂质半导体的导电性能对温度敏感。

PN 结也称为阻挡层、势垒层或耗尽层，它是构成各种半导体器件的核心，其主要特性是单向导电性，即 PN 结在正偏时导通，呈现很小的结电阻，产生较大的正向电流；反偏时截止，呈现很大的结电阻，反向电流趋近为零。当反偏电压超过反向击穿电压时，PN 结反向击穿。

普通二极管本质上有一个 PN 结，因而具有 PN 结的特性。硅管死区电压U_{th}为 0.5V，导通电压U_{on}为 0.7V，锗管死区电压为 0.1V，导通电压为 0.2V。温度升高时，反向电流增加，死区电压和导通电压减小。二极管在电路中通常起开关作用（利用单向导电性）或恒压作用（利用正向恒压特性），主要构成恒流、开关、限幅、低电压稳压等电路。

工程中主要采用模型法分析二极管应用电路，分析的关键是根据电路具体情况选择合理的二极管模型。

稳压二极管是一种特殊的面接触型硅二极管，单向导电性与普通二极管相似，但反向击穿特性曲线很陡，稳压二极管稳压电路正是利用这种良好的反向恒压特性来达到稳压目的。

半导体三极管分双极型和单极型两类。双极型三极管通常简称为晶体管、三极管或BJT，它工作时有空穴和自由电子两种载流子参与导电；单极型三极管通常称为场效应管或FET，它工作时依靠一种载流子（多子）参与导电。晶体管是由两个PN结构成的三端器件，有NPN型和PNP型两种类型，根据制造材料的不同还分为硅管和锗管。因偏置条件不同，晶体管有放大、截止、饱和等工作状态。场效应管是利用栅源电压改变导电沟道的宽窄来实现对漏极电流控制的，称为电压控制型器件，而晶体管则称为电流控制型器件。与晶体管相比，场效应管具有输入阻抗非常高、噪声低、热稳定性好、抗辐射能力强等优点，而且特别适宜大规模集成。场效应管有耗尽型和增强型之分，又有N沟道和P沟道之分，故共有6种类型。

习　　题

2.1　选择合适答案填入空内。

（1）在本征半导体中加入____元素可形成N型半导体，加入____元素可形成P型半导体。

A．五价　　　　　B．四价　　　　　C．三价

（2）当温度升高时，二极管的反向饱和电流将____。

A．增大　　　　　B．不变　　　　　C．减小

（3）工作在放大区的某三极管，如果当I_B从12μA增大到22μA时，I_C从1mA变为2mA，那么它的β约为_____。

A．83　　　　　　B．91　　　　　　C．100

（4）当场效应管的漏极直流电流i_D从2mA变为4mA时，它的低频跨导g_m将____。

A．增大　　　　　B．不变　　　　　C．减小

2.2　写出如图2-38所示各电路的输出电压值，设二极管导通电压U_{on}=0.7V。

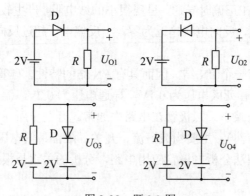

图2-38　题2.2图

2.3　电路如图2-39所示，已知u_i=10sinωt(V)，试画出u_i与u_o的波形。设二极管正向导通电压可忽略不计。

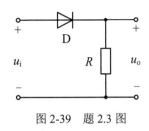

图 2-39　题 2.3 图

2.4　电路如图 2-40 所示，已知 $u_i=5\sin\omega t$(V)，二极管导通电压 $U_{on}=0.7$V。试画出 u_i 与 u_o 的波形，并标出幅值。

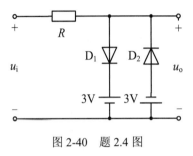

图 2-40　题 2.4 图

2.5　电路如图 2-41（a）所示，其输入电压 u_{I1} 和 u_{I2} 的波形如图 2-41（b）所示，二极管导通电压 $U_{on}=0.7$V。试画出输出电压 u_O 的波形，并标出幅值。

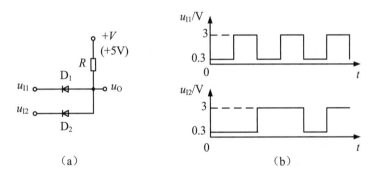

图 2-41　题 2.5 图

2.6　现有两个稳压管，它们的稳定电压分别为 6V 和 8V，正向导通电压为 0.7V。试问：

（1）若将它们串联相接，则可得到几种稳压值？各为多少？

（2）若将它们并联相接，则又可得到几种稳压值？各为多少？

2.7　已知稳压管的稳定电压 $U_Z=6$V，稳定电流的最小值 $I_{Zmin}=5$mA，最大功耗 $P_{ZM}=150$mW。试求图 2-42 所示电路中电阻 R 的取值范围。

2.8　已知如图 2-43 所示电路中稳压管的稳定电压 $U_Z=6$V，最小稳定电流 $I_{Zmin}=5$mA，最大稳定电流 $I_{ZM}=25$mA。

（1）分别计算 U_I 为 10V、15V、35V 时输出电压 U_O 的值。

（2）若 $U_I=35$V 时负载开路，则会出现什么现象？为什么？

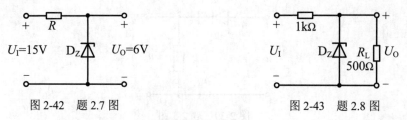

图 2-42 题 2.7 图   图 2-43 题 2.8 图

2.9 如图 2-44 所示电路，发光二极管导通电压 $U_{on}=1.5V$，正向电流在 5～15mA 时才能正常工作。试问：

（1）开关 S 在什么位置时发光二极管才能发光？

（2）R 的取值范围是多少？

2.10 已知两个晶体管的电流放大系数 β 分别为 50 和 100，现测得放大电路中这两个管子两个电极的电流如图 2-45 所示。分别求另一电极的电流，标出其实际方向，并在圆圈中画出管子。

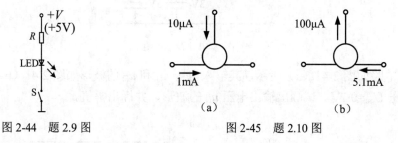

图 2-44 题 2.9 图   图 2-45 题 2.10 图

2.11 测得放大电路中 6 个晶体管的直流电位如图 2-46 所示。在圆圈中画出管子，并分别说明它们是硅管还是锗管。

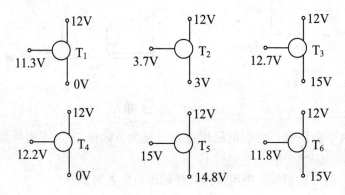

图 2-46 题 2.11 图

2.12 已知放大电路中一个 N 沟道场效应管 3 个极①、②、③的电位分别为 4V、8V、12V，管子工作在恒流区。试判断它可能是哪种管子（结型管、MOS 管、增强型、耗尽型），并说明 ①、②、③与 G、S、D 的对应关系。

2.13 测得某放大电路中 3 个 MOS 管的 3 个电极的电位和开启电压如表 2-2 所示。试分析各管的工作状态（截止区、恒流区、可变电阻区），并填入表内。

表 2-2　题 2.13 表

管　号	$U_{GS(th)}$/V	U_S/V	U_G/V	U_D/V	工　作　状　态
T_1	4	−5	1	3	
T_2	−4	3	3	10	
T_3	−4	6	0	5	

2.14　已知场效应管的输出特性曲线如图 2-47 所示,画出它在恒流区的转移特性曲线。

2.15　电路如图 2-48 所示,T 的输出特性如图 2-47 所示,分析当 u_i=4V、8V、12V 时场效应管分别工作在什么区域。

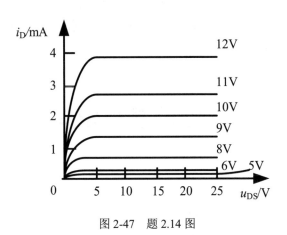

图 2-47　题 2.14 图

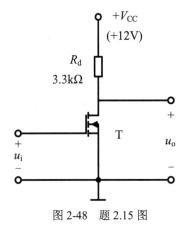

图 2-48　题 2.15 图

❖ 第 3 章　基本放大电路 ❖

引言

　　放大电路是模拟电子线路中的一种最基本的单元电路，也是模拟电子技术基础课程的重要内容之一。本章首先介绍放大的概念和放大电路的主要性能指标，然后阐述了常用的、典型的单管放大电路的电路结构、工作原理和分析方法及应用，为学习后续内容奠定基础。

　　基本放大电路是模拟电路最基本的单元电路，任何一个放大系统都是由基本放大电路组成的。放大电路又称为放大器，它是使用最为广泛的电子电路之一，也是构成其他电子电路的基本单元电路。放大电路的作用是对微弱的电信号进行放大，以便测量、控制或加以利用。

▶ 3.1　放大的概念和放大电路的主要性能指标

▷ 3.1.1　放大的概念

　　放大电路的应用十分广泛，无论是日常使用的收音机、电视机，还是精密的电子测量仪器、复杂的自动控制系统和电气电子科研装置等，都离不开各种各样的放大电路。在科研装置中，经常需要将微弱的电信号进行放大，以便有效地进行观察、测量、控制或调节。所谓"放大"就是将输入的微弱信号（变化的电压、电流等）放大到所需要的幅度值，并与原输入信号变化规律一致，即进行不失真的放大。实现放大功能的电子电路称为放大电路（或称为放大器）。

　　放大电路的本质是能量的控制和转换。在放大电路中，输入信号所增加的功率是从直流电源的能量中转换而来的。换句话说，在输入交流信号的控制下，电源的直流功率能够转换为放大电路输出的交流功率。

　　基本放大电路一般是指由一个三极管或场效应管组成的放大电路。放大电路的功能是利用三极管的控制作用，把输入的微弱电信号不失真地放大到所需的数值，实现将直流电源的能量部分地转化为按输入信号规律变化且有较大能量的输出信号。放大电路的实质是用较小的能量去控制较大能量转换的一种能量转换装置。

▷ 3.1.2　放大电路的性能指标

　　放大电路的主要性能指标有放大倍数、输入电阻、输出电阻、最大输出幅值、通频带、最大输出功率、效率和非线性失真系数等，本节主要介绍前 3 种性能指标。

1．放大倍数

放大倍数是衡量放大电路的放大能力的重要性能指标，可分为电压放大倍数、电流放大倍数和功率放大倍数等。对于小功率放大电路，人们常常只关心电路单一指标的放大倍数，如电压放大倍数，而不研究其功率放大能力。如图 3-1 所示为放大电路的示意图。

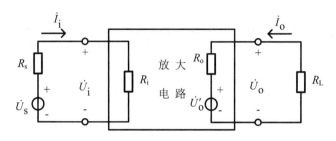

图 3-1　放大电路示意图

电压放大倍数是指放大电路输出电压的变化量与输入电压的变化量之比，即

$$\dot{A}_u = \frac{\dot{U}_o}{\dot{U}_i} \tag{3-1}$$

2．输入电阻

输入电阻就是从放大电路输入端进去的交流等效电阻，在数值上等于输入电压与输入电流之比，即

$$R_i = \frac{U_i}{I_i} \tag{3-2}$$

R_i 相当于信号源的负载，R_i 越大，信号源的电压越多地传输到放大电路的输入端。在电压放大电路中，则希望 R_i 大一些。

3．输出电阻

输出电阻就是从放大电路输出端（不包括 R_L）进去的交流等效电阻，放大电路的输出电阻定义为

$$R_o = \frac{U_o}{I_o}\bigg|_{\substack{R_L=\infty \\ U_s=0}} \tag{3-3}$$

即在信号源 $\dot{U}_s$ 短路，保留内阻 R_s 和 R_L 开路的条件下，输出电压的变化量与输出电流的变化量之比。

放大电路输出电阻 R_o 的大小决定它带负载的能力。所谓带负载能力，是指放大电路输入量随负载变化的程度。当负载变化时，输出量变化很小或基本不变表示带负载能力强，即输入量与负载大小的关联程度越弱，放大电路的带负载能力越强。对于电压放大电路，R_o 越小越好。

思考题：

1．放大电路的基本概念是什么？放大电路中能量的控制与变换关系如何？
2．放大电路的主要性能指标有哪些？
3．研究影响放大电路输入电阻、输出电阻的主要原因。

3.2 基本共射极放大电路的工作原理

基本共射极放大电路是以晶体管的发射极作为输入回路和输出回路的公共端所构成的单级放大电路。

3.2.1 电路的组成

如图 3-2 所示的电路是一个由 NPN 双极型三极管构成的基本共射极放大电路。

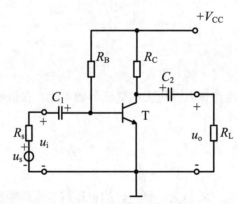

图 3-2　基本共射极放大电路

1．直流电源 V_{CC}

直流电源 V_{CC} 为电路提供能量，保证发射结正向偏置，集电结反向偏置，即保证三极管工作在放大区。

2．双极型三极管 T

三极管是整个电路的核心器件，起电流放大作用。

3．基极电阻 R_B

基极电阻又称为发射极偏置电阻，通过调节其大小，可以为晶体管的基极提供一个合适的偏置电流。

4．集电极电阻 R_C

集电极电阻的主要作用是将集电极电流的变化转换为输出电压的变化，以实现电压放大。R_C 的阻值一般为几千欧到几十千欧。

5．耦合电容 C_1、C_2

耦合电容起到"隔直流通交流"的作用。"隔直流"是隔断放大电路与信号源之间、放大电路与负载之间的直流通路，使信号源、放大电路和负载三者之间无直流联系，互不影响。"通交流"是保证交流信号顺利通过放大电路，构成信号源、放大电路和负载三者之间的交流通路。通常要求耦合电容的容抗很小，在动态分析中可以忽略不计，即对交流信号可视为短路。因此电容值一般取得较大，为几微法到几十微法，常采用的是有极性电容器，连接时要注意其极性。

▶ 3.2.2　工作原理

如图 3-2 所示的基本共射极放大电路，在直流电源 V_{CC} 和交流信号源 u_i 的共同作用下，电路中既有直流成分，也有交流成分。因此在分析放大电路工作原理之前，对电压和电流的文字符号采用如下规定：大写字母加大写下标，如 I_B、U_{CE} 等表示静态直流分量；小写字母加小写下标，如 i_b、u_{ce} 等表示动态交流分量的瞬时值；小写字母加大写下标，如 i_B、u_{CE} 等表示动态时的实际电压和电流，即直流分量和交流分量总和的瞬时值；大写字母加小写下标，如 I_b、U_{ce} 等表示有效值。

信号源输入电压通过电容 C_1 加到三极管的基极，从而引起基极电流 i_B 的相应变化，它的变化使集电极电流 i_C 随之变化，从而在集电极电阻 R_C 上产生压降。集-射间电压 u_{CE} 的直流分量被电容 C_2 滤掉，交变分量经 C_2 耦合传送到输出端，成为输出电压。若电路中各元件的参数选取适当，输出信号的幅度将比输入信号的幅度大很多，即小信号被放大，这就是放大电路的工作原理。

▶ 3.2.3　直流通路和交流通路

在放大电路中，直流信号是放大的条件，交流信号是放大的对象。一个放大电路既包含直流信号，又包含交流信号，所以在分析、计算具体放大电路前，应分清放大电路的交、直流通路。由于放大电路中有电容、电感等电抗元件的存在，直流通路和交流通路不完全相同。

1．直流通路

直流通路是在输入信号为零时所形成的电流通路。画直流通路时，将电容视为开路，电感视为短路，信号源置零，但保留其内阻，其他元器件不变。图 3-2 所示的共射极放大电路的直流通路如图 3-3 所示。

2．交流通路

交流通路是在输入信号作用下所形成的电流通路。画交流通路时，将电容视为短路，电感视为开路，直流电源对地短路（内阻视为零）。图 3-2 所示的基本共射极放大电路的交

流通路如图 3-4 所示。

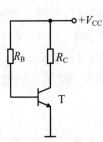

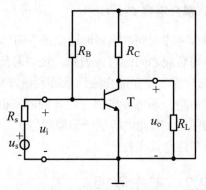

图 3-3　基本共射极放大电路的直流通路　　　图 3-4　基本共射极放大电路的交流通路

思考题：

1. 基本放大电路的组成原则是什么？以共射极基本放大电路为例加以说明。

2. 放大电路中对电压、电流符号是如何规定的？

3. 如果共发射极电压放大器中没有集电极电阻R_C，会得到电压放大吗？

4. 如何根据放大电路画出直流通路和交流通路？

3.3　放大电路的分析方法

放大电路常用的分析方法有图解法和解析法。对放大电路的分析包括静态分析和动态分析。静态分析的对象是直流量，用来确定管子的静态工作点；动态分析的对象是交流量，用来分析放大电路的性能指标。对于小信号线性放大器，为了分析方便，常将放大电路的直流静态量和交流动态量分开来研究。

3.3.1　图解法

在三极管的特性曲线上直接用作图的方法来分析放大电路的工作情况，称为特性曲线图解法，简称图解法。它既可做静态分析，也可做动态分析。图解法是分析放大电路的最基本的方法之一，特别适用于分析信号幅度较大而工作频率不太高的情况。它直观、形象，有助于一些重要概念的建立和理解，如交、直流共存，静态和动态的概念等，能全面地分析放大电路的静态、动态工作情况，有助于理解正确选择电路参数、合理设置静态工作点的重要性。下面以图 3-2 所示的共射极放大电路为例介绍图解法。

1. 静态分析

静态是指当放大电路没有输入信号时的工作状态，此时电路中的电压、电流都是直流量。当输入信号为零、直流电源单独作用时，放大电路的基极电流 I_{BQ}、集电极电流 I_{CQ}、基极与发射极之间的电压 U_{BEQ}、集电极与发射极之间的电压 U_{CEQ}，称为静态工作点，简称 Q 点。

静态分析就是要确定放大电路的静态工作点的值，其目的是验证或判断电路的静态工作状态，以使放大电路具有合适的静态工作点。静态分析可以用其直流通路来进行分析。

（1）用输入特性曲线确定 I_{BQ} 和 U_{BEQ}

以图 3-3 所示的直流通路为例，可知三极管的基极回路方程为

$$V_{CC} = I_{BQ}R_B + U_{BEQ} \tag{3-4}$$

则

$$I_{BQ} = \frac{V_{CC} - U_{BEQ}}{R_B} \tag{3-5}$$

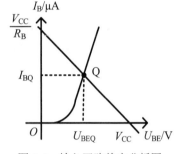

再根据晶体管输入特性曲线所描述的关系，用作图的方法在输入特性曲线所在的 U_{BE}-I_B 平面上作出公式（3-5）对应的直线，求得两线的交点就是静态工作点 Q，如图 3-5 所示，Q 点的坐标就是静态时的基极电流 I_{BQ} 和基-射间电压 U_{BEQ}。

（2）用输出特性曲线确定 I_{CQ} 和 U_{CEQ}

以图 3-3 所示的直流通路为例，可知三极管的集电极回路方程为

图 3-5　输入回路静态分析图

$$V_{CC} = I_{CQ}R_C + U_{CEQ} \tag{3-6}$$

则

$$U_{CEQ} = V_{CC} - I_{CQ}R_C \tag{3-7}$$

再根据晶体管输出特性曲线所描述的关系，用作图的方法在输出特性曲线所在的 U_{CE}-I_C 平面上作出式（3-7）对应的直线。该直线很容易在图 3-6 上作出，其斜率为 $-\dfrac{1}{R_C}$，在横轴的截距为 V_{CC}，在纵轴的截距为 $\dfrac{V_{CC}}{R_C}$。因为它是由直流通路得出的，且与集电极负载电阻有关，故称为直流负载线。由于已确定了 I_{BQ} 的值，因此直流负载线与 $I_B = I_{BQ}$ 所对应的那条输出特性曲线的交点就是静态工作点 Q，如图 3-6 所示，Q 点的坐标就是静态时晶体管的集电极电流 I_{CQ} 和集-射间电压 U_{CEQ}。

由图 3-6 可知，基极电流的大小影响静态工作点的位置。若 I_{BQ} 偏低，则静态工作点 Q 靠近截止区；若 I_{BQ} 偏高，则静态工作点 Q 靠近饱和区。因此，在已确定直流电源 V_{CC}、集电极电阻 R_C 的情况下，静态工作点设置的合适与否取决于 I_{BQ} 的大小，调节基极电阻 R_B，

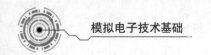

改变电流 I_{BQ}，可以调整静态工作点。

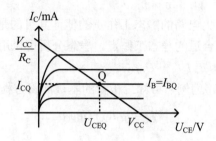

图 3-6　输出回路静态分析图

2. 动态分析

当放大电路输入端加上正弦交流信号电压 u_i 时，电路中的电压、电流随之变动的状态称为动态。这时电路中既有直流成分，又有交流成分。动态分析时考虑的是电路中的交流成分，因此只需要考虑交流信号传递的路径，即交流通路。

动态图解分析能够直观地显示出在输入信号作用下，放大电路中各电压及电流波形的幅值大小和相位关系，可对动态工作情况做较全面的了解。

（1）用输入特性曲线确定 i_B 和 u_{BE}

在如图 3-2 所示的基本共射极放大电路中，当输入信号为零时（$u_i=0$），电路处于静态，$i_B=I_{BQ}$，$i_C=I_{CQ}$，$u_{BE}=U_{BEQ}$，$u_{CE}=U_{CEQ}$。当输入交流信号 u_i 后，基极电压为 $u_{BE}=U_{BEQ}+u_i$，基极电流为 $i_B=I_{BQ}+i_b$，集电极电流为 $i_C=I_{CQ}+i_c$，集电极电压为 $u_{CE}=U_{CEQ}+u_{ce}$，输入回路动态分析图如图 3-7 所示。

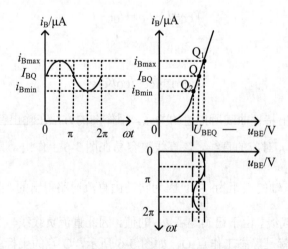

图 3-7　输入回路动态分析图

（2）用输出特性曲线确定 i_C 和 u_{CE}

从放大电路交流通路（见图 3-4）可知

$$u_o=u_{CE}=-i_C(R_C /\!/ R_L) \tag{3-8}$$

式（3-8）对应的是一条直线，该直线斜率为 $-\dfrac{1}{R_{C}//R_{L}}$。因为它是由交流通路得出的，且与集电极负载电阻有关，故称为交流负载线。交流负载线也是一条通过 Q 点的直线，它是动态工作点的集合，为动态工作点移动的轨迹。输出电压的幅度为 $U_{om}=\dfrac{u_{CEmax}-u_{CEmin}}{2}$，输出回路动态分析图如图 3-8 所示。

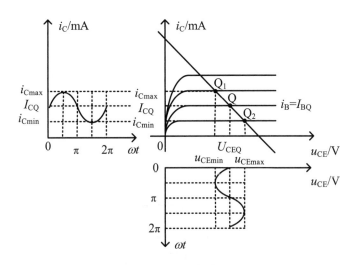

图 3-8　输出回路动态分析图

3．静态工作点对波形失真的影响

输出信号波形与输入信号波形存在差异称为失真，这是放大电路应该尽量避免的。对于小信号线性放大电路来说，要保证在交流信号的整个周期内，晶体管都处于放大区域内（不能进入截止区和饱和区）。通过上述图解分析可知，要使信号既能被放大，又要不失真，则必须设置合适的静态工作点 Q。静态工作点设置不当，输入信号幅度又较大时，将使放大电路的工作范围超出晶体管特性曲线的线性区域而产生失真，这种由于晶体管特性的非线性造成的失真称为非线性失真。下面将分析当静态工作点位置不同时，对输出波形的影响。

（1）截止失真

在图 3-9 中，静态工作点 Q 偏低，而信号的幅度又较大，在信号负半周的部分时间内，动态工作点进入截止区，结果电流的负半周和电压的正半周被削去一部分，产生了严重的失真。这种由于三极管在部分时间内截止而引起的失真称为截止失真。

消除截止失真的方法是提高静态工作点的位置，适当减小输入信号的幅值。对于图 3-2 所示的共射极放大电路，可以减小基极电阻 R_{B} 的值，使静态工作点上移来消除截止失真。

（2）饱和失真

在图 3-10 中，静态工作点 Q 偏高，而信号的幅度又较大，在信号正半周的部分时间内，使动态工作点进入饱和区，结果电流的正半周和电压的负半周被削去一部分，也产生严重的失真。这种由于三极管在部分时间内饱和而引起的失真称为饱和失真。

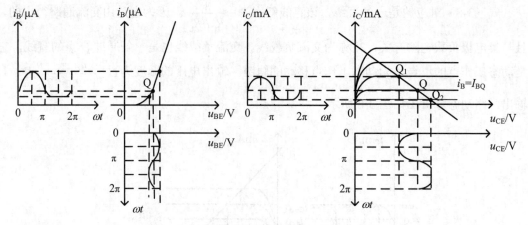

图 3-9　截止失真

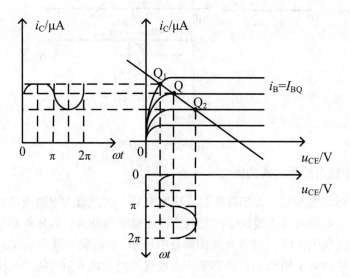

图 3-10　饱和失真

消除饱和失真的方法是降低静态工作点的位置，适当减小输入信号的幅值。对于图 3-2 所示的共射极放大电路，可以增大基极电阻 R_B 的值，使静态工作点下移来消除饱和失真。

总之，设置合适的静态工作点，可避免放大电路产生非线性失真。如图 3-8 所示 Q 点选在放大区的中间，相应的电流和电压都没有失真。但是还应注意到即使 Q 点设置合适，若输入信号的幅度过大，则可能既产生饱和失真又产生截止失真。

▶ 3.3.2　解析法

图解法直观、形象，但它不能分析信号幅值太小或工作频率较高时的电路工作状态，也不能用来分析放大电路的输入电阻、输出电阻等动态性能指标。为此需要介绍放大电路的另一种基本分析方法——解析法。

1．近似估算法

近似估算法也称工程估算法，是在静态直流分析时，列出回路中的电压或电流方程来近似估算工作点的方法。

在已知电流放大倍数的条件下，可以根据放大电路的直流通路估算出 Q 点，步骤如下：

（1）画出放大电路的直流通路，以图 3-3 所示直流通路为例。

（2）由基极回路求出静态时基极电流 I_{BQ}。近似估算中，通常认为基极与发射极之间的电压 U_{BEQ} 为常数。一般对硅管取 0.7V，锗管取 0.2V。

三极管的基极回路方程为 $V_{CC}=I_{BQ}R_{B}+U_{BEQ}$，则

$$I_{BQ}=\frac{V_{CC}-U_{BEQ}}{R_{B}} \tag{3-9}$$

（3）求集电极电流 I_{CQ}。

$$I_{CQ}\approx\beta I_{BQ} \tag{3-10}$$

（4）由集电极回路求集电极与发射极之间的电压 U_{CEQ}。

三极管的集电极回路方程为

$$V_{CC}=I_{CQ}R_{C}+U_{CEQ}$$

则

$$U_{CEQ}=V_{CC}-I_{CQ}R_{C} \tag{3-11}$$

【**例 3-1**】共射极放大电路及电路参数如图 3-11 所示，已知三极管的 $\beta=50$，$U_{BEQ}=$ 0.7V，估算电路的静态工作点。

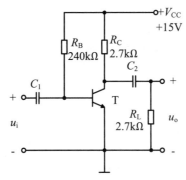

图 3-11　单管共射极放大电路

解：图 3-11 的直流通路如图 3-3 所示，根据式（3-9）可得

$$I_{BQ}=\frac{V_{CC}-U_{BEQ}}{R_{B}}=\frac{15-0.7}{240\times10^{3}}\approx5.96\times10^{-5}\text{A}$$

根据式（3-10）可得

$$I_{CQ} \approx \beta I_{BQ} \approx 50 \times 0.06 = 3\text{mA}$$

再根据式（3-11）可得

$$U_{CEQ} = V_{CC} - I_{CQ}R_C = 15 - 3 \times 2.7 = 6.9\text{V}$$

2. 微变等效电路法

由于晶体管是非线性器件，这样就使得放大电路的分析非常困难。当输入信号变化的范围很小时，可以认为晶体管电压、电流变化量之间的关系基本上是线性的。在很小的范围内，晶体管可用线性电路等效替代。等效电路如图 3-12 所示，该线性等效电路是在小信号条件下得到的，称为微变等效电路。微变等效电路只适合对低频交流信号进行分析，利用微变等效电路可以计算放大电路的动态指标。

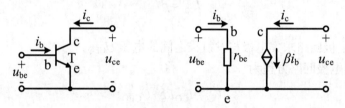

图 3-12　晶体管的微变等效电路

r_{be} 称为晶体管的输入电阻，一般由下式估算

$$r_{be} \approx r_{bb'} + (1+\beta)\frac{26(\text{mV})}{I_{EQ}} \tag{3-12}$$

无特殊说明，$r_{bb'}$ 取 300Ω。

微变等效电路法的计算步骤如下：

（1）画出交流通路，以图 3-4 所示交流通路为例。

（2）将晶体管用微变等效电路替代，得到放大电路的微变等效电路；图 3-4 所示交流通路的微变等效电路如图 3-13 所示。

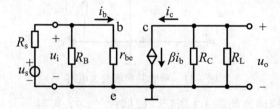

图 3-13　图 3-4 对应的微变等效电路

（3）利用微变等效电路求放大电路的性能指标。

电压放大倍数

$$\dot{A}_u = \frac{U_o}{U_i} = \frac{-\beta(R_C // R_L)\dot{I}_b}{\dot{I}_b r_{be}} = -\frac{\beta(RC // RL)}{r_{be}} \qquad (3\text{-}13)$$

输入电阻

$$R_i = \frac{U_i}{I_i} = \frac{(R_B // r_{be})I_i}{I_i} = R_B // r_{be} \approx r_{be} \qquad （3\text{-}14）$$

输出电阻

$$R_o = \frac{U_o}{I_o}\bigg|_{\substack{R_L=\infty \\ U_s=0}} = R_C \qquad (3\text{-}15)$$

信号源内阻的电压放大倍数

$$\dot{A}_{us} = \frac{\dot{U}_o}{\dot{U}_s} = \frac{\dot{U}_o}{\dot{U}_i}\frac{\dot{U}_i}{\dot{U}_s} = \frac{-\beta(R_C // R_L)}{r_{be}}\frac{R_i}{R_i + R_s} = -\frac{\beta(R_C // R_L)}{r_{be}}\frac{R_i}{R_i + R_s} \qquad (3\text{-}16)$$

【例 3-2】共射极放大电路如图 3-11 所示，电路参数已在图中标明，已知三极管的 $\beta=50$，$U_{BEQ}=0.7V$，试用微变等效电路法估算电路的电压放大倍数、输入电阻和输出电阻。

解：
$$I_{BQ} = \frac{V_{CC} - U_{BEQ}}{R_B} \approx 5.96 \times 10^{-5}\text{A}$$

$$I_{EQ} \approx I_{CQ} \approx \beta I_{BQ} \approx 50 \times 0.06 = 3\text{mA}$$

$$r_{be} \approx r_{bb'} + (1+\beta)\frac{26(mV)}{I_{EQ}} = 300 + (1+50)\frac{26}{3} = 742\Omega$$

$$\dot{A}_u = -\frac{\beta(R_C // R_L)}{r_{be}} = -\frac{50 \times \dfrac{2.7 \times 2.7}{2.7 + 2.7}}{0.742} \approx -91$$

$$R_i = R_B // r_{be} = \frac{240 \times 0.742}{240 + 0.742} \approx 0.742\text{k}\Omega$$

$$R_o = R_C = 2.7\text{k}\Omega$$

3.3.3　图解法和微变等效电路法的比较

图解法的特点是真实地根据晶体管的非线性特性求解，适用于在输入大信号以及分析

输出幅值和波形失真的情况。微变等效电路法的特点是在小信号条件下，将晶体管线性化为大家所熟悉的线性网络，进而利用电路理论的方法分析放大电路的各项技术指标，它适用于放大电路工作于小信号时的动态分析。

思考题：

1. 图解法有什么优点和局限性？
2. 画出共射极基本放大电路的微变等效电路，写出 A_u、R_i、R_o 的表达式。
3. 什么叫截止失真和饱和失真？其原因分别是什么？
4. 叙述电路参数 V_{CC}、R_B 和 R_C 对静态工作点 Q 的影响。

3.4 放大电路静态工作点的稳定

从放大电路的分析中可知，放大电路的静态工作点 Q 的位置对其性能有着很大的影响。因此，合理选择 Q 点并使之保持稳定，就成为电路正常且稳定工作的关键。引起 Q 点不稳定的因素很多，如电源电压的变化、电路元器件因老化而引起参数值的改变、温度对半导体器件参数的影响等。其中最主要的因素是晶体管的参数随温度而变化。

3.4.1 温度对静态工作点的影响

晶体管对温度极其敏感，当温度变化时，发射结电压 U_{BE}、反向饱和电流 I_{CBO}、电流放大倍数 β 都随之发生变化。

- 温度每升高 10°C，反向饱和电流 I_{CBO} 就增加一倍；
- 温度每升高 1°C，发射结电压 U_{BE} 就减小 2～2.5mV；
- 温度每升高 1°C，晶体管的电流放大倍数 β 相对增大 0.5%～1%。

小功率硅三极管的 I_{CBO} 很小，随温度的变化可以忽略不计，β 和 U_{BE} 成为主要影响因素；锗三极管的 I_{CBO} 为主要影响因素。

上述 3 个参数的变化最终均反映在对晶体管放大电路静态工作点的影响上。晶体管集电极电流 $I_C=\beta I_B+(1+\beta)I_{CBO}$，温度升高时，$\beta$ 增大，I_{CBO} 增大，均使 I_C 增大。而温度升高时，U_{BE} 减小，I_B 增大，同样促使 I_C 增大。总之，温度上升，静态工作点会升高，将产生饱和失真；反之，将产生截止失真。因此，静态工作点的稳定成为放大电路稳定工作的重要问题。

3.4.2 静态工作点稳定电路——分压偏置放大电路

基本共射极放大器的优点是电路简单可靠、输出范围大、电压放大倍数大，缺点是工作点稳定性较差，只能依靠信号源内阻抑制晶体管非线性输入失真。如果能在温度变化时使集电极电流维持不变，就可以解决静态工作点稳定的问题。在如图 3-14 所示的放大电路中，直流电源 V_{CC} 经过两个电阻 R_{B1} 和 R_{B2} 分压之后接到晶体管的基极，故称该电路为分压偏置放大电路。该电路能在外界温度变化时，自动调节工作点的位置，从而使 Q 点变得相当稳定，因此它是交流放大电路中最常用的一种基本电路。

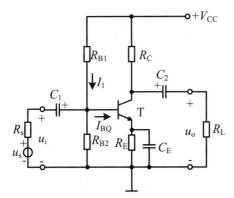

图 3-14　分压偏置放大电路

1. 工作点的稳定过程

利用 R_{B1} 和 R_{B2} 组成的分压器以固定基极电位。如果 $I_1 \gg I_{BQ}$，就可近似地认为基极电位 $U_{BQ} \approx \dfrac{R_{B2}}{R_{B1} + R_{B2}} V_{CC}$。在此条件下，当温度上升时，$I_{CQ}$ 增大，同时 I_{EQ} 也增大，由于 I_{EQ} 增大，在 R_E 上产生的压降 $U_{EQ} = I_{EQ} R_E$ 也要增大，使外加于管子的 $U_{BEQ} = U_{BQ} - U_{EQ}$ 减小，因而 I_{BQ} 减小，I_{CQ} 随之减小，从而使 I_{CQ} 基本恒定，静态工作点基本稳定。

2. 工作点的稳定条件

由上述分析可知，I_1 越大于 I_{BQ} 及 U_{BQ} 越大于 U_{BEQ}，则该电路稳定 Q 的效果越好。为兼顾其他指标，设计此种电路时，一般可选取 $I_1 = (5 \sim 10) I_{BQ}$（硅管），$I_1 = (10 \sim 20) I_{BQ}$（锗管）；$U_{BQ} = (3 \sim 5) V$（硅管）；$U_{BQ} = (1 \sim 3) V$（锗管）。

3. 放大电路分析

分压偏置放大电路直流通路如图 3-15 所示。

由此可得，基极电位的静态值

$$U_{BQ} \approx \frac{R_{B2}}{R_{B1} + R_{B2}} V_{CC} \qquad (3\text{-}17)$$

集电极电流的静态值

$$I_{CQ} \approx I_{EQ} = \frac{U_{BQ} - U_{BEQ}}{R_E} \qquad (3\text{-}18)$$

基极电流的静态值

$$I_{BQ} = \frac{I_{CQ}}{\beta} \qquad (3\text{-}19)$$

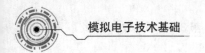

模拟电子技术基础

集电极与发射极之间电压的静态值

$$U_{CEQ} = V_{CC} - I_{CQ}(R_C + R_E) \tag{3-20}$$

分压偏置放大电路微变等效电路如图 3-16 所示。

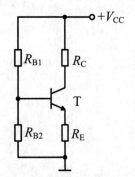

图 3-15　分压偏置放大电路直流通路

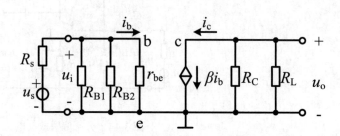

图 3-16　分压偏置放大电路微变等效电路

由此可得，电压放大倍数

$$\dot{A}_u = \frac{\dot{U}_O}{\dot{U}_i} = \frac{-\beta(R_C /\!/ R_L)\,\dot{I}_b}{\dot{I}_b r_{be}} = -\frac{\beta(R_C /\!/ R_L)}{r_{be}} \tag{3-21}$$

输入电阻

$$R_i = R_{B1} /\!/ R_{B2} /\!/ r_{be} \approx r_{be} \tag{3-22}$$

输出电阻

$$R_o = \left.\frac{U_o}{I_o}\right|_{\substack{R_L = \infty \\ U_s = 0}} = R_C \tag{3-23}$$

若无旁路电容时，微变等效电路如图 3-17 所示。

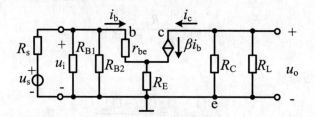

图 3-17　无旁路电容的微变等效电路

则电压放大倍数

$$\dot{A}_u = \frac{\dot{U}_O}{\dot{U}_i} = \frac{-\beta(R_C /\!/ R_L)\,\dot{I}_b}{\dot{I}_b r_{be} + (1+\beta)\dot{I}_b R_E} = -\frac{\beta(R_C /\!/ R_L)}{r_{be} + (1+\beta)R_E} \tag{3-24}$$

输入电阻

$$R_{\mathrm{i}} = R_{\mathrm{B1}} \mathbin{/\mkern-5mu/} R_{\mathrm{B2}} \mathbin{/\mkern-5mu/} [r_{\mathrm{be}} + (1+\beta) R_{\mathrm{E}}] \tag{3-25}$$

输出电阻

$$R_{\mathrm{o}} = R_{\mathrm{C}} \tag{3-26}$$

显然，无旁路电容时，电压放大倍数很小，但输入电阻大。因此旁路电容的作用是提高放大倍数，有时为了获得比较大的输入电阻，旁路电容只旁路一部分电阻，这样，既避免 R_{E} 的引入造成放大倍数过多地下降，又能获得较大的输入电阻。

【例 3-3】在如图 3-14 所示的分压偏置放大电路中,已知三极管的 $\beta=40$, $U_{\mathrm{BEQ}}=0.7\mathrm{V}$, $r_{\mathrm{bb'}}=300\Omega$, $R_{\mathrm{B1}}=40\mathrm{k}\Omega$, $R_{\mathrm{B2}}=20\mathrm{k}\Omega$, $R_{\mathrm{C}}=R_{\mathrm{E}}=R_{\mathrm{L}}=2\mathrm{k}\Omega$, $V_{\mathrm{CC}}=12\mathrm{V}$, 估算电路的静态工作点并计算电路的电压放大倍数、输入电阻和输出电阻。

解：

$$U_{\mathrm{BQ}} \approx \frac{R_{\mathrm{B2}}}{R_{\mathrm{B1}} + R_{\mathrm{B2}}} V_{\mathrm{CC}} = \frac{20}{40 + 20} \times 12 = 4\mathrm{V}$$

$$I_{\mathrm{CQ}} \approx I_{\mathrm{EQ}} = \frac{U_{\mathrm{BQ}} - U_{\mathrm{BEQ}}}{R_{\mathrm{E}}} = \frac{4 - 0.7}{2} = 1.65\mathrm{mA}$$

$$I_{\mathrm{BQ}} = \frac{I_{\mathrm{CQ}}}{\beta} = \frac{1.65}{40} = 0.041\mathrm{mA}$$

$$U_{\mathrm{CEQ}} = V_{\mathrm{CC}} - I_{\mathrm{CQ}}(R_{\mathrm{C}} + R_{\mathrm{E}}) = 12 - 1.65 \times (2 + 2) = 5.4\mathrm{V}$$

$$r_{\mathrm{be}} \approx r_{\mathrm{bb'}} + (1+\beta)\frac{26(\mathrm{m}V)}{I_{\mathrm{EQ}}} = 300 + (1+40)\frac{26}{1.65} = 946\Omega$$

$$\dot{A}_u = \frac{\dot{U}_{\mathrm{O}}}{\dot{U}_{\mathrm{i}}} = -\frac{\beta(R_{\mathrm{C}} \mathbin{/\mkern-5mu/} R_{\mathrm{L}})}{r_{\mathrm{be}}} = -\frac{40 \times (2 \mathbin{/\mkern-5mu/} 2)}{0.946} = -42$$

$$R_{\mathrm{i}} = R_{\mathrm{B1}} \mathbin{/\mkern-5mu/} R_{\mathrm{B2}} \mathbin{/\mkern-5mu/} r_{\mathrm{be}} \approx r_{\mathrm{be}} = 946\Omega$$

$$R_{\mathrm{o}} = R_{\mathrm{C}} = 2\mathrm{k}\Omega$$

思考题：

1. 简述分压式偏置电路稳定静态工作点的条件。

2. 为什么要在 R_{E} 两端并联大电容？

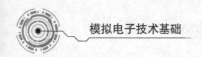

3.5　晶体管单管放大电路的3种基本接法

晶体管有3个电极，是3端子元件，如果以其中一个端子作为公共端子，另两个端子分别作为输入端子和输出端子，则构成两个回路：输入回路和输出回路。根据输入回路和输出回路公共端的不同，晶体管单管放大电路有3种基本形式（组态）：共射极放大电路、共集电极放大电路和共基极放大电路。

3.5.1　共射极放大电路

共射极放大电路在晶体三极管放大电路中应用最为广泛，前面介绍的放大电路都是共射极放大电路。输入信号由三极管基极输入，输出信号由集电极输出。发射极既在输入回路中，也在输出回路中（对交流信号而言），因此称为共射极放大电路。

此电路的特点是：输入与输出信号相位相反；有电压、电流放大作用，所以功率增益最高；输入、输出电阻阻值居中（一般为几千欧），常用于电压放大电路。

3.5.2　共集电极放大电路

共集电极放大电路也是一种基本放大电路，如图3-18所示，输入信号由三极管基极输入，输出信号由发射极输出。集电极既在输入回路中，也在输出回路中，因此称为共集电极放大电路。

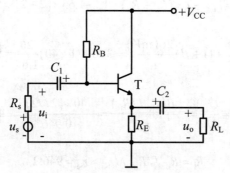

图3-18　共集电极放大电路

1. 静态分析

共集电极放大电路的直流通路如图3-19所示。

由此可得，基极电流的静态值

$$I_{BQ} = \frac{V_{CC} - U_{BEQ}}{R_B + (1+\beta)R_E} \tag{3-27}$$

集电极电流的静态值

$$I_{CQ} \approx \beta I_{BQ} \tag{3-28}$$

集电极与发射极之间电压的静态值

$$U_{CEQ} = V_{CC} - I_{EQ} R_E \approx V_{CC} - I_{CQ} R_E \tag{3-29}$$

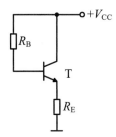

图 3-19　共集电极放大电路的直流通路

2．动态分析

共集电极放大电路的交流通路如图 3-20 所示，由此可以得到其微变等效电路如图 3-21所示。

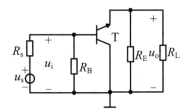

图 3-20　共集电极放大电路的交流通路　　图 3-21　共集电极放大电路的微变等效电路

（1）电压放大倍数

$$\dot{A}_u = \frac{\dot{U}_O}{\dot{U}_i} = \frac{(1+\beta)(R_E // R_L)\dot{I}_b}{\dot{I}_b r_{be} + (1+\beta)\dot{I}_b (R_E // R_L)} = \frac{(1+\beta)(R_E // R_L)}{r_{be} + (1+\beta)(R_E // R_L)} \approx 1 \tag{3-30}$$

这表明共集电极放大电路的输出电压与输入电压近似相等，相位相同，即输出信号随输入信号变化，因此这种电路又被称为射极跟随器。尽管共集电极放大电路无电压放大作用，但能放大输出电流，因此仍有功率放大的作用。

（2）输入电阻

$$R_i = R_B // [r_{be} + (1+\beta)(R_E // R_L)] \tag{3-31}$$

输入电阻较大，可减轻信号源的电流负担。

（3）输出电阻

$$R_o = \frac{U_o}{I_o}\bigg|_{\substack{R_L=\infty \\ U_s=0}} = R_E \,//\, \frac{r_{be} + R_S \,//\, R_B}{1 + \beta}$$ （3-32）

输出电阻较小，带负载能力强。

此电路的特点是：输入与输出信号相位相同；无电压放大作用，有电流放大作用，所以也有功率放大作用；输入电阻较大，输出电阻很小，一般用在电路的输入级、输出级、中间隔离级，常用于功率放大和阻抗匹配电路。

▶ 3.5.3　共基极放大电路

共基极放大电路如图 3-22 所示，输入信号由三极管发射极输入，输出信号由集电极输出。基极既在输入回路中，也在输出回路中，因此称为共基极放大电路。

1. 静态分析

共基极放大电路的直流通路如图 3-23 所示，与分压偏置放大电路相同。

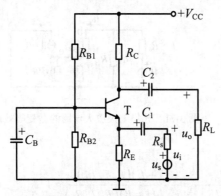
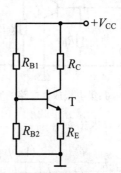

图 3-22　共基极放大电路　　　　图 3-23　共基极放大电路的直流通路

由此可得，基极电位的静态值

$$U_{BQ} \approx \frac{R_{B2}}{R_{B1} + R_{B2}} V_{CC}$$ （3-33）

集电极电流的静态值

$$I_{CQ} \approx I_{EQ} = \frac{U_{BQ} - U_{BEQ}}{R_E}$$ （3-34）

基极电流的静态值

$$I_{BQ} = \frac{I_{CQ}}{\beta}$$ （3-35）

集电极与发射极之间电压的静态值

$$U_{CEQ} = V_{CC} - I_{CQ}(R_C + R_E)$$ （3-36）

2．动态分析

共基极放大电路的交流通路如图 3-24 所示，由此可以得到其微变等效电路如图 3-25 所示。

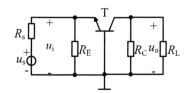 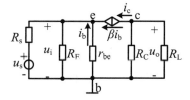

图 3-24　共基极放大电路的交流通路　　图 3-25　共基极放大电路的微变等效电路

（1）电压放大倍数

$$\dot{A}_u = \frac{\dot{U}_O}{\dot{U}_i} = \frac{-\beta(R_C /\!/ R_L)\,\dot{I}_b}{-\dot{I}_b r_{be}} = \frac{\beta(R_C /\!/ R_L)}{r_{be}}$$ （3-37）

（2）输入电阻

$$R_i = \frac{U_i}{I_i} = R_E /\!/ \frac{r_{be} + R_S /\!/ R_B}{1 + \beta}$$ （3-38）

（3）输出电阻

$$R_o = \frac{U_o}{I_o}\bigg|_{\substack{R_L = \infty \\ U_s = 0}} = R_C$$ （3-39）

此电路的特点是：输入与输出信号相位相同；有电压放大作用，无电流放大作用，所以也有功率放大作用；输入电阻很小，输出电阻较大，在低频放大电路中一般很少应用，但由于其频率特性好，适用于宽频或高频电路。

思考题：

1．什么是放大电路的组态？

2．为什么当输入信号源为电压源时，希望输入电阻大、输出电阻小？

3．某放大电路在负载开路时输出电压为 4V，接入 12kΩ 的负载电阻后，输出电压为

3V，则放大电路的输出电阻为多少？

4. 在共射极、共基极、共集电极 3 种组态的基本放大电路中，_____的输入电阻最高，_____的输入电阻最低，_____的输出电阻最低，_____的电压放大倍数最低。

3.6 场效应管放大电路

由于场效应管具有高输入阻抗的特点，所以特别适用于作为多级放大电路的输入级，尤其是对于高内阻的信号源，采用场效应管才能有效地放大。

由于场效应管的源极、漏极、栅极分别对应于三极管的发射极、集电极、基极，所以两者放大电路类似。场效应管组成放大电路时有 3 种接法，即共源极放大电路、共漏极放大电路和共栅极放大电路。在场效应管放大电路中需要设置合适的静态工作点，否则将造成输出信号的失真。

3.6.1 共源极放大电路

1. 自给偏压共源极放大电路

如图 3-26 所示的电路是耗尽型绝缘栅场效应管的自给偏压共源极放大电路。源极电流 I_S（等于 I_D）流经源极电阻 R_S，在 R_S 上产生电压降 $I_S R_S$，显然 $U_{GS}=-I_S R_S=-I_D R_S$，该电压即为自给偏压。

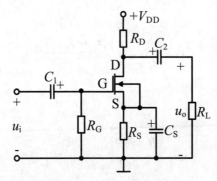

图 3-26 自给偏压共源极放大电路

电路中各元件的作用如下：

- R_S 为源极电阻，由前面分析可知放大电路的静态工作点受它控制，其阻值约为几千欧。
- C_S 为源极交流旁路电容，容量约为几十微法。C_1、C_2 为耦合电容。
- R_G 为栅极电阻，构成栅极和源极之间的直流通路，但无直流通过，只用于设置栅-源极间的偏置电压。不能太小，否则将严重降低放大电路的输入电阻，其阻值一般为 200kΩ～10MΩ。

- R_D 为漏极电阻，与三极管放大电路中的作用相同。

要注意的是，增强型绝缘栅场效应管只有栅-源电压达到某个开启电压时，才有漏极电流出现，因此这类管子不能用自给偏压电路，结型场效应管无此限制。

（1）静态分析

图 3-26 所示电路的直流通路如图 3-27 所示。

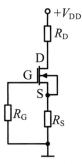

图 3-27 自给偏压共源极放大电路的直流通路

MOS 场效应管的栅极被绝缘层隔离，栅极没有电流，所以 $U_{GS}=0$，则栅源极之间的电压为

$$U_{GSQ} = -I_{SQ}R_S = -I_{DQ}R_S \tag{3-40}$$

漏极电流为

$$I_{DQ} = I_{DO}\left(\frac{U_{GSQ}}{U_{TN}} - 1\right)^2 \tag{3-41}$$

其中 U_{TN} 为 MOS 管导通的临界值，I_{DO} 为 $U_{GS}=2U_{TN}$ 时的 I_D 的值。

漏源极之间的电压为

$$U_{DSQ} = V_{DD} - I_{DQ}R_D \tag{3-42}$$

（2）动态分析

在输入信号很小时，如果场效应管工作于恒流区，此时 I_D 大小线性地受控于 U_{GS}，因此可得到场效应管的微变等效电路如图 3-28 所示。由于场效应管是电压控制元件，是用 U_{GS} 控制 I_D 的大小，所以在组成放大电路时必须注意这一点。图 3-26 所示放大电路的微变等效电路如图 3-29 所示。

由此可得，自给偏压共源极放大电路的电压放大倍数

$$\dot{A}_u = \frac{\dot{U}_O}{\dot{U}_i} = \frac{-g_m \dot{U}_{gs}(R_D//R_L)}{\dot{U}_{gs}} = -g_m(R_D//R_L) \tag{3-43}$$

输入电阻

$$R_i = \frac{U_i}{I_i} = R_G \qquad （3\text{-}44）$$

输出电阻

$$R_o = \frac{U_o}{I_o}\bigg|_{\substack{R_L=\infty \\ U_s=0}} = R_D \qquad （3\text{-}45）$$

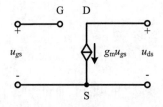

图 3-28 场效应管的微变等效电路

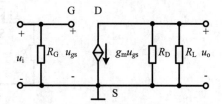

图 3-29 自给偏压共源极放大电路的微变等效电路

2. 分压式共源极放大电路

分压式共源极放大电路适用于各种场效应管放大电路，因为均可通过电阻的分压获得合适的沟道开启电压。如图 3-30 所示的电路为分压式共源极放大电路。

（1）静态分析

图 3-30 所示的分压式共源极放大电路的直流通路如图 3-31 所示。

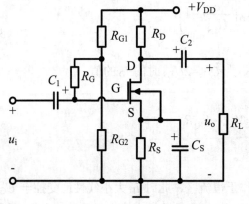

图 3-30 分压式共源极放大电路

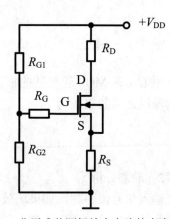

图 3-31 分压式共源极放大电路的直流通路

$$U_{GQ} = \frac{R_{G2}}{R_{G1} + R_{G2}} V_{DD} \qquad （3\text{-}46）$$

$$U_{SQ} = I_{DQ} R_S \qquad （3\text{-}47）$$

$$U_{GSQ} = U_{GQ} - U_{SQ} = \frac{R_{G2}}{R_{G1} + R_{G2}} V_{DD} - I_{DQ} R_S \qquad （3\text{-}48）$$

漏极电流为

$$I_{DQ} = I_{DO}\left(\frac{U_{GSQ}}{U_{TN}} - 1\right)^2 \qquad (3\text{-}49)$$

其中 U_{TN} 为 MOS 管导通的临界值，I_{DO} 为 $U_{GS}=2U_{TN}$ 时的 I_D 的值。

$$U_{DSQ} = V_{DD} - I_{DQ}(R_D + R_S) \qquad (3\text{-}50)$$

（2）动态分析

图 3-30 所示放大电路的微变等效电路如图 3-32 所示。

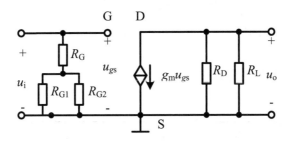

图 3-32　分压式共源极放大电路的微变等效电路

由此可得，分压式共源极放大电路的电压放大倍数

$$\dot{A}_u = \frac{\dot{U}_O}{\dot{U}_i} = \frac{-g_m \dot{U}_{gs}(R_D // R_L)}{\dot{U}_{gs}} = -g_m(R_D // R_L) \qquad (3\text{-}51)$$

输入电阻

$$R_i = \frac{U_i}{I_i} = R_G + R_{G1} // R_{G2} \qquad (3\text{-}52)$$

输出电阻

$$R_o = \left.\frac{U_o}{I_o}\right|_{\substack{R_L=\infty \\ U_s=0}} = R_D \qquad (3\text{-}53)$$

▶ 3.6.2　共漏极放大电路（源极输出器）

共漏极放大电路又称为源极输出器或源极跟随器，它与三极管组成的共集电极放大电路具有相似的特点，如输入电阻高、输出电阻小、电压放大倍数略小于 1，一般用于多级放大电路的输入级或输出级。图 3-33 所示电路为共漏极放大电路。

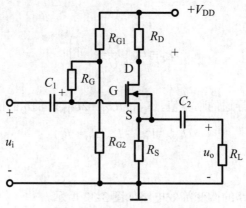

图 3-33　共漏极放大电路

由图 3-33 可知,源极输出器的直流静态工作点的确定和分压式共源极电路相同,故静态分析略。

共漏极放大电路的微变等效电路如图 3-34 所示。

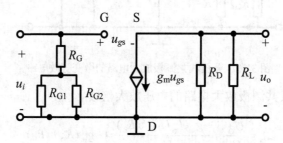

图 3-34　共漏极放大电路的微变等效电路

电压放大倍数

$$\dot{A}_u = \frac{\dot{U}_O}{\dot{U}_i} = \frac{g_m \dot{U}_{gs}(R_S // R_L)}{\dot{U}_{gs} + g_m \dot{U}_{gs}(R_S // R_L)} = \frac{g_m(R_S // R_L)}{1 + g_m(R_S // R_L)} \tag{3-54}$$

输入电阻

$$R_i = \frac{U_i}{I_i} = R_G + R_{G1} // R_{G2} \tag{3-55}$$

输出电阻

$$R_o = \frac{U_o}{I_o}\bigg|_{\substack{R_L=\infty \\ U_s=0}} = \frac{1}{g_m + \dfrac{1}{R_S}} = \frac{1}{g_m} // R_S \tag{3-56}$$

由上述分析可知,源极输出器的放大倍数约等于 1,输出电压与输入电压同相且具有电压跟随的特性;其输入电阻高,输出电阻低,这与三极管组成的共集电极放大电路的特点相似。

思考题：

1．场效应管共源极、共漏极和共栅极分别相当于三极管基本放大电路的哪一种基本组态？

2．源极输出器有什么特点？

3.7　基本放大电路的派生电路

基本放大电路的特点是以一个放大元件为核心，辅助于相应的偏置电路，实现对输入信号的放大作用。其电路结构简单，工作原理浅显易懂，性能指标计算简单方便。但由于电路结构简单，带来了一些不足之处。因此，有必要对电路进行改进，以改善电路的某些性能指标。在实际应用中，为了进一步改进放大电路的性能，可用多个晶体管构成复合管来代替基本放大电路中的一个晶体管，也可用两个晶体管以不同的组态，互相配合组成组合放大单元电路。本节主要讨论复合管放大电路及两种组合放大电路。

3.7.1　复合管放大电路

将基本放大电路中的晶体管用复合管代替，就得到复合管放大电路。

1．复合管的组成原则和作用

复合管是指把几个晶体管连接起来而构成具有一定功能的晶体管。在分析时一般是把它们当作一个整体来处理。这种晶体管的放大倍数高（可达数百、数千倍）、驱动能力强、体积小、功率大、开关速度快，可做成功率放大模块，用于大功率开关电路、电机调速电路、逆变电路，还可驱动小型继电器及 LED 智能显示屏等。如图 3-35（a）和图 3-35（b）所示为由两个同类型的三极管组成的复合管，等效成与组成它们的晶体管同类型的管子；如图 3-35（c）和图 3-35（d）所示为两个不同类型的三极管组成的复合管，等效成与 T_1 管同类型的管子。

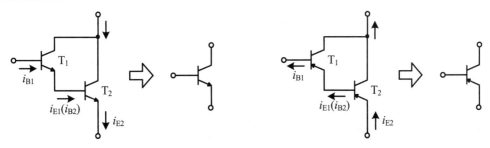

（a）两个NPN型管构成的NPN型管　　　　　（b）两个PNP型管构成的PNP型管

图 3-35　复合管

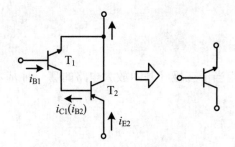 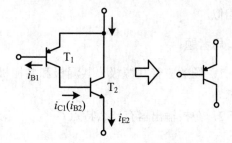

（c）两个不同类型管构成的NPN型管　　　　　　（d）两个不同类型管构成的PNP型管

图 3-35　复合管（续）

复合管的组成原则是：

- 同一种导电类型（NPN 或 PNP）的晶体管构成复合管时，应将前一个管子的发射极接至后一个管子的基极；不同导电类型（NPN 与 PNP）的晶体管构成复合管时，应将前一个管子的集电极接至后一个管子的基极，以实现两次电流放大的作用。
- 必须保证两个晶体管均工作在放大状态。

这种由两个三极管构成的复合管又被称为达林顿管。

2. 复合管的主要参数

（1）电流放大系数 β

由图 3-35（a）可知，复合管的基极电流 $i_B=i_{B1}$，发射极电流 $i_E=i_{E2}$，则集电极电流 $i_C=i_{C1}+i_{C2}=\beta_1 i_{B1}+\beta_2 i_{B2}=\beta_1 i_{B1}+\beta_2(1+\beta_1)i_{B1}=(\beta_1+\beta_2+\beta_1\beta_2)i_B$，因为 β_1 和 β_2 至少为几十，因而 $\beta_1\beta_2\gg\beta_1+\beta_2$，所以可以认为复合管的电流放大系数为

$$\beta=\frac{i_C}{i_B}=\beta_1+\beta_2+\beta_1\beta_2\approx\beta_1\beta_2 \qquad (3\text{-}57)$$

即复合管的电流放大系数近似等于各三极管电流放大系数的乘积。这个结论同样适用于其他类型的复合管。

（2）输入电阻

由图 3-35（a）、（b）可知，对于两个同类型的三极管组成的复合管，其输入电阻为

$$r_{be}=r_{be1}+(1+\beta_1)r_{be2} \qquad (3\text{-}58)$$

由图 3-35（c）、（d）可知，对于两个不同类型的三极管组成的复合管，其输入电阻为

$$r_{be}=r_{be1} \qquad (3\text{-}59)$$

式（3-58）和式（3-59）说明，复合管的输入电阻与 T_1、T_2 的接法有关。

3. 复合管共射极放大电路

用复合管组成的共射极放大电路如图 3-36（a）所示。若把复合管看成一个管子，它就

是一个基本共射极放大电路。

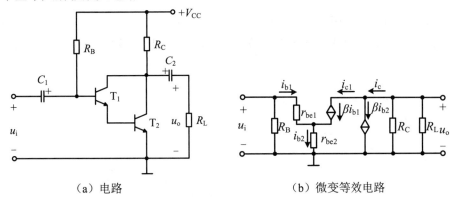

（a）电路　　　　　　　　　　　（b）微变等效电路

图 3-36　复合管共射极放大电路

（1）静态分析

设组成复合管内三极管 T_1 和 T_2 的电流放大系数分别为 β_1 和 β_2，对复合管放大电路进行静态分析时，首先要确定复合管的电流放大系数 β，代入前面计算静态工作点的公式，就可计算出复合管放大电路的静态工作点。

$$I_{CQ} \approx \beta I_{BQ} = \beta_1 \beta_2 I_{BQ} \tag{3-60}$$

$$U_{CEQ} = V_{CC} - I_{CQ} R_C \tag{3-61}$$

（2）动态分析

从图 3-36（b）可知电压放大倍数

$$\dot{A}_u = \frac{\dot{U}_O}{\dot{U}_i} \approx -\frac{\beta_1 \beta_2 (R_C /\!/ R_L)}{r_{be1} + (1+\beta_1) r_{be2}} \tag{3-62}$$

输入电阻

$$R_i = \frac{U_i}{I_i} = R_B /\!/ [r_{be1} + (1+\beta_1) r_{be2}] \approx r_{be1} + (1+\beta_1) r_{be2} \tag{3-63}$$

输出电阻

$$R_o = \frac{U_o}{I_o} \bigg|_{\substack{R_L = \infty \\ U_s = 0}} = R_C \tag{3-64}$$

由上述可见，电压放大倍数与单管时相当，但输入电阻明显变大，电流放大倍数明显变大。也就是说，复合管共射极放大电路增强了电流放大能力，从而减小了对信号源驱动电流的要求。

4. 复合管共集电极放大电路

用复合管组成的共集电极放大电路如 3-37（a）所示。

复合管共集电极放大电路使共集电极放大电路输入电阻大、输出电阻小的特点得到进一步发挥。

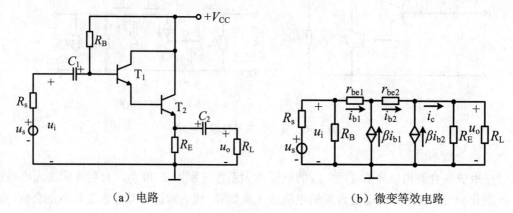

（a）电路　　　　　　　　　（b）微变等效电路

图 3-37　复合管共集电极放大电路

由图 3-37（a）可知，基极电流的静态值

$$I_{BQ} = \frac{V_{CC} - U_{BE1Q} - U_{BE2Q}}{R_B + (1 + \beta) R_E} \tag{3-65}$$

集电极电流的静态值

$$I_{CQ} \approx \beta I_{BQ} = \beta_1 \beta_2 I_{BQ} \tag{3-66}$$

集电极与发射极之间电压的静态值

$$U_{CEQ} = V_{CC} - I_{EQ} R_E \approx V_{CC} - I_{CQ} R_E \tag{3-67}$$

由图 3-37（b）可知，电压放大倍数

$$\dot{A}_u = \frac{\dot{U}_O}{\dot{U}_i} = \frac{\dot{I}_c (R_E // R_L)}{\dot{I}_{b1} r_{be1} + \dot{I}_{b2} r_{be2} + \dot{I}_{e2} (R_E // R_L)}$$

$$\approx \frac{\dot{I}_{b1} (1 + \beta_1)(1 + \beta_2)(R_E // R_L)}{\dot{I}_{b1} r_{be1} + \dot{I}_{b1}(1 + \beta_1) r_{be2} + \dot{I}_{b1}(1 + \beta_1)(1 + \beta_2)(R_E // R_L)} \approx 1 \tag{3-68}$$

输入电阻

$$R_i = R_B // [r_{be1} + (1 + \beta_1) r_{be2} + (1 + \beta_1)(1 + \beta_2)(R_E // R_L)] \tag{3-69}$$

输出电阻

$$R_\text{o} = \frac{U_\text{o}}{I_\text{o}}\bigg|_{\substack{R_\text{L}=\infty \\ U_\text{s}=0}} = R_\text{E} \, / / \, \frac{\left[r_\text{be2} + \dfrac{r_\text{be1} + R_\text{S} \, / / R_\text{B}}{\left(1 + \beta_1 \right)} \right]}{1 + \beta_2} \tag{3-70}$$

显然，由于采用复合管，输入电阻 R_i 中与 R_B 相并联的部分大大提高，而输出电阻 R_o 中与 R_E 相并联的部分大大降低，使共集电极放大电路 R_i 大、R_o 小的特点得到进一步发挥。

从式（3-69）可知，共集电极放大电路的输入电阻与负载电阻有关；从式（3-70）可知，共集电极放大电路的输出电阻与信号源内阻有关。但是必须特别指出，根据输入、输出电阻的定义，无论什么样的放大电路，R_i 均与 R_S 无关，而 R_o 均与 R_L 无关。

▶ 3.7.2 共射-共基放大电路

将共射极电路与共基极电路组合在一起，既保持了共射极放大电路电压放大能力较强的优点，又获得了共基极放大电路较好的高频特性。如图 3-38（a）所示为共射-共基放大电路，T_1 组成共射极电路，T_2 组成共基极电路，由于 T_1 管以输入电阻小的共基极电路为负载，使 T_1 管集电结电容对输入回路的影响减小，从而使共射极电路高频特性得到改善。

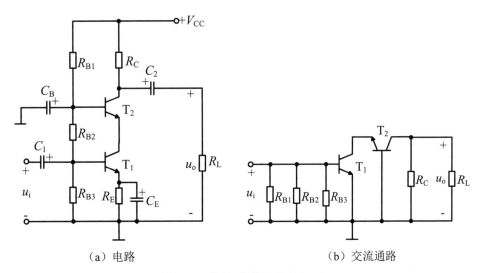

（a）电路　　　　　　　　　　　　（b）交流通路

图 3-38　共射-共基放大电路

由图 3-38（b）可知，电压放大倍数

$$\dot{A}_u = \frac{\dot{U}_\text{O}}{\dot{U}_\text{i}} = \frac{\dot{I}_{c1}}{\dot{U}_\text{i}} \frac{\dot{U}_\text{O}}{\dot{I}_{e2}} = \frac{\dot{I}_{\text{b}1}\beta_1}{\dot{I}_{\text{b}1} r_\text{be1}} \frac{-\beta_2 \dot{I}_{\text{b}2}\left(R_\text{C} \, / / R_\text{L} \right)}{\dot{I}_{\text{b}2}\left(1 + \beta_2 \right)} \tag{3-71}$$

因为 $\beta_2 \gg 1$，即 $\dfrac{\beta_2}{1+\beta_2} \approx 1$，所以

$$\dot{A}_u \approx \frac{-\beta_1(R_C /\!/ R_L)}{r_{be1}} \tag{3-72}$$

与单管共射极放大电路的 $\dot{A}_u$ 相同。

▶ 3.7.3 共集−共基放大电路

如图 3-39 所示为共集−共基放大电路的交流通路，它以 T_1 管组成的共集电极电路作为输入端，故输入电阻较大；以 T_2 管组成的共基极电路作为输出端，故具有一定的电压放大能力；由于共集电极电路和共基极电路均有较高的上限截止频率，故电路有较宽的通频带。

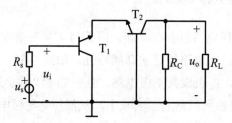

图 3-39　共集−共基放大电路的交流通路

根据具体需要，还可以组成其他电路，如共漏−共射放大电路，既保持了高输入电阻，又具有高的电压放大倍数。可见，利用两种基本接法组合，可以同时获得两种接法的优点。

思考题：

1. 简述复合管的组成原则。
2. 复合管的主要参数有哪些？
3. 复合管放大电路有哪些？

➡ 3.8　Multisim 仿真举例——单管放大电路

▶ 3.8.1 共射极放大电路的仿真

1. 静态工作点测试

共射极放大电路的仿真电路如图 3-40 所示。启动 Multisim 10 界面菜单中的"仿真"功能，单击"分析"中的"直流工作点分析"按钮，将节点 3、5、7 作为仿真分析节点进行分析。调节电阻 R_2，使 U_{CEQ} 的电压大约为电源电压的一半，分析结果如图 3-41 所示，由此可知 $U_{BQ} = 1.12028\text{V}$，$U_{CEQ} = 6.43670 - 1.12028 = 5.31642\text{V}$，$U_{BEQ} = 1.74591 - 1.12028 = 0.62563\text{V}$。

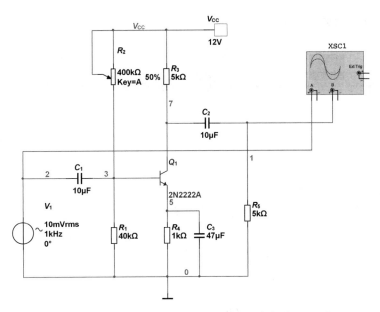

图 3-40　共射极放大电路的仿真电路

直流工作点分析

	直流工作点分析	
1	V(3)	1.74591
2	V(7)	6.43670
3	V(5)	1.12028

图 3-41　共射极放大电路的静态工作点仿真结果

2. 电压放大倍数测试

在工程上，电路的电压放大倍数 $\dot{A}_u$ 如果是大致估算的，设置合适的静态工作点，使输出电压 $\dot{U}_O$ 在不失真的情况下，可用示波器（或交流毫伏表）进行测量。如果用示波器测量，电压放大倍数可以表示为输出电压峰峰值与输入电压峰峰值的比值。

对于图 3-40 所示的电路，可得到共射极放大电路的双踪示波器的面板如图 3-42 所示，由此可知，输入、输出波形完全反相，则 $\dot{A}_u = \dfrac{\dot{U}_{OP-P}}{\dot{U}_{iP-P}} = \dfrac{-2309}{28.148} = -82.031$。

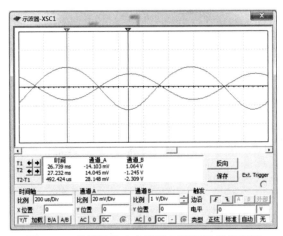

图 3-42　共射极放大电路的双踪示波器的面板

3. 静态工作点对输出波形的影响

改变电阻R_2，使输出波形分别出现截止失真和饱和失真，失真波形如图 3-43 所示。

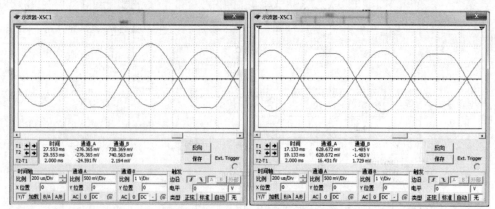

图 3-43 共射极放大电路的失真情况

▶ 3.8.2 共集电极放大电路的仿真

1. 静态工作点测试

共集电极放大电路的仿真电路如图 3-44 所示。启动 Multisim 10 界面菜单中的"仿真"功能，单击"分析"中的"直流工作点分析"按钮，将节点 V_{CC}、4、7 作为仿真分析节点进行分析。调节电阻R_2，使节点 7 的电压大约为电源电压的一半，分析结果如图 3-45 所示，由此可知U_{BQ}=6.86330V，U_{CEQ}=12-6.86330=5.1367V，U_{BEQ}=6.86330-6.23543=0.62787V。

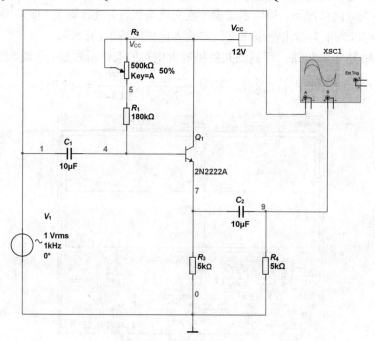

图 3-44 共集电极放大电路的仿真电路

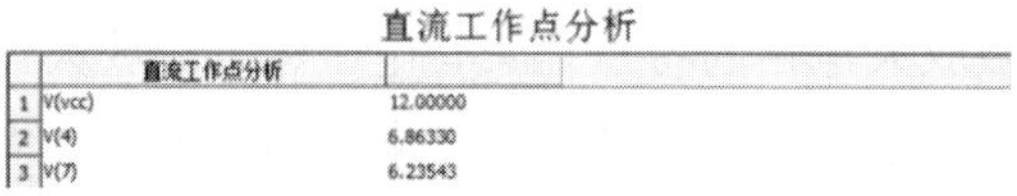

直流工作点分析		
1	V(vcc)	12.00000
2	V(4)	6.86330
3	V(7)	6.23543

图 3-45　共集电极放大电路的静态工作点仿真结果

2．电压放大倍数测试

对于图 3-44 所示电路，得到共集电极放大电路的双踪示波器的面板如图 3-46 所示，由此可知，输入、输出波形完全同相，则 $\dot{A}_u = \dfrac{\dot{U}_{\text{OP-P}}}{\dot{U}_{\text{iP-P}}} = \dfrac{2.795}{2.825} \approx 0.989$。

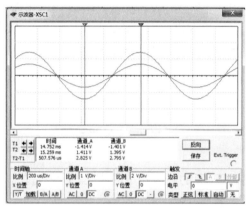

图 3-46　共集电极放大电路的双踪示波器的面板

小　　结

放大实质是能量的控制。

组成放大电路的基本原则是三极管要处于放大状态，即发射结正偏、集电结反偏。

静态工作点设置得合适与否影响到放大电路能否正常放大信号，以及能否输出最大不失真电压。静态工作点的位置与电路参数有关。

图解法和微变等效电路法是分析放大电路的两种基本方法。图解法可以定性分析非线性失真以及确定最大不失真输出电压。其要领是：先根据放大电路直流通路的直流负载线方程作出直流负载线，并确定静态工作点 Q，再根据交流负载线的斜率为 $-\dfrac{1}{R_{\text{C}}//R_{\text{L}}}$ 及过 Q 点的特点，作出交流负载线，并对应画出输入信号、输出信号（电压、电流）的波形。微变等效电路法是根据微变等效电路定量计算动态指标。

温度变化将引起三极管的极间反向电流、发射结电压 U_{BE}、电流放大系数 β 随之变化，从而导致静态电流 I_{C} 不稳定。因此，温度变化是引起放大电路静态工作点不稳定的主要原因，解决这一问题的办法之一是采用分压式偏置放大电路。

晶体管单管放大电路有 3 种基本形式（组态）：共射极放大电路、共集电极放大电路和

共基极放大电路。共射极放大电路的特点是具有电压、电流放大作用；输出与输入反相；输入电阻、输出电阻适中；常用作低频电压放大电路的输入级、中间级和输出级。共集电极放大电路的特点是具有电流放大作用，$\dot{A}_u \approx 1$；输出与输入同相；输入电阻高、输出电阻低；常用作多级放大电路的输入级、输出级和作隔离用的中间级。共基极放大电路的特点是具有电压放大作用；输出与输入同相；输入电阻高、输出电阻适中；常用于宽频带放大器。

由场效应管组成的放大电路一般都具有高输入阻抗的特点，适合作为放大电路的输入级。在中低频小信号下，场效应管模型可用一个电压控制的电流源（VCCS）近似等效。

在实际应用中，为了进一步改进放大电路的性能，可用多个晶体管构成复合管来代替基本放大电路中的一个晶体管，也可用两个晶体管以不同的组态，互相配合组成组合放大单元电路。

习　　题

3.1　分别修改如图 3-47 所示的各电路中的错误，使它们有可能放大正弦波信号。要求保留电路原来的共射接法和耦合方式。

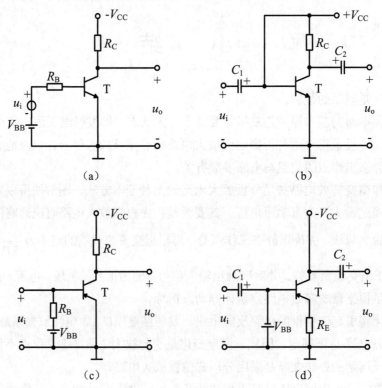

图 3-47　题 3.1 图

3.2　画出如图 3-48 所示的各电路的直流通路和交流通路。设所有电容对交流信号均可视为短路。

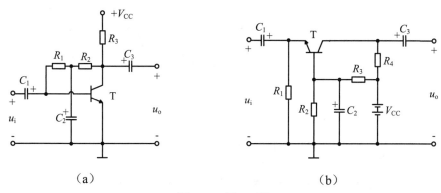

（a）　　　　　　　　　　　　（b）

图 3-48　题 3.2 图

3.3　电路如图 3-49（a）所示，图 3-49（b）是晶体管的输出特性，静态时 U_{BEQ}=0.7V。利用图解法分别求出 $R_L=\infty$ 和 R_L=3kΩ 时的静态工作点和最大不失真输出电压 U_{om}（有效值）。

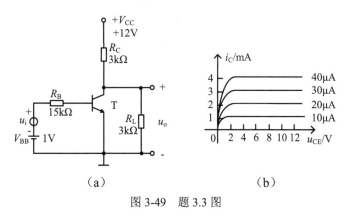

（a）　　　　　　　　　　　　（b）

图 3-49　题 3.3 图

3.4　电路如图 3-50 所示，晶体管的 β=80，U_{BEQ}=0.7V，$r_{bb'}$=100Ω。分别计算$R_L=\infty$和R_L=5kΩ时的 Q 点、$\dot{A}_u$、R_i 和 R_o。

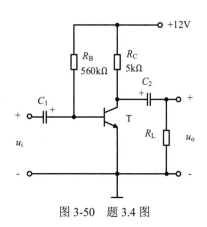

图 3-50　题 3.4 图

3.5 在图 3-50 所示的电路中，由于电路参数不同，在信号源电压为正弦波时，测得输出波形分别如图 3-51（a）、（b）和（c）所示，试说明电路分别产生了那种失真，如何消除。

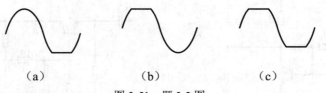

(a)　　　　　　(b)　　　　　　(c)

图 3-51　题 3.5 图

3.6 如图 3-52 所示的电路中晶体管的 $\beta=100$，$r_{be}=1\text{k}\Omega$。

（1）现已测得静态管压降 $U_{CEQ}=6\text{V}$，估算 R_B 的值。

（2）若测得 $\dot{U}_i$ 和 $\dot{U}_o$ 的有效值分别为 1mV 和 100mV，则负载电阻 R_L 的值为多少？

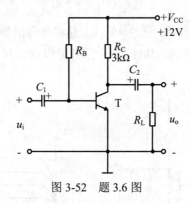

图 3-52　题 3.6 图

3.7 电路如图 3-53 所示，晶体管的 $\beta=100$，$r_{bb'}=100\Omega$。

（1）求电路的 Q 点、$\dot{A}_u$、R_i 和 R_o。

（2）若电容 C_E 开路，则将引起电路的哪些动态参数发生变化？如何变化？

3.8 设如图 3-54 所示的电路所加输入电压为正弦波。试问：

（1）$\dot{A}_{u1}=\dfrac{\dot{U}_{O1}}{\dot{U}_i}$，$\dot{A}_{u2}=\dfrac{\dot{U}_{O2}}{\dot{U}_i}$，两者各约为多少？

（2）画出输入电压和输出电压 u_i、u_{o1} 和 u_{o2} 的波形。

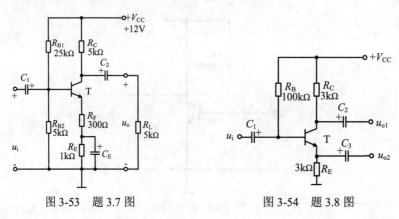

图 3-53　题 3.7 图　　　　　　图 3-54　题 3.8 图

3.9　电路如图 3-55 所示，晶体管的$\beta=80$，$r_{be}=1k\Omega$。

（1）求出 Q 点。

（2）分别求出$R_L=\infty$和$R_L=3k\Omega$时电路的$\dot{A}_u$和R_i。

（3）求出R_o。

3.10　电路如图 3-56 所示，晶体管的$\beta=60$，$r_{bb'}=100\Omega$。

（1）求电路的 Q 点、$\dot{A}_u$、R_i和R_o。

（2）设$U_S=10mv$（有效值），求U_i和U_o各为多少？若C_3开路，则U_i和U_o各为多少？

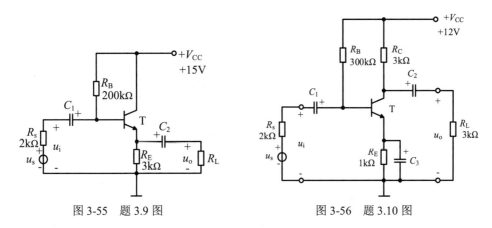

图 3-55　题 3.9 图　　　　　　　图 3-56　题 3.10 图

3.11　图 3-57 中的哪些接法可以构成复合管？标出它们的等效管类型（如 NPN 型、PNP 型、N 沟道结型等）及管脚（B、E、C、D、G、S）。

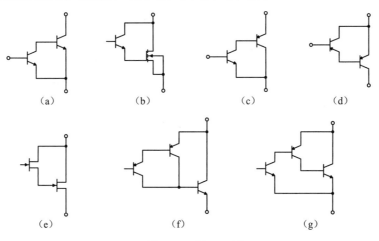

图 3-57　题 3.11 图

❖ 第4章　多级放大电路 ❖

引言

本章首先介绍多级放大电路的耦合方式、特点及分析方法；然后讨论差分放大电路的组成和分析。

单级放大电路的放大倍数不宜过大，一般为十几到几十倍，但一个电子产品往往需要将极微弱的信号放大到足够大，例如电视信号，从天线中接收的微弱信号到电视屏幕显示的图像信号，通常要放大约 120dB（即 10^6 倍），这样就需要由多级放大电路来放大。

▶ 4.1　多级放大电路的耦合方式

基本单元放大电路，其性能通常很难满足电路或系统的要求，因此，实际使用中需要将两级或两级以上的基本单元电路连接起来组成多级放大电路，如图 4-1 所示。通常把与信号源相连接的第一级放大电路称为输入级，与负载相接的末级放大电路称为输出级，输出级与输入级之间的放大电路称为中间级。输入级与中间级的位置处于多级放大电路的前几级，故又称为前置级。前置级一般都属于小信号工作状态，主要进行电压放大，输出级是大信号放大，以提供负载足够大的信号，常采用功率放大电路。

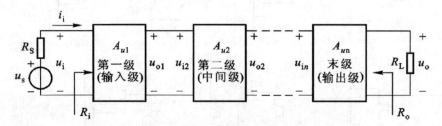

图 4-1　多级放大电路的组成框图

多级放大电路的级间耦合电路应保证有效地传输信号，使之损失最小，同时使放大电路的直流工作状态不受影响。常用的级间耦合方式有电容耦合和直接耦合，有时也采用变压器耦合和光电耦合。下面就电容耦合和直接耦合加以说明。

1. 电容耦合

级与级之间采用电容连接，称为电容耦合，也称为阻容耦合，如图 4-2 所示，第一级与第二级均为典型的共射极放大电路，它们之间通过电容 C_2 相连接，同时第一级与输入信号源之间通过 C_1 相连接，第二级与负载 R_L 相连接。C_1、C_2、C_3 均为耦合电容。由于耦合电容隔断了级间的直流通路，因此各级直流工作点彼此独立，互不影响，所以直流工作点的设计和调整比较简单方便。这也使得电容耦合放大电路不能放大直流信号或缓慢变化的信号，若放大交流信号的频率较低，则需要采用大电量的电解电容。

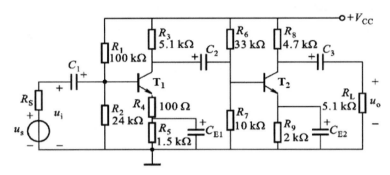

图 4-2 电容耦合放大电路

2. 直接耦合

级与级间采用直接连接，称为直接耦合，如图 4-3 所示。图中第一级为差分放大电路，第二级为共射极放大电路。直接耦合方式可省去级间耦合元件，信号传输的损耗很小，它不仅能放大交流信号，而且能放大变化十分缓慢的信号，集成电路中多采用直接耦合的方式。

在直接耦合放大电路中，由于级间为直接耦合，所以前后级之间的直接电位相互影响，使得多级放大电路的各级静态工作点不能独立。当某一级的静态工作点发生变化时，其前后级也将受到影响。例如，当温度或电源电压等外界因素发生变化时，直接耦合放大电路中各级静态工作点将跟随变化，这种变化称为工作点漂移。值得注意的是，第一级的工作点漂移将会随信号传送至后级，并被逐级放大。这样一来，即使输入信号为零，输出电压也会偏离原来的初始值而上下波动，这个现象称为零点漂移。零点漂移将会造成有用信号的失真，严重时有用信号将被零点漂移所"淹没"，使人们无法辨认是漂移电压，还是有用信号电压。

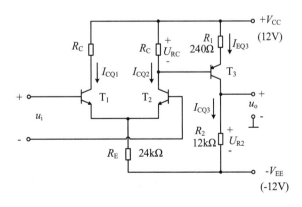

图 4-3 直接耦合放大电路

在引起工作点漂移的外界因素中，工作温度变化引起的零点漂移最严重，称为温度漂移，简称温漂。这主要是由于晶体管的 β、I_{CBO} 和 U_{BE} 等参数都随温度的变化而变化，从而引起工作点的变化。衡量放大电路温漂的大小，不能只看输出端漂移电压的大小，还要看放大倍数。因此，一般都是将输出端的温漂折合到输入端来衡量。当输入信号为零，如果输出端的温漂电压为 ΔU_{o}，电压放大倍数为 A_u，则折合到输入端的零点漂移为

$$\Delta U_{\mathrm{I}} = \frac{\Delta U_{\mathrm{o}}}{A_u} \tag{4-1}$$

ΔU_{I}越小，零点漂移越小。采用差分放大电路可有效抑制零点漂移。

思考题：

1．级间耦合主要有哪几种方式？各有什么特点？

➡ 4.2 多级放大电路的动态分析方法

如图 4-1 所示多级放大电路的框图中，每级电压放大倍数分别为 $A_{u1} = \dfrac{u_{\mathrm{o}1}}{u_{\mathrm{i}}}$、

$A_{u2} = \dfrac{u_{\mathrm{o}2}}{u_{\mathrm{i}2}}$、$\cdots$、$A_{un} = \dfrac{u_{\mathrm{o}}}{u_{\mathrm{i}n}}$。由于信号是逐级传递的，前级的输出电压便是后级的输入电压，所以整个电路的电压放大倍数为

$$A_u = \frac{u_{\mathrm{o}}}{u_{\mathrm{i}}} = \frac{u_{\mathrm{o}1}}{u_{\mathrm{i}}}\frac{u_{\mathrm{o}2}}{u_{\mathrm{i}2}}\cdots\frac{u_{\mathrm{o}2}}{u_{\mathrm{i}2}} = A_{u1}A_{u2}\cdots A_{un} \tag{4-2}$$

式（4-2）表明，多级放大电路的电压放大倍数等于各级电压放大倍数的乘积，若用分贝表示，多级放大电路的电压总增益等于各级电压放大增益的和，即

$$A_u\,(\mathrm{dB}) = A_{u1}\,(\mathrm{dB}) + A_{u2}\,(\mathrm{dB}) + \cdots + A_{un}\,(\mathrm{dB}) \tag{4-3}$$

应当指出，在计算各级电压放大倍数时，要注意级与级之间的相互影响，即计算每级的放大倍数时，下一级输入电阻应作为上一级的负载来考虑。

由图 4-1 可见，多级放大电路的输入电阻就是第一级求得的，考虑到后级放大电路影响后的输入电阻，即 $R_{\mathrm{i}} = R_{\mathrm{i}1}$。

多级放大电路的输出电阻即为末级求得的输出电阻，即 $R_{\mathrm{o}} = R_{\mathrm{o}n}$。

【例 4-1】 如图 4-2 所示的两级共射极电容耦合放大电路中，已知晶体管 T_1 的 $\beta_1 = 60$，$r_{\mathrm{be}1} = 1.8\mathrm{k\Omega}$，$T_2$ 的 $\beta_2 = 100$，$r_{\mathrm{be}2} = 2.2\mathrm{k\Omega}$，其他参数如图 4-2 所示，各电容的容量足够大。试求放大电路的 A_u、R_{i} 和 R_{o}。

解： 在小信号工作情况下，两级共发射极放大电路的小信号等效电路如图 4-4 所示，其中图 4-4（a）中的负载电阻 R_{i2} 即为后级放大电路的输入电阻，即

$$R_{i2} = R_6 / / R_7 / / r_{be1} \approx 1.7k\Omega$$

因此第一级的总负载为

$$R_{L1}^{'} = R_3 / / R_{i2} \approx 1.3k\Omega$$

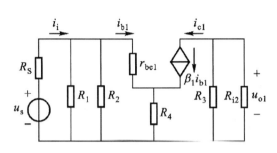

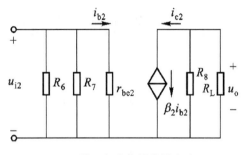

（a）第一级小信号等效电路 （b）第二级小信号等效电路

图 4-4 两级电容耦合放大电路的等效电路

所以，第一级电压增益为

$$A_{u1} = \frac{u_{o1}}{u_i} = -\frac{\beta_1 R_{L1}^{'}}{r_{be} + (1 + \beta_1) R_4} \approx -9.9$$

$$A_{u1}(dB) = 20\lg 9.9(dB) \approx 19.9(dB)$$

第二级电压增益为

$$A_{u2} = \frac{u_o}{u_{i2}} = -\frac{\beta_2 R_L^{'}}{r_{be}} \approx -111$$

$$A_{u2}(dB) = 20\lg 111(dB) \approx 41(dB)$$

两级放大电路的总电压增益为

$$A_u = A_{u1} A_{u2} = 1099$$

$$A_u(dB) = A_{u1}(dB) + A_{u2}(dB) = 60.9(dB)$$

式中没有负号，说明两级共射极放大电路的输出电压与输入电压同相。

两级放大电路的输入电阻等于第一级的输入电阻，即

$$R_i = R_{i1} = R_1 / / R_2 / / \left[r_{be1} + (1 + \beta_1) R_4 \right] \approx 5.6k\Omega$$

输出电阻等于第二级的输出电阻，即

$$R_{\rm o} = R_8 = 4.7{\rm k}\Omega$$

思考题：

1．计算前级放大器的电压放大倍数时，后级放大器对其有何影响？
2．叙述计算多级放大器的电压放大倍数、输入电阻、输出电阻的方法。

4.3　差分放大电路

差分放大电路又称差动放大电路，是一种直流放大电路（也可放大交流信号），它的输出电压与两个输入电压之差成正比，由此得名。它是另一类基本放大电路，由于它在电路和性能方面具有很多优点，因而被广泛应用于集成电路中。

4.3.1　基本差分放大电路

基本差分放大电路由两个完全对称的共发射极电路组成，采用双电源 $V_{\rm CC}$、$V_{\rm EE}$ 供电。

1．差分放大电路的组成及静态分析

如图 4-5（a）所示为基本差分放大电路，输入信号 $u_{\rm i1}$、$u_{\rm i2}$ 从两个晶体管的基极加入，称为双端输入，输出信号从两个集电极之间取出，称双端输出。$R_{\rm E}$ 为差分放大电路的公共发射极电阻，用来抑制零点漂移并决定晶体管的静态工作点电流。$R_{\rm C}$ 为集电极负载电阻。

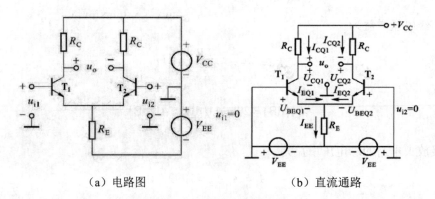

（a）电路图　　　　　　　　　　（b）直流通路

图 4-5　基本差分放大电路

当输入信号为零，即 $u_{\rm i1}=u_{\rm i2}=0$ 时，放大电路处于静态，其直流通路如图 4-5（b）所示。由于电路对称，所以，$I_{\rm BQ1}=I_{\rm BQ2}$，$I_{\rm CQ1}=I_{\rm CQ2}$，$I_{\rm EQ1}=I_{\rm EQ2}$，流过 $R_{\rm E}$ 的电流 $I_{\rm EE}$ 为 $I_{\rm EQ1}$ 与 $I_{\rm EQ2}$ 之和。由图 4-5（b）可得

$$V_{\rm EE} = U_{\rm BEQ1} + I_{\rm EE}R_{\rm E} \tag{4-4}$$

所以

$$I_{EE} = \frac{V_{EE} - U_{BEQ1}}{R_E} \tag{4-5}$$

因此，两管的集电极电流

$$I_{CQ1} = I_{CQ2} \approx \frac{V_{EE} - U_{BEQ}}{2R_E} \tag{4-6}$$

两管集电极对地电压为

$$U_{CQ1} = V_{CC} - I_{CQ1}R_C, \quad U_{CQ2} = V_{CC} - I_{CQ2}R_C \tag{4-7}$$

可见，静态时两管集电极之间的输出电压为零，即

$$u_o = U_{CQ1} - U_{CQ2} = 0 \tag{4-8}$$

所以，差分放大电路零输入时输出电压为零，而且当温度发生变化时，I_{CQ1}、I_{CQ2} 以及 U_{CQ1}、U_{CQ2} 均产生相同的变化，输出电压 u_o 将保持为零。同时又是公共发射极电阻 R_E 的负反馈作用，使得 I_{CQ1}、I_{CQ2} 以及 U_{CQ1}、U_{CQ2} 的变化很小，因此，差分放大电路具有稳定的静态工作点和很小的温度漂移。

如果差分放大电路不完全对称，零输入时输出电压将不为零，这种现象称为差分放大电路的失调，而且这种失调还会随温度等的变化而变化，这将直接影响差分放大电路的正常工作，因此在差分放大电路中应力求电路对称，并在条件允许的情况下，增大 R_E 的值。

2. 差分放大电路的差模动态分析

在差分放大电路输入端加入大小相等、极性相反的输入信号，称为差模输入，如图 4-6（a）所示，此时 $u_{i1}=u_{i2}$，差模输入信号用两个输入端之间的电压差表示，即

$$u_{id} = u_{i1} - u_{i2} = 2u_{i1} \tag{4-9}$$

u_{id} 称为差模输入电压。

u_{i1} 使 T_1 管产生增量集电极电流为 i_{c1}，u_{i2} 使 T_2 产生增量集电极电流为 i_{c2}，由于差分放大管特性相同，所以 i_{c1} 和 i_{c2} 大小相等、极性相反，即 $i_{c1}=-i_{c2}$。因此，T_1、T_2 管的集电极电流分别为

$$i_{C1} = I_{CQ1} + i_{C1} \tag{4-10}$$

$$i_{C2} = I_{CQ2} + i_{C2} = I_{CQ1} - i_{C1} \tag{4-11}$$

此时，两管的集电极电压分别等于

$$u_{C1} = V_{CC} - i_{C1}R_C = V_{CC} - \left(I_{CQ1} + i_{C1}\right)R_C = U_{CQ1} - i_{C1}R_C = U_{CQ1} + u_{o1} \qquad (4\text{-}12)$$

$$u_{C2} = U_{CQ2} - i_{C2}R_C = U_{CQ2} + u_{o2} \qquad (4\text{-}13)$$

式中，$u_{o1} = -i_{C1}R_C$、$u_{o2} = -i_{C2}R_C$，分别为 T_1、T_2 管集电极的增量电压，而且 $u_{o1} = -u_{o2}$。这样两管集电极之间的差模输出电压 u_{od} 为

$$u_{od} = u_{C1} - u_{C2} = u_{o1} - u_{o2} = 2u_{o1} \qquad (4\text{-}14)$$

由于两管集电极增量电流大小相等、方向相反，流过 R_E 时相抵消，所以流经 R_E 的电流不变，仍等于静态电流 I_{EE}，就是说，在差模输入信号的作用下，R_E 两端压降几乎不变，即 R_E 对于差模信号来说相当于短路，由此可画出差分放大电路的差模信号通路，如图4-6（b）所示。

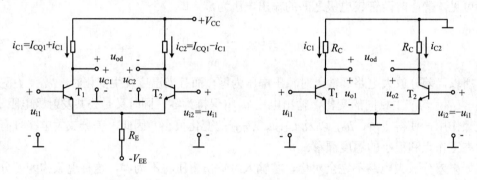

（a）差模信号输入　　　　　　　　　　　（b）差模信号通路

图 4-6　差分放大电路差模信号输入

差模输出电压 u_{od} 与差模输入电压 u_{id} 之比，是差分放大电路的差模电压放大倍数 A_{ud}，即

$$A_{ud} = \frac{u_{od}}{u_{id}} \qquad (4\text{-}15)$$

将式（4-9）和式（4-14）代入式（4-15），测得

$$A_{ud} = \frac{u_{o1} - u_{o2}}{u_{i1} - u_{i2}} = \frac{2u_{o1}}{2u_{o2}} = \frac{u_{o1}}{u_{i1}} \qquad (4\text{-}16)$$

式（4-16）表明，差分放大电路双端输出时的差模电压放大倍数 A_{ud} 等于单管放大电路的电压放大倍数。由图4-6（b）得到

$$A_{ud} = \frac{-\beta R_C}{r_{be}} \qquad (4\text{-}17)$$

若图 4-6（a）电路中两集电极之间接有负载电阻 R_L，则 T_1、T_2 管的集电极电位一增一减，且变化量相等，负载电阻 R_L 的中点电位始终不变，为信号零电位，因此，每边电路的等效动态负载电阻 $R_L' = R_C // (\frac{R_L}{2})$，这时差模电压放大倍数变为

$$A_{ud} = \frac{-\beta R_L'}{r_{be}} \qquad (4-18)$$

从差分放大电路两个输入端看进去所呈现的等效动态电阻，称为差分放大电路的差模输入电阻 R_{id}，由图 4-6（b）可得

$$R_{id} = 2r_{be} \qquad (4-19)$$

差分放大电路输出端对差模信号所呈现的等效信号源电阻，称为差模输出电阻 R_o，由图 4-6（b）可知

$$R_o \approx 2R_C \qquad (4-20)$$

【**例 4-2**】如图 4-5（a）所示差分放大电路中，已知 $V_{CC}=V_{EE}=12V$，$R_C=10k\Omega$，$R_E=20k\Omega$，晶体管 $\beta=80$，$r_{bb'}=200\Omega$，$U_{BEQ}=0.6V$，两输出端之间外接负载电阻 $20k\Omega$，试求：（1）放大电路的静态工作点；（2）放大电路的差模电压放大倍数 A_{ud}、差模输入电阻 R_{id} 和差模输出电阻 R_o。

解：（1）求静态工作点

$$I_{CQ1} = I_{CQ2} = \frac{V_{EE} - U_{BEQ}}{2R_E} = 0.28mA$$

$$U_{CQ1} = U_{CQ2} = V_{CC} - I_{CQ1}R_C = 9.15V$$

（2）求 A_{ud}、R_{id} 和 R_o

$$r_{be} = r_{bb'} + (1+\beta)\frac{26(mV)}{I_{EQ}} = 7.59k\Omega$$

$$A_{ud} = \frac{-\beta R_L'}{r_{be}} = -52.7$$

$$R_{id} = 2r_{be} = 15.2k\Omega$$

$$R_o \approx 2R_C = 20k\Omega$$

3．差分放大电路的共模动态分析

在差分放大电路的两个输入端加上大小相等、极性相同的信号，如图 4-7（a）所示，

称为共模输入信号，此时，令 $u_{i1}=u_{i2}=u_{ic}$。在共模信号的作用下，T_1、T_2 管的发射极电流同时增加（或减少），由于电路是对称的，所以电流的变化量 $i_{C1}=i_{C2}$，则流过 R_E 的电流增加 $2i_{C1}$（或 $2i_{C2}$），R_E 两端压降产生 $u_o=2i_{e1}R_E=i_{e1}(2R_E)$，这就是说，$R_E$ 对每个晶体管的共模信号有 $2R_E$ 的负反馈效果，由此可以得到如图 4-7（b）所示的共模信号通路。

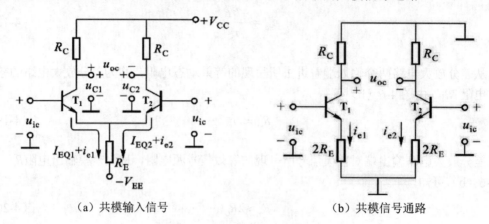

（a）共模输入信号 　　　　　　　　　　　　（b）共模信号通路

图 4-7　差分放大电路共模输入

由于差分放大电路两管电路对称，对于共模输入信号，两管集电极电位的变化相同，即 $u_{c1}=u_{c2}$，因此，双端共模输出电压

$$u_{oc} = u_{c1} - u_{c2} = 0 \tag{4-21}$$

在实际电路中，两管电路不可能完全相同，因此 u_{oc} 不等于零，但要求 u_{oc} 越小越好。把共模输出电压 u_{oc} 与共模输入电压 u_{ic} 之比，定义为差分放大电路的共模电压放大倍数 A_{uc}，即

$$A_{uc} = \frac{u_{oc}}{u_{ic}} \tag{4-22}$$

显然，完全对称的差分放大电路中的 A_{uc} 为 0。

由于温度变化或电源电压波动引起两管集电极电流的变化是相同的，因此可以把它们的影响等效地看作差分放大电路输入端加入共模信号的结果，所以差分放大电路对温度的影响具有很强的抑制作用。另外，伴随输入信号一起引入两管基极相同的外界干扰信号也都可以看作共模输入信号而被抑制。

实际工作中，差分放大电路两输入信号中既有差模输入信号成分，又有无用的共模输入信号成分。差分放大电路应该对差模信号有良好的放大能力，而对共模信号有较强的抑制能力。为了表征差分放大电路的这种能力，通常采用共模抑制比 K_{CMR} 这一指标来表示，它为差模电压放大倍数 A_{ud} 与共模电压放大倍数 A_{uc} 之比的绝对值，即

$$K_{CMR} = \left| \frac{A_{ud}}{A_{uc}} \right| \tag{4-23}$$

用分贝数表示，则为

$$K_{\mathrm{CMR}}(\mathrm{dB}) = 20\lg\left|\frac{A_{ud}}{A_{uc}}\right| \tag{4-24}$$

K_{CMR} 值越大，表明电路抑制共模信号的性能越好。当电路两边理想对称、双端输出时，由于 A_{uc} 等于零，故 K_{CMR} 趋于无限大。一般差分放大电路的 K_{CMR} 约为 60 dB，较好的可达 120 dB。

▶ 4.3.2　电流源与具有电流源的差分放大电路

由前面分析可知，加大电阻 R_{E} 可使共模抑制比提高，但 R_{E} 过大，为了保证晶体管有适合的静态工作点，必须加大负电源 V_{EE} 的值，这显然是不合适的。为了提高差分放大电路对共模信号的抑制能力，常采用电流源代替 R_{E}。电流源不仅仅在差分放大电路中使用，而且在模拟集成电路中常用作偏置电路和有源负载。下面先介绍几种常用的电流源电路，然后介绍具有电流源的差分放大电路。

1．电流源与有源负载

（1）电流源电路

如图 4-8（a）所示为用晶体管构成的电流源基本电路，实际上它就是以前讨论过的具有分压式电流负反馈偏置电路的共发射极电路。当选择合适的 R_{B1}、R_{B2} 和 R_{E}，使晶体管工作在放大区时，其集电极电流 I_{C} 为一恒定值，而与负载 R_{L} 的大小无关。因此，常把该电路作为输出恒定电流的电流源来使用，用如图 4-8（b）所示的符号表示，I_0 即为 I_{C}，其动态电阻很大，可视为开路，故没有在图中画出。由图 4-8（a）可见，电流源电路只要保证晶体管的管压降 U_{CE} 大于饱和压降，就能保持恒流输出，所以它只需要数伏以上的直流电压就能正常工作。

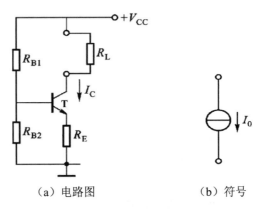

（a）电路图　　　　　　　（b）符号

图 4-8　晶体管电流源

为了提高电流源输出电流的温度稳定性，常利用二极管来补偿晶体管 U_{BE} 随温度变化的影响，如图 4-9（a）所示。当二极管与晶体管发射结具有相同温度系数时，可达到较好的补偿效果。在集成电路中，常用晶体管接成二极管来实现温度补偿作用，如图 4-9（b）所示。

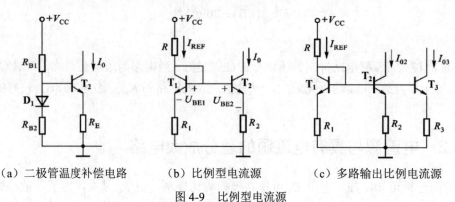

（a）二极管温度补偿电路　　（b）比例型电流源　　（c）多路输出比例电流源

图 4-9　比例型电流源

如图 4-9（b）所示电路中，I_{REF} 称为基准电流，由于 I_O 与 I_{REF} 成比例，故称为比例型电流源。由图可知

$$I_{REF} \approx \frac{V_{CC} - U_{BE1}}{R + R_1} \tag{4-25}$$

当 I_O 与 I_{REF} 相差不多时，$U_{BE1} \approx U_{BE2}$，所以 $I_{REF} R_1 \approx I_O R_2$，由此可得

$$I_O \approx \frac{R_1}{R_2} I_{REF} \tag{4-26}$$

由此可见，比例型电流源中，基准电流的 I_{REF} 大小主要由电阻 R 决定，改变两管发射极电阻的值，可以调节输出电流与基准电流之间的比例。

有时在电路中，可以用一个基准电流来获得多个不同的电流输出，如图 4-9（c）所示，称为多路输出比例电流源。根据以上分析，不难得到

$$I_{O2} \approx \frac{R_1}{R_2} I_{REF} \tag{4-27}$$

$$I_{O3} \approx \frac{R_1}{R_3} I_{REF} \tag{4-28}$$

如果把图 4-9（b）中发射极电阻均短路，就可以得到如图 4-10（a）所示的镜像电流源。由于 T_1、T_2 特性相同，基极电位也相同，因此它们的集电极电流相等，只要 $\beta \geqslant 1$，则 I_O 与 I_{REF} 之间成镜像关系。

若将图 4-9（b）中 T_1 管发射极电阻 R_1 短路，如图 4-10（b）所示，即构成微电流源。由图 4-10（b）可写出方程

$$I_O R_2 = U_{BE1} - U_{BE2} \tag{4-29}$$

则

$$I_\text{O} = \frac{U_\text{BE1} - U_\text{BE2}}{R_2} \qquad (4\text{-}30)$$

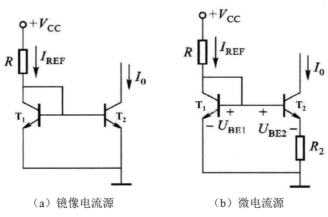

（a）镜像电流源 　　　　　（b）微电流源

图 4-10　镜像和微电流源

由于 U_BE1 与 U_BE2 差别很小，只有几十毫伏，甚至更小，用阻值不太大的 R_2，就可以获得微小的工作电流 I_O，如用几千欧的 R_2 就可以得到几十微安的 I_O。

用场效应管也可构成电流源电路。如图 4-11（a）所示为由增强型 NMOS 管构成的电流源电路，图中 I_REF 为基准电流，I_O 与 I_REF 成比例，其比例关系取决于各场效应管内部的几何尺寸，若所有场效应管内部几何尺寸相同，则 $I_\text{O}=I_\text{REF}$。基准电路中的 R 常用场效应管 T_3 取代，电路如图 4-11（b）所示。

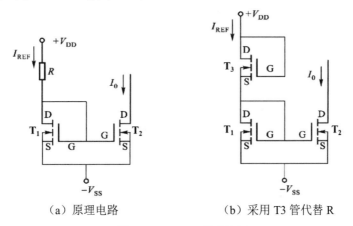

（a）原理电路 　　　　　（b）采用 T3 管代替 R

图 4-11　NMOS 管电流源

（2）有源负载

以电流源取代电阻作放大电路的负载，称为有源负载。如图 4-12 所示为采用有源负载的共射极放大电路，图中，NPN 型管 T_1 为放大管，T_2、T_3 构成 PNP 型管镜像电流源，作为 T_3 管的有源负载。由于 T_2 对直流呈现小的直流电阻，而对信号呈现很大的电阻，这样，

T_1集电极相当于接了一个很大的动态电阻，从而显著提高了T_1管的电压放大倍数。同时电流源又为T_1管设置了静态电流I_{CQ1}（$I_{CQ2}=I_{REF}$）。由此可见，用电流源作负载可以在不提高电源电压的条件下，获得合适的静态工作点电流，且有较高的电压增益和较宽的动态范围，所以它在模拟集成电路中得到广泛的应用。

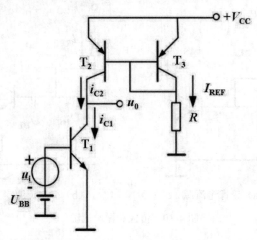

图 4-12　共发射极有源负载放大电路

2. 具有电流源的差分放大电路

采用晶体管构成的电流源来代替电阻R_E的差分放大电路如图 4-13（a）所示。图中 T_3、T_4管构成比例电流源电路，R_1、T_4、R_2构成基准电流电路，由图可求得

$$I_{REF} = \frac{V_{EE} - U_{BE4}}{R_1 + R_2} \tag{4-31}$$

$$I_{C3} = I_O \approx I_{REF} \frac{R_2}{R_3} \tag{4-32}$$

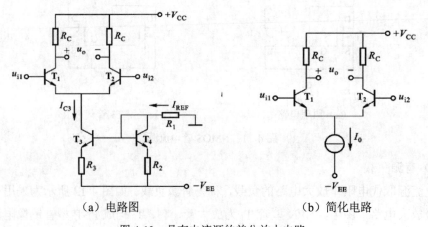

（a）电路图　　　　　　　　　　　（b）简化电路

图 4-13　具有电流源的差分放大电路

可见，当 R_1、R_2、R_3、V_{EE} 一定时，I_{C3} 就为一相恒定的电流。由于电流源有很大的动态电阻，故采用电流源的差分放大电路，其共模抑制比可提高 1～2 个数量级，所以在集成电路中得到了广泛应用。如图 4-13（b）所示为这种电路的简化画法。

【例 4-3】 差分放大电路如图 4-14 所示，设 $T_1 \sim T_4$ 的 $\beta=100$，$r_{bb'}=200\Omega$，$R_C=7.5k\Omega$，$R_1=6.2k\Omega$，$R_2=R_3=100\Omega$，$V_{CC}=V_{EE}=6V$，电位器 $R_P=100\Omega$，构成发射极调零电路，用它来消除实际差分放大电路由于两边电路不完全对称而产生的零输入时，非零输出的失调现象。试求：（1）电路的静态工作点；（2）电路的差模电压放大倍数 A_{ud}、R_{id} 和 R_o。

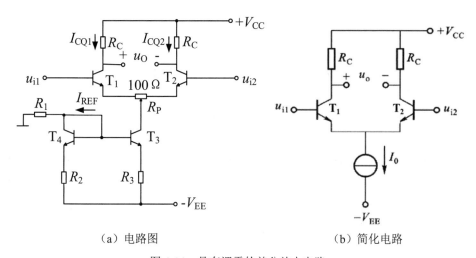

（a）电路图　　　　　　（b）简化电路

图 4-14　具有调零的差分放大电路

解：（1）求静态工作点

对于具有电流源的差分放大电路，计算静态工作点应从电流源入手。由图可得

$$I_{REF}=\frac{V_{EE}-U_{BE4}}{R_1+R_2}=\frac{6-0.7}{6200+100}\approx 0.84mA$$

$$I_O \approx I_{REF}\frac{R_2}{R_3}=0.84mA$$

因此

$$I_{CQ1}=I_{CQ2}=\frac{1}{2}I_O=0.42mA$$

$$U_{CQ1}=U_{CQ2}=V_{CC}-I_{CQ1}R_C=6-0.42\times 7.5=2.85V$$

（2）求 A_{ud}、R_{id} 和 R_o

$$r_{be1}=r_{be2}=r_{bb'}+(1+\beta)\frac{26(mV)}{I_{EQ}}=200+101\times\frac{26}{0.42}=6.45k\Omega$$

$$R_{id} = 2r_{be} = 15.2\text{k}\Omega$$

$$R_o \approx 2R_C = 20\text{k}\Omega$$

由于 R_P 不在差分放大电路公共发射极电路中，因此它对每边都产生负反馈。假定 R_P 的动触点置于中间位置，即 T_1、T_2 发射极各接 50Ω，如图 4-14（b）所示，可得差模电压放大倍数

$$A_{ud} = \frac{-\beta R_C}{r_{be1} + (1+\beta)\frac{1}{2}R_P} = -65$$

$$R_{id} = 2\left[r_{be1} + (1+\beta)\frac{1}{2}R_P \right] = 23\text{k}\Omega$$

$$R_o \approx 2R_C = 15\text{k}\Omega$$

如图 4-15 所示为由 MOS 管构成的具有电流源的差分放大电路。NMOS 管 T_1、T_2 为差分放大管，PMOS 管 T_3、T_4 为镜像电流源作为 T_1、T_2 管的有源负载。由于采用了 NMOS 管与 PMOS 管组成互补电路，常把这种电路称为 CMOS 放大电路。T_5、T_6、T_7 组成偏置电流源，差分放大电路的直流偏置电流 $I_O = I_{REF}$。

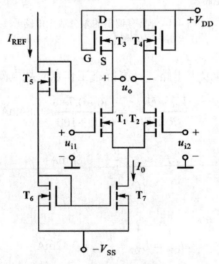

图 4-15　CMOS 差分放大电路

▶ 4.3.3　差分放大电路的输入、输出方式

以上所讨论的差分放大电路均采用双端输入和双端输出方式，在实际使用中，有时需要单端输出或单端输入方式。当信号从一个晶体管的集电极输出，负载电阻 R_L 一端接地，

称为单端输出方式。两个输入端中有一端直接接地的输入方式，称为单端输入方式。

1．单端输出

如图 4-16（a）、（b）所示为负载电阻 R_L 接于 T_1 管集电极的单端输出方式，由于输出电压 u_o 与输入电压 u_i 相反，故称为反相输出。若负载电阻 R_L 接于 T_2 管的集电极与地之间，信号由 T_2 管集电极输出，这时输出电压 u_o 与输入电压 u_i 相同，称为同相输出。

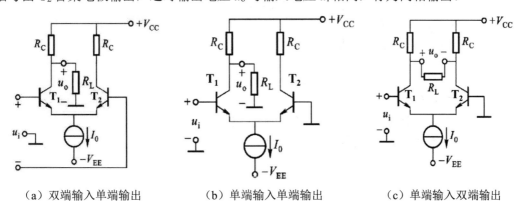

（a）双端输入单端输出　　　　（b）单端输入单端输出　　　　（c）单端输入双端输出

图 4-16　差分放大电路的输入和输出方式

由于差分放大电路单端输出电压 u_o 仅为双端电压的一半，反相单端输出的差模电压放大倍数为

$$A_{ud}\left(单端\right)=\frac{u_o}{u_i}=-\frac{1}{2}\frac{\beta\left(R_C\,/\!/R_L\right)}{r_{be}} \qquad (4\text{-}33)$$

单端输出时共模电压放大倍数为单端输出共模电压 u_{oc1}（或 u_{oc2}）与差分放大电路的共模输入电压 u_{ic} 之比，即

$$A_{uc}\left(单端\right)=\frac{u_{oc1}}{u_{ic}} \qquad (4\text{-}34)$$

此时，差分放大电路的共模抑制比为

$$K_{CMR}=\left|\frac{A_{ud}\left(单端\right)}{A_{uc}\left(单端\right)}\right| \qquad (4\text{-}35)$$

在单端输出差分放大电路中，非输出管可以通过发射极电流源来帮助输出管减小共模信号输出，所以非输出管是必不可少的。当然，这种电路由于二者的零点漂移不能在输出端互相抵消，所以其共模抑制比要比双端输出小，但由于有发射极电流源对共模信号产生很强的抑制作用，其零点漂移仍然很小。

由图 4-16（a）、（b）可见，单端输出时，差分放大电路的差模输入电阻与输出方式无关，而输出电阻 R_o 为双端输出时的一半，即

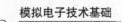

$$R_o（单端）\approx R_C \qquad\qquad (4\text{-}36)$$

2．单端输入

如图 4-16（b）、（c）所示差分放大电路单端输入时，相当于实际输入信号 $u_{i1}=u_i$、$u_{i2}=0$，两个输入端之间的差模输入信号就等于 u_i。由此可见，不管是双端输入方式，还是单端输入方式，差分放大电路的差模输入电压始终是两个输入端电压之差。因此，差模电压放大倍数与输入端的连接方式无关。同理，差分放大电路的差模输入电阻、输出电阻以及共模抑制比等也与输入端的连接方式无关。

思考题：

1．简述差模信号与共模信号的含义。

2．叙述共模抑制比的意义。K_{CMR} 的大小表明什么？

3．用电流源代替共发射极电阻有何好处？

4．在什么条件下单端输入与双端输入功效相同？

➡ 4.4 Multisim 仿真举例——两级阻容耦合放大电路

1．静态工作点测试

两级阻容耦合放大仿真电路如图 4-17 所示。对节点 8、14、15、12、5、16 进行直流工作点分析，分析结果如图 4-18 所示，由此可知 $U_{B1Q}=2.09169V$，$U_{CE1Q}=7.24425-1.41128=5.83297V$，$U_{BE1Q}=2.09169-1.41128=0.68041V$；$U_{B2Q}=1.88299V$，$U_{CE2Q}=5.98874-1.18875=4.79999V$，$U_{BE2Q}=1.88299-1.18875=0.69424V$。

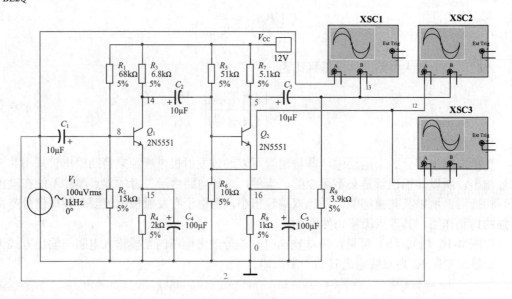

图 4-17　两级阻容耦合放大仿真电路

	直流工作点分析	
1	V(5)	5.98874
2	V(14)	7.24425
3	V(8)	2.09169
4	V(15)	1.41128
5	V(12)	1.88299
6	V(16)	1.18875

图 4-18　两级阻容耦合放大电路的静态工作点仿真结果

2. 电压放大倍数测试

两级阻容耦合放大电路输出波形如图 4-19 所示。第一级放大电路的放大倍数为 $\dot{A}_{u1} = \dfrac{\dot{U}_{O1P-P}}{\dot{U}_{iP-P}} = \dfrac{12.331}{-282.8983 \times 10^{-3}} = -43.744$，第二级放大电路的放大倍数为 $\dot{A}_{u2} = \dfrac{\dot{U}_{O2P-P}}{\dot{U}_{O1P-P}} = \dfrac{-1.165}{12.171 \times 10^{-3}} = -95.719$，总的电压放大倍数为 $\dot{A}_u = \dfrac{\dot{U}_{O2P-P}}{\dot{U}_{iP-P}} = \dfrac{-1.186}{-281.947 \times 10^{-3}} = 4206.464$，$\dot{A}_{u1}\dot{A}_{u2} = 4187.132$，二者几乎相等。

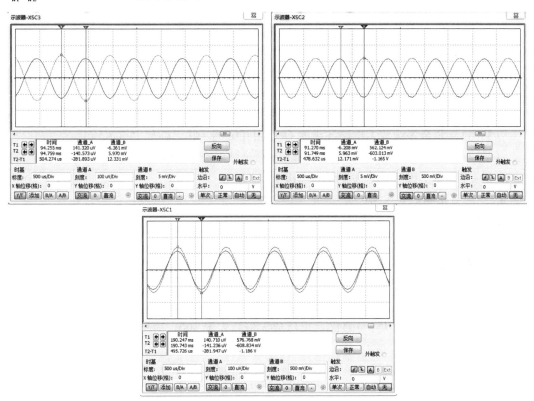

图 4-19　两级阻容耦合放大电路的输出波形

小　　结

多级放大电路级与级之间连接方式有直接耦合和电容耦合等，电容耦合由于电容隔断了级间的直流通路，所以只能用于放大交流信号，但各级静态工作点彼此独立。直接耦合可以放大直流信号，也能放大交流信号，适于集成化，但直接耦合存在静态工作点互相影响和零点漂移问题。多级放大电路的放大倍数等于各级放大倍数的乘积，但在计算每一级放大倍数时要考虑前、后级之间的影响。输入电阻是第一级的输入电阻，输出电阻是末级的输出电阻。

差分放大电路也是广泛使用的基本单元电路，对差模信号具有较大的放大作用，对共模信号具有很强的抑制作用。差分放大电路的主要性能指标有差模电压放大倍数、差模输入电阻和输出电阻、共模抑制比，差分放大电路输入、输出连接方式有 4 种，可根据输入信号源和负载电路灵活应用。单端输入和双端输入方式虽然接法不同，但性能指标相同。单端输出差分放大电路性能比双端输出差，差模电压放大倍数仅为双端输出的一半，共模抑制比下降。

习　　题

4.1　判断下列说法是否正确，正确的在括号内打"√"，否则打"×"。

（1）现测得两个共射放大电路空载时的电压放大倍数均为-100，将它们连成两级放大电路，其电压放大倍数应为 10000。　　　　　　　　　　　　　　　　　　　（　　）

（2）阻容耦合多级放大电路各级的 Q 点相互独立，它只能放大交流信号。　（　　）

（3）直接耦合多级放大电路各级的 Q 点相互影响，它只能放大直流信号。　（　　）

（4）只有在直接耦合放大电路中，晶体管的参数才随温度而变化。　　　　（　　）

（5）互补输出级应采用共集或共漏接法。　　　　　　　　　　　　　　　（　　）

4.2　现有基本放大电路：

A．共射电路　　　B．共集电路　　　C．共基电路

D．共源电路　　　E．共漏电路

根据要求选择合适电路组成两级放大电路。

（1）要求输入电阻为 1～2kΩ，电压放大倍数大于 3000，第一级应采用＿＿＿，第二级应采用＿＿＿＿。

（2）要求输入电阻大于 10MΩ，电压放大倍数大于 300，第一级应采用＿＿＿，第二级应采用＿＿＿＿。

（3）要求输入电阻为 100～200kΩ，电压放大倍数大于 100，第一级应采用＿＿＿，第二级应采用＿＿＿＿。

（4）要求电压放大倍数大于 10，输入电阻大于 10MΩ，输出电阻小于 100Ω，第一级应采用＿＿＿＿，第二级应采用＿＿＿＿。

（5）设信号源为内阻很大的电压源，要求将输入电流转换成输出电压，且 $\left|\dot{A}_{ui}\right|=\left|\dfrac{\dot{U}_o}{\dot{U}_i}\right|>1000$，输出电阻 $R_o<100$，第一级应采用＿＿＿，第二级应采用＿＿＿＿。

4.3 判断如图 4-20 所示各两级放大电路中，T_1 管和 T_2 管分别组成哪种基本接法的放大电路。设图中所有电容对于交流信号均可视为短路。

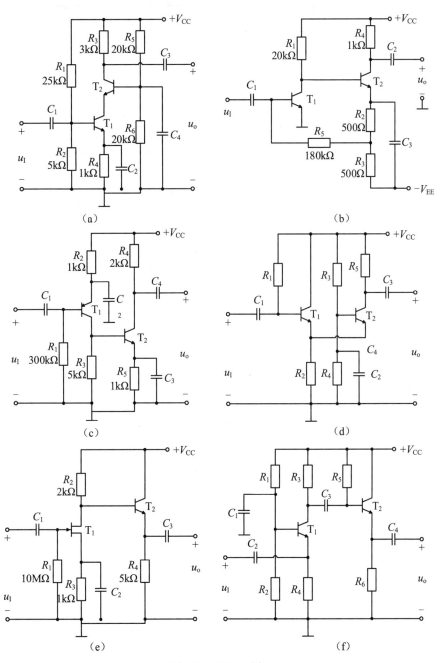

图 4-20 题 4.3 图

4.4 设如图 4-21 所示各电路的静态工作点均合适，分别画出它们的交流等效电路，并写出 $\dot{A}_u$、R_i 和 R_o 的表达式。

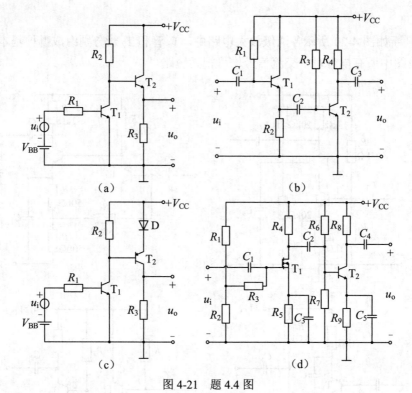

图 4-21　题 4.4 图

4.5　电路如图 4-20（a）、（b）所示，晶体管的 β 均为 50，r_{be} 均为 1.2kΩ，Q 点合适。求解 $\dot{A}_u$、R_i 和 R_o。

4.6　如图 4-22 所示电路参数理想对称，$\beta_1=\beta_2=\beta$，$r_{be1}=r_{be2}=r_{be}$。

（1）写出 R_W 的滑动端在中点时 A_d 的表达式。

（2）写出 R_W 的滑动端在最右端时 A_d 的表达式，比较两个结果有什么不同。

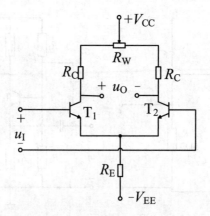

图 4-22　题 4.6 图

4.7　如图 4-23 所示电路参数理想对称，晶体管的 β 均为 50，$r_{bb'}=100\Omega$，$U_{BEQ}\approx0.7$。试计算 R_W 滑动端在中点时 T_1 管和 T_2 管的发射极静态电流 I_{EQ}，以及动态参数 A_d 和 R_i。

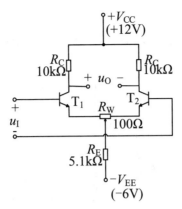

图 4-23 题 4.7 图

4.8 电路如图 4-24 所示，晶体管的 $\beta=50$，$r_{bb'}=100\Omega$。

（1）计算静态时 T_1 管和 T_2 管的集电极电流和集电极电位；

（2）用直流表测得 $u_0=2V$，u_I 等于多少？若 $u_I=10mV$，则 u_0 等于多少？

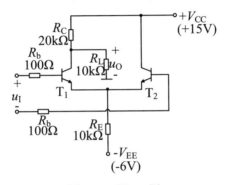

图 4-24 题 4.8 图

4.9 电路如图 4-25 所示，T_1 和 T_2 的低频跨导 g_m 均为 2mA/V。试求解差模放大倍数和输入电阻。

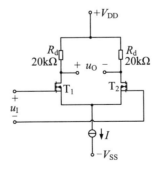

图 4-25 题 4.9 图

4.10 电路如图 4-26 所示。已知电压放大倍数为-100，输入电压 u_I 为正弦波，T_2 管和 T_3 管的饱和压降 $|U_{CES}|=1V$。试问：

（1）在不失真的情况下，输入电压最大有效值 U_{imax} 为多少伏？

（2）若 $U_i=10\text{mV}$（有效值），则 U_O 等于多少？若此时 R_3 开路，则 U_O 等于多少？若 R_3 短路，则 U_O 等于多少？

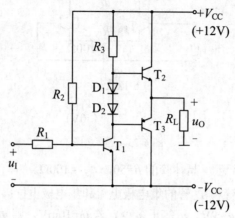

图 4-26 题 4.10 图

❖ 第 5 章　集成运算放大电路 ❖

引言

本章首先介绍集成运算放大电路的构成、特点及分析方法；然后重点讨论集成运算放大电路在基本运算中的应用；最后介绍有关模拟乘法器的内容。

由电阻、电容、电感、二极管、三极管及连接导线等在结构上彼此独立的元器件组成的电路称为分立元件电路。将上述元器件组成的电路集中制作在一小块硅基片上，分装在一个管壳内，构成一个特定功能的电子电路，这个电路就是集成电路，简称 IC（Integrated Circuit）。集成电路始于 20 世纪 60 年代初期，按其功能可分为模拟集成电路和数字集成电路两大类，集成运算放大器属于模拟集成电路中应用极为广泛的一种，简称集成运放。

集成运算放大器是一种高输入阻抗、低输出阻抗、高电压增益的直接耦合放大器。它不仅能放大交流信号，而且能放大频率接近于零的缓慢变化信号，或极性固定不变的直流变化量，这是阻容耦合和变压器耦合放大器力所不及的。

▶▶ 5.1 模拟集成运算放大器概述

模拟集成运算放大器是具有高开环放大倍数并带有深度负反馈的多级直接耦合放大电路。早期的运放是由分立器件（晶体管和电阻等）构成的，其价格昂贵，体积也很大。在 20 世纪 60 年代中期，第一块集成运算放大器问世，它是将相当多的晶体管和电阻集中在一块硅片上而制成的。它的出现标志着电子电路设计进入了一个新时代。由于集成运算放大器具有十分理想的特性，它不但可以作为基本运算单元完成加减、乘除、微分、积分等数学运算，还在信号处理及产生等方面有广泛的应用。

▶ 5.1.1 集成运放的电路组成

集成运放的类型很多，电路也不尽相同，但结构具有共同之处，其一般的内部组成原理如图 5-1 所示，它主要由输入级、中间级、输出级和偏置电路组成。

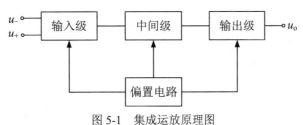

图 5-1　集成运放原理图

1. 输入级

输入级是接受微弱电信号、抑制零漂的关键一级，决定了整个电路性能指标的优劣。输入级主要由差分放大器构成，能有效抑制零漂，具有较高的输入阻抗及可观的电压增益。

2. 中间级

中间级的主要任务是提供足够的电压增益，又称为放大级。一般由一级或多级放大器构成，往往还附有射极跟随器，用以隔离中间级与输出级的相互影响，兼作为电位移动。

3. 输出级

输出级一般由射极（源极）输出器或互补对称电压跟随器组成。输入阻抗高，输出阻抗低，电压跟随性好，以减小或隔离与中间级的相互影响，提高带负载能力。

4. 偏置电路

偏置电路由各种恒流源、微电流源组成，为集成运放的各级提供合适的偏置电流。

▶ 5.1.2 集成运放的外形和图形符号

1. 外形

集成运放的外形封装有圆壳式、扁平式和双列直插式 3 种，如图 5-2 所示。

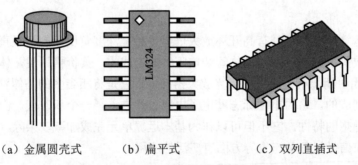

（a）金属圆壳式　　　（b）扁平式　　　（c）双列直插式

图 5-2　集成电路的封装

双列直插式引脚排列规则，将半圆凹口标记置于左方，自下而上逆时针转向可读出各引脚的递增序号。

2. 图形符号

集成运放的符号如图 5-3 所示，图 5-3（a）所示为国家标准规定的符号，图 5-3（b）所示为现阶段国内外普遍使用的符号，本书中采用图 5-3（b）所示的符号。两种符号中的▷表示信号从左向右传输的方向，即两个输入端在左方，输出端在右方。集成运放有 3 个端子，即反相输入端 1（用符号"−"表示）、同相输入端 2（用符号"+"表示）和输出端 3，输出端电压与反相输入端电压反相，与同相输入端电压同相。A 表示放大倍数，也称为增益（开环放大倍数：输入端不受输出端影响）。

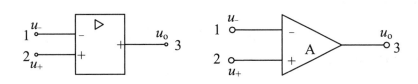

（a）国家标准规定的符号　　　　（b）现阶段国内外普遍使用的符号

图 5-3　集成运放的图形符号

考虑到放大器要有直流电源才能工作，大多数集成运放需要两个直流电源供电，如图 5-4 所示。图 5-4 中 4、5 两个端子由运放内部引出，分别连接到正电源 $+V_{CC}$ 和负电源 $-V_{EE}$。运放的参考地点就是两个电源公共端——地。

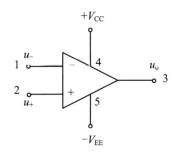

图 5-4　在集成运放中接直流电源

除了 3 个信号端和两个电源供给端以外，运算放大器还可能有几个供专门用途的其他端子，如频率补偿端和调零端等。

为简化电路图，画原理图时，经常只标出两个输入端和一个输出端，而将电源端、调零端、频率补偿端略去。必要时可标出所需说明的引出端，如调零端等。

在用于施工的集成运放电路图中，必须将全部引出端和所连元件、连接方式完整地表示出来，并在相应的引出端标出器件引脚的编号，在其电路符号内标出集成运放的型号和编号。外接的元件也应标出其参数值（或型号）和编号。

▶ 5.1.3　集成运放的性能指标

1. 开环差模增益 A_{od}

无反馈时集成运放差模电压增益，称为开环差模增益，记作 A_{od}。它等于在开环情况下，输出电压与输入差模电压之比。$A_{od} = \dfrac{u_o}{u_P - u_N}$，或用分贝表示为 $20\lg|A_{od}|\mathrm{dB}$。A_{od} 越大，集成运放性能越好。

2. 输入失调电压 U_{IO}

当输入电压为零时，为了使放大器输出电压也为零，在输入端外加的补偿电压，反映了运放的失调程度。U_{IO} 越小，运放性能就越好，一般为 ±（1～10）mV。

3. 输入失调电流 I_{IO}

当输入电压为零时，两个输入端输入电流之差称为输入失调电流 I_{IO}。I_{IO} 数值越小越好，一般为 1nA～0.1μA。

4. 温度漂移

放大器的温度漂移是漂移的主要来源，而它又是由输入失调电压和输入失调电流随温度的漂移而引起的，故常用下面方式表示：

（1）输入失调电压温度漂移 $\dfrac{\Delta U_{IO}}{\Delta T}$

输入失调电压温度漂移是指在规定温度范围内 U_{IO} 的温度系数，也是衡量电路温度漂移的重要指标。$\dfrac{\Delta U_{IO}}{\Delta T}$ 不能用外接调零装置的办法来补偿。高质量的放大器常选用低漂移的器件来组成，一般为 ±（10～20）μV/℃。

（2）输入失调电流温度漂移 $\dfrac{\Delta I_{IO}}{\Delta T}$

输入失调电流温度漂移是指在规定温度范围内 I_{IO} 的温度系数，也是对放大器电路漂移的量度。同样不能用外接调零装置来补偿。高质量的运放一般为几个 pA/℃。

5. 输入偏置电流 I_{IB}（或 I_G）

当输入电压为零时，两个输入端静态偏置电流的平均值称为输入偏置电流 I_{IB}（或 I_G）。输入偏置电流越小，由信号源内阻变化引起的输出电压变化也越小，因此它是重要的技术指标，一般为 10nA～1mA。

6. 差模输入电阻 r_{id}

在电路开环情况下，差模输入电压与输入电流之比称为差模输入电阻 r_{id}。r_{id} 越大，运放性能越好。

7. 开环输出电阻 r_o

在电路开环情况下，输出电压与输出电流之比称为开环输出电阻 r_o。r_o 越小，运放性能越好。

8. 最大差模输入电压 U_{idm}

最大差模输入电压 U_{idm} 为两个输入端之间所允许的最大差模输入电压。超过此电压，输入管将反向击穿。U_{idm} 大一些好，一般为几伏到几十伏。

9. 最大共模输入电压 U_{icm}

最大共模输入电压 U_{icm} 为两个输入端之间所允许的最大共模输入电压。超过此电压，输入级将无法正常工作。一般可达几伏至二十几伏。

10．最大输出电流 I_{om}

最大输出电流是指运放所能输出的正向或负向的峰值电流。通常给出输出端短路的电流。

11．共模抑制比 K_{CMR}

在电路开环情况下，差模放大倍数 A_{ud} 与共模放大倍数 A_{uc} 之比称为共模抑制比 K_{CMR}。K_{CMR} 越大，表明分辨有用信号的能力越强，受共模干扰及零漂的影响越小，性能越优良。用分贝表示为 $K_{CMR}=20\lg(A_{ud}/A_{uc})$dB，一般至少为 $70\sim80$dB。

12．增益带宽积

增益带宽积是开环差模增益 A_{od} 与开环通频带之积，最高可达数千兆赫。

13．转换速率 S_R

转换速率为单位时间内对电压变化的响应范围。S_R 越大，说明运放的高频性能越好。一般运放 S_R 小于 $1V/\mu s$，最高可达 $65V/\mu s$ 以上。

思考题：

1．集成运放主要由哪几部分组成？每一组成部分一般为哪一种电路？有什么主要作用？

2．集成运放有哪些主要参数？

5.2　理想运算放大器

实际运放的开环差模电压增益非常大，可以近似认为 $A_{od}=\infty$ 和 $r_o=0$。此时，有限增益运放模型可以进一步简化为理想运算放大器模型，简称理想运放。

5.2.1　集成运放的理想特性

在实际的电路设计与分析的过程中，常常把集成运放视为一个理想运算放大器（将集成运放的各项技术指标理想化），因为由此产生的误差很小，可以忽略不计。理想运放具有以下理想参数：

（1）开环差模增益 $A_{od}\rightarrow\infty$。

（2）差模输入电阻 $r_{id}\rightarrow\infty$。

（3）开环输出电阻 $r_o=0$。

（4）共模抑制比 $K_{CMR}\rightarrow\infty$，即没有温度漂移。

（5）开环通频带 $f_{bw}\rightarrow\infty$。

（6）转换速率 $S_R\rightarrow\infty$。

5.2.2　理想集成运放的图形符号

理想集成运放的符号如图 5-5 所示。图中的∞符号表示开环电压放大倍数为无穷大的理想化条件。

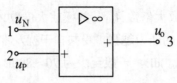

图 5-5　理想集成运放的符号

5.2.3　集成运放的传输特性

输出信号与输入信号的关系称为传输特性，集成运放的传输特性曲线如图 5-6 所示。图中实线为理想传输特性曲线，虚线为实际传输特性曲线，特性曲线分为线性区和非线性区（饱和区）。

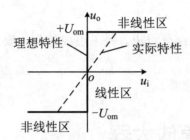

图 5-6　集成运放的传输特性曲线

5.2.4　集成运放工作在线性区的特性

当集成运放工作在线性区时，其输出信号和输入信号之间满足以下线性关系

$$u_o = A_{od} u_{id} = A_{od} \left(u_P - u_N \right)$$

由于一般集成运放的开环差模放大倍数都很大，输出是个有限值，因此，若要输入与输出满足线性关系，电路需引入深度负反馈。

理想运放工作在线性区时，有虚短和虚断两个重要的特点。

（1）虚短

由于集成运放的输出电压为有限值，而理想集成运放的 $A_{od} \to \infty$，则

$$u_P - u_N = \frac{u_o}{A_{od}} \approx 0$$

$$u_N \approx u_P \tag{5-1}$$

从式（5-1）看，理想集成运放的两个输入端电位相等，好像是短路，但并不是真正的短路，所以称为虚短。只有集成运放工作于线性状态时，才存在虚短。

（2）虚断

由于集成运放的输入电阻$r_{id} \to \infty$，因而流入两个输入端的电流为

$$i_P = i_N = \frac{u_P - u_N}{r_{id}} \approx 0 \qquad (5-2)$$

从式（5-2）看，理想集成运放的两个输入端无电流，好像是断路，但并不是真正的断路，所以称为虚断。

在计算电路时，只要是线性应用，均可以应用以上的两个结论。

5.2.5　集成运放工作在非线性区的特性

当集成运放工作在开环状态或外接正反馈时，由于集成运放的A_{od}很大，只要有微小的电压信号输入，集成运放就工作在非线性区。输出电压有两种形态：正饱和电压$+U_{om}$和负饱和电压$-U_{om}$。

（1）当$u_P > u_N$时，$u_o = +U_{om}$。

（2）当$u_P < u_N$时，$u_o = -U_{om}$。

集成运放工作在不同区域时，近似条件不同，在分析集成运放时，应先判断它工作在什么区域，然后用上述公式对集成运放进行分析、计算。

集成运放是一种十分理想的增益器件，其应用几乎涉及模拟信号处理的各个领域。除比较器和其他少数应用电路为开环工作外，大多数集成运放的应用电路都是接有反馈网络的闭环系统。

思考题：

1. 理想集成运放具有哪些理想参数？
2. 理想集成运放有什么特点？

5.3　基本运算电路

基本运算电路是集成运算放大器的基本应用电路，它是集成运放的线性应用，讨论的是模拟信号的加法、减法、积分和微分、对数和反对数（指数），以及乘法和除法运算。

5.3.1　比例运算电路

比例运算电路是运算电路中最简单的电路，其输出电压与输入电压成比例关系。比例

运算电路有反相输入和同相输入两种。

1. 反相输入比例运算电路

如图 5-7 所示为反相输入比例运算电路，该电路输入信号加在反相输入端上，输出电压与输入电压的相位相反，故得名。在实际电路中，为减小温度漂移、提高运算精度，同相输入端必须加接平衡电阻 R 接地，R 的作用是保持运放输入级差分放大电路具有良好的对称性，减小温度漂移，提高运算精度，其阻值应为 $R=R_1//R_f$。后面电路同理。

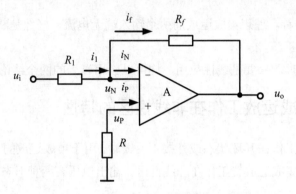

图 5-7　反相输入比例运算电路

图 5-7 中运算放大器均是理想放大器，可利用理想运算放大器的虚断、虚短概念进行分析。

由虚短：$u_N \approx u_P$；

由虚断：$i_P \approx 0$，可得 $u_P = 0$；

$i_N \approx 0$，可得 $i_1 = i_f$。

$$\frac{u_i}{R_1} = \frac{-u_o}{R_f}$$

$$u_o = -\frac{R_f}{R_1} u_i$$

电压放大倍数

$$A_{uf} = \frac{u_o}{u_i} = -\frac{R_f}{R_1} \tag{5-3}$$

即 u_o 与 u_i 的比值为 $-\dfrac{R_f}{R_1}$，表明 u_o 与 u_i 反相，故称为反相比例器。

2. 同相输入比例运算电路

如图 5-8 所示为同相输入比例运算电路，该电路输入信号加在同相输入端上，输出电压与输入电压的相位相同。

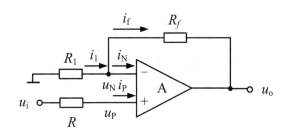

图 5-8　同相输入比例运算电路

由虚短：$u_N \approx u_P$；

由虚断：$i_P \approx 0$，可得 $u_P = u_i$；

$i_N \approx 0$，可得 $i_1 = i_f$。

$$\frac{0 - u_N}{R_1} = \frac{u_N - u_o}{R_f}$$

$$\frac{u_i}{R_1} = \frac{u_i - u_o}{R_f}$$

$$u_o = \left(1 + \frac{R_f}{R_1}\right) u_i$$

电压放大倍数

$$A_{uf} = \frac{u_o}{u_i} = 1 + \frac{R_f}{R_1} \tag{5-4}$$

即 u_o 与 u_i 的比值为 $\left(1 + \dfrac{R_f}{R_1}\right)$，表明 u_o 与 u_i 同相，故称为同相比例器。

若取 $R_f = 0$，则 $A_{uf} = 1$，$u_o = u_i$，因此电路成为电压跟随器，如图 5-9 所示。

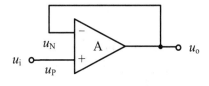

图 5-9　电压跟随器

▶ 5.3.2　加法运算电路

1. 反相求和电路

在反相比例运算电路的基础上，增加一条输入支路，就构成了反相求和电路，如图 5-10 所示。

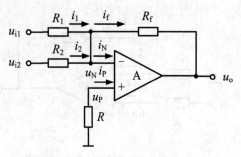

图 5-10　反相求和电路

由虚短：$u_N \approx u_P$；

由虚断：$i_P \approx 0$，可得 $u_P = 0$；

$i_N \approx 0$，可得 $i_1 + i_2 = i_f$。

$$\frac{u_{i1} - u_N}{R_1} + \frac{u_{i2} - u_N}{R_2} = \frac{u_N - u_o}{R_f}$$

$$\frac{u_{i1}}{R_1} + \frac{u_{i2}}{R_2} = \frac{-u_o}{R_f}$$

$$u_o = -\left(\frac{R_f}{R_1} u_{i1} + \frac{R_f}{R_2} u_{i2} \right) \tag{5-5}$$

式（5-5）说明，输出与输入反相，且输出是两个输入信号的比例和，故称为反相求和电路。

2．同相求和电路

在同相比例运算电路的基础上，增加一个输入支路，就构成了同相求和电路，如图 5-11 所示。

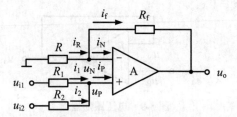

图 5-11　同相求和运算电路

由虚断：$i_P \approx 0$，可得 $i_1 + i_2 = 0$。

$$\frac{u_{i1} - u_P}{R_1} + \frac{u_{i2} - u_P}{R_2} = 0$$

$$u_P = \frac{R_2}{R_1 + R_2}u_{i1} + \frac{R_1}{R_1 + R_2}u_{i2}$$

由虚断：$i_N \approx 0$，可得 $i_R = i_f$。

$$\frac{0 - u_N}{R} = \frac{u_N - u_o}{R_f}$$

$$u_o = \left(1 + \frac{R_f}{R_1}\right)u_N$$

由虚短：$u_N \approx u_P$。

$$u_o = \left(1 + \frac{R_f}{R_1}\right)\left(\frac{R_2}{R_1 + R_2}u_{i1} + \frac{R_1}{R_1 + R_2}u_{i2}\right) \tag{5-6}$$

式（5-6）说明，输出与输入同相，且输出是两个输入信号的比例和，故称为同相求和电路。

▶ 5.3.3　减法运算电路

减法运算电路如图 5-12 所示。

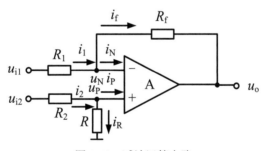

图 5-12　减法运算电路

由虚断：$i_P \approx 0$，可得 $i_2 = i_R$。

$$\frac{u_{i2} - u_P}{R_2} = \frac{u_P - 0}{R}$$

$$u_P = \frac{R}{R + R_2}u_{i2}$$

由虚断：$i_N \approx 0$，可得 $i_1 = i_f$。

$$\frac{u_{i1} - u_N}{R_1} = \frac{u_N - u_o}{R_f}$$

$$u_o = \frac{R_1 + R_f}{R_1} u_N - \frac{R_f}{R_1} u_{i1}$$

由虚短：$u_N \approx u_P$。

$$u_o = \frac{R_1 + R_f}{R_1} \frac{R}{R + R_2} u_{i2} - \frac{R_f}{R_1} u_{i1} \tag{5-7}$$

当 $R_1 = R_2 = R_f = R$ 时，则 $u_o = u_{i2} - u_{i1}$，即输出是两个输入信号的差，故称为减法运算电路。

▶ 5.3.4 积分运算电路

反相积分运算电路如图 5-13 所示。

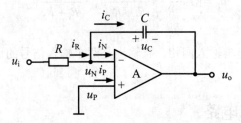

图 5-13 反相积分运算电路

由虚短：$u_N \approx u_P$；
由虚断：$i_P \approx 0$，可得 $u_P = 0$；
$i_N \approx 0$，可得 $i_R = i_C$。

$$\frac{u_i - u_N}{R} = i_C$$

$$\frac{u_i}{R} = i_C$$

$$u_N - u_o = u_C = \frac{\int i_C dt}{C}$$

$$u_o = -u_C = -\frac{\int i_C dt}{C} = -\frac{1}{RC}\int u_i dt \tag{5-8}$$

输出电压正比于输入电压对时间的积分，负号表示输出电压与输入电压反相。直流输入时，输出电压将随时间线性增长。

在自动控制系统中，积分电路常用来实现延时、定时和产生各种波形。时间常数 $\tau = RC$，取值越大，延时和定时时间越长，电路的抗干扰性能越强。

5.3.5　微分运算电路

微分运算电路如图 5-14 所示。

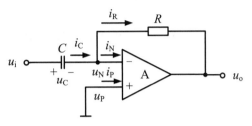

图 5-14　微分运算电路

由虚短：$u_N \approx u_P$；

由虚断：$i_P \approx 0$，可得 $u_P=0$。

$i_N \approx 0$，可得 $i_R = i_C$。

$$\frac{u_N - u_o}{R} = i_C$$

$$\frac{-u_o}{R} = i_C$$

$$u_o = -i_C R = -RC \frac{\mathrm{d}(u_i - u_N)}{\mathrm{d}t} = -RC \frac{\mathrm{d}u_i}{\mathrm{d}t} \tag{5-9}$$

输出电压与输入电压的微分成正比，负号表示输出电压与输入电压反相。

在自动控制系统中，常用微分运算电路来提高系统的调节灵敏度。

思考题：

1．反相输入比例运算电路属于什么反馈，为什么？
2．同相输入比例运算电路属于什么反馈，为什么？
3．集成运放电压跟随器与分立元件组成的射极跟随器和源极输出器相比有什么不同？

5.4　模拟乘法器

模拟乘法器是一种广泛使用的模拟集成电路，它可以实现乘、除、开方、乘方、调幅等功能，广泛应用于模拟运算、通信、测控系统、电气测量和医疗仪器等许多领域。

5.4.1　模拟乘法器的工作原理

模拟乘法器是对两个模拟信号（电压或电流）实现相乘功能的有源非线性器件，主要功能是实现两个互不相关的信号相乘，即输出信号与两输入信号的乘积成正比。

模拟乘法器有两个输入端口（x 和 y）和一个输出端口（z），设 u_o 和 u_x、u_y 分别为输出和两路输入，则

$$u_o = K u_x u_y \tag{5-10}$$

其中 K 为比例因子，具有 V^{-1} 的量纲。模拟乘法器的电路符号如图 5-15 所示。

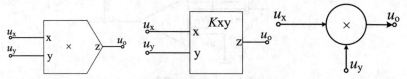

图 5-15　模拟乘法器的电路符号

模拟乘法器是输出电压与两路输入电压之积成正比的有源网络。理想的乘法器具有无限大的输入阻抗及零输出阻抗，其标尺因子不随频率变化并且与电压的大小无关。如果理想乘法器的任意一路输入电压为零时，则输出电压就为零。换句话说，它的失调、漂移和噪声电压均为零。

5.4.2　集成模拟乘法器

模拟乘法运算可以用多种方法来实现，有对数-反对数相乘法、四分之一平方相乘法、三角波平均相乘法、时间分割相乘法和变跨导相乘法等。每种乘法器电路都有其优缺点，其中，变跨导模拟乘法器便于集成化，内部元器件有较为一致的特性，具有较高的温度稳定性和运算精确度，且运算速度较快，它的-3dB 频率可达 10MHz 以上，因此获得了广泛应用。目前单片集成模拟乘法器大多采用变跨导模拟乘法器。

1. 变跨导模拟乘法器

变跨导模拟乘法器的基本电路如图 5-16 所示。

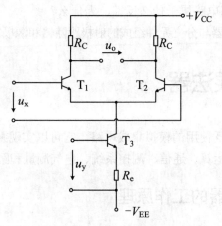

图 5-16　变跨导模拟乘法器的基本电路

对于差分放大电路，电压放大倍数为

$$u_o = -\frac{\beta R_C}{r_{be}} u_x$$

其中

$$r_{be} = r_{bb'} + \left(1+\beta\right)\frac{26\text{mV}}{I_E}$$

当 I_E 值较小时，$r_{bb'}$ 可忽略，式子简化为

$$r_{be} \approx \beta \frac{26\left(\text{mV}\right)}{I_E}$$

则

$$u_o \approx -\frac{\beta R_C}{\beta \dfrac{26\left(\text{mV}\right)}{I_E}} u_x = -\frac{R_C I_E}{26\left(\text{mV}\right)} u_x$$

$$I_E = \frac{u_y}{2R_e}$$

$$u_o \approx -\frac{R_C}{26\left(\text{mV}\right)}\frac{u_y}{2R_e} u_x = -K u_x u_y \tag{5-11}$$

在这种乘法器的电路中，跨导 $g_m = \dfrac{R_C}{26\left(\text{mV}\right)}\dfrac{u_y}{2R_e}$ 随着输入电压 u_y 变化，因此称为变跨导模拟乘法器。

由于图 5-16 所示的电路没有考虑非线性失真等因素，相乘的效果不好。实际的变跨导模拟乘法器主要采用双平衡模拟乘法器的原理，如图 5-17 所示。

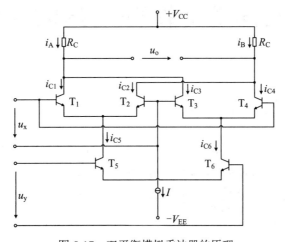

图 5-17　双平衡模拟乘法器的原理

2. 常用集成模拟乘法器

双平衡模拟乘法器频率特性好，所以广泛应用于集成双平衡模拟乘法器中。单片集成模拟乘法器种类较多，由于内部电路结构不同，各项参数指标也不同。在选择时，应注意以下主要参数：工作频率范围、电源电压、输入电压动态范围、线性度等。

现在常用的单片集成模拟乘法器有 Motorola 公司的 MC1496/1596（国内同类型号是XFC-1596）、MC1495/1595（国内同类型号是 BG314）和 MC1494/1594。MC14 系列与 MC15系列的主要区别在于工作温度，前者为 0～70℃，后者为-55～125℃。其余指标大部分相同，个别指标后者稍好一些。MC1596 是以双差分电路为基础，在 Y 输入通道中加入了反馈电阻，故 Y 通道输入电压动态范围较大，X 通道输入电压动态范围很小。MC1595 是在MC1596 中增加了 X 通道线性补偿网络，使 X 通道输入动态范围增大。MC1594 是以 MC1595为基础，增加了电压调整器和输出电流放大器。MC1595 和 MC1594 分别作为第一代和第二代模拟乘法器的典型产品，其线性度很好，既可用于乘、除等模拟运算，也可用于调制、解调等频率变换，缺点是工作频率不高。MC1596 工作频率高，常用作调制、解调和混频，通常 X 通道作为载波或本振的输入端，而调制信号或已调波信号从 Y 通道输入。当 X 通道输入是小信号（小于 26 mV）时，输出信号是 X、Y 通道输入信号的线性乘积。

集成模拟乘法器是继集成运算放大器后最通用的模拟集成电路之一，是一种多用途的线性集成电路。可用作宽带、抑制载波双边平衡调制器，不需要耦合变压器或调谐电路，还可以作为高性能的 SSB 乘法检波器、AM 调制/解调器、FM 解调器、混频器、倍频器、鉴相器等，它与放大器相结合还可以完成许多数学运算，如乘法、除法、乘方、开方等。

思考题：

1. 模拟乘法器与计算机的乘法运算有什么不同？
2. 集成模拟乘法器的型号有哪些？

⟩ 5.5 Multisim 仿真举例——集成运放的基本运算电路

⟩ 5.5.1 反相比例运算仿真电路

反相比例运算仿真电路如图 5-18 所示，输入、输出波形如图 5-19 所示。由图 5-19 可知，输入信号峰峰值为 282.640mV，输出信号峰峰值为 1.413V，输入信号与输出信号反相，电压放大倍数 $\dot{A}_u = \dfrac{\dot{U}_{\text{OP-P}}}{\dot{U}_{\text{iP-P}}} = \dfrac{-1413}{282.640} \approx -5$。理论上放大倍数 $\dot{A}_u = -\dfrac{R_3}{R_1} = -\dfrac{5}{1} = -5$，与实际数值相等。

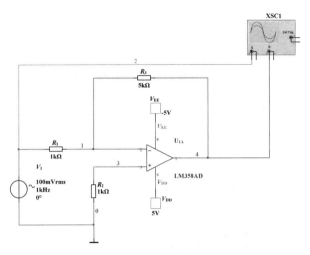

图 5-18　反相比例运算仿真电路

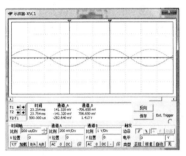

图 5-19　反相比例运算仿真电路的输入、输出波形

▶ 5.5.2　同相比例运算仿真电路

同相比例运算仿真电路如图 5-20 所示，输入、输出波形如图 5-21 所示。由图 5-21 可知，输入信号峰峰值为 282.623mV，输出信号峰峰值为 1.413V，输入信号与输出信号同相，电压放大倍数 $\dot{A}_u = \dfrac{\dot{U}_{\text{OP-P}}}{\dot{U}_{\text{iP-P}}} = \dfrac{1413}{282.623} \approx -5$。理论上放大倍数 $\dot{A}_u = 1 + \dfrac{R_3}{R_1} = 1 + \dfrac{4}{1} = 5$，与实际数值相等。

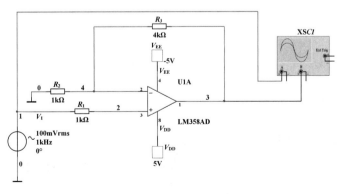

图 5-20　同相比例运算仿真电路

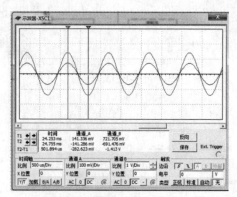

图 5-21　同相比例运算仿真电路的输入、输出波形

5.5.3　反相加法运算仿真电路

反相加法运算仿真电路如图 5-22 所示。由此可知，输入信号有 3 个，分别为 0.2V、0.3V 和 0.5V，输出信号为 -0.988V，输入信号与输出信号反相。理论上输出信号为

$$U_{\mathrm{o}} = -\left(\frac{R_4}{R_1}U_{\mathrm{i1}} + \frac{R_4}{R_2}U_{\mathrm{i2}} + \frac{R_4}{R_3}U_{\mathrm{i3}}\right) = -0.2 - 0.3 - 0.5 = 1\mathrm{V}$$，与实际输出几乎相等。

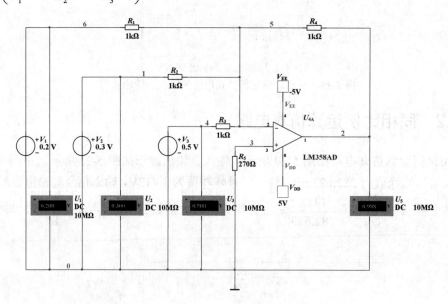

图 5-22　反相加法运算仿真电路

5.5.4　减法运算仿真电路

减法运算仿真电路如图 5-23 所示。由此可知，输入信号有两个，分别为 0.8V 和 0.3V，输出信号为 0.506V。理论上输出信号 $U_{\mathrm{o}} = -\dfrac{R_3}{R_1}\left(U_{\mathrm{i1}} - U_{\mathrm{i2}}\right) = -0.3 + 0.8 = 0.5$V，与实际输出几乎相等。

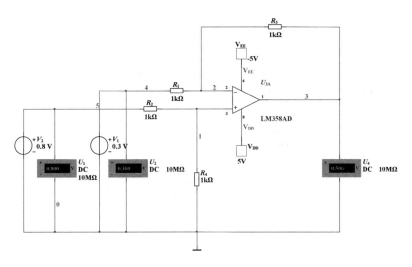

图 5-23　减法运算仿真电路

小　结

集成运放是一种高输入电阻、低输出电阻、高增益的集成电路，其内部是由差分输入级、中间级、输出级和偏置电路 4 部分组成的多级直流放大器。

理想集成运放电路在线性区工作时具有虚短和虚断的特征，特别是反相端输入时还具有虚地的特征。将实际运放视为理想运放，应用理想运放的这些条件，将大大简化电路的分析和计算。

反相输入和同相输入的比例运放电路是两种最基本的集成运算电路，分别为电压并联负反馈和电压串联负反馈。它们是构成集成运算、处理电路最基本的电路，在此基础上搭接取舍构成了加、减、微分、积分运算电路等。

习　题

本章习题中的集成运放均为理想运放。

5.1　判断下列说法是否正确，用"√"或"×"表示判断结果。

（1）运算电路中一般均引入负反馈。　　　　　　　　　　　　　　　　　（　　）

（2）在运算电路中，集成运放的反相输入端均为虚地。　　　　　　　　　（　　）

（3）凡是运算电路都可利用"虚短"和"虚断"的概念求解运算关系。　　（　　）

5.2　填空：

（1）＿＿＿＿运算电路可实现 $A_u>1$ 的放大器。

（2）＿＿＿＿运算电路可实现 $A_u<0$ 的放大器。

（3）_____运算电路可将三角波电压转换成方波电压。

（4）_____运算电路可实现函数 $Y=aX_1+bX_2+cX_3$，a、b 和 c 均大于零。

（5）_____运算电路可实现函数 $Y=aX_1+bX_2+cX_3$，a、b 和 c 均小于零。

5.3 电路如图 5-24 所示，集成运放输出电压的最大幅值为 ±14V，填表 5-1。

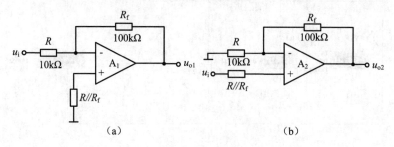

图 5-24　题 5.3 图

表 5-1　输入/输出对应数值表

u_i/V	0.1	0.5	1.0	1.5
u_{o1}/V				
u_{o2}/V				

5.4 试求如图 5-25 所示各电路输出电压与输入电压的运算关系式。

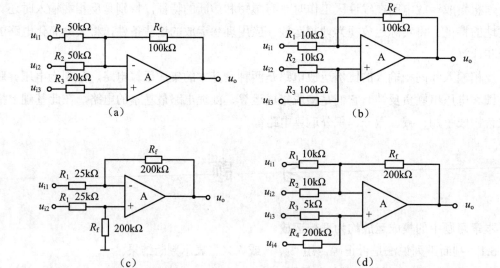

图 5-25　题 5.4 图

5.5 设计一个比例运算电路，要求输入电阻 $R_i=20\text{k}\Omega$，比例系数为-100。

5.6 电路如图 5-26 所示，试求：

（1）输入电阻。

（2）比例系数。

5.7　电路如图 5-27 所示。

（1）写出 u_o 与 u_{i1}、u_{i2} 的运算关系式。

（2）当 R_W 的滑动端在最上端时，若 u_{i1}=10mV，u_{i2}=20mV，则 u_o 等于多少？

（3）若 u_o 的最大幅值为±14V，输入电压最大值 u_{i1max}=10mV，u_{i2max}=20mV，最小值均为 0V，则为了保证集成运放工作在线性区，R_2 的最大值为多少？

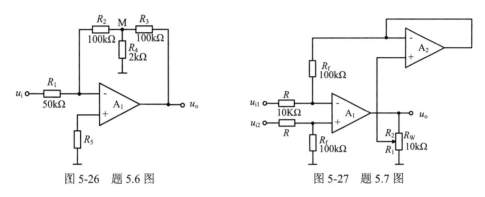

图 5-26　题 5.6 图　　　　图 5-27　题 5.7 图

5.8　分别求解如图 5-28 所示各电路的运算关系。

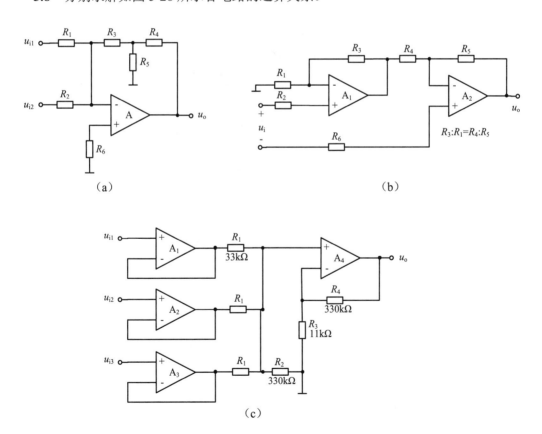

（a）　　　　　　　　　（b）

（c）

图 5-28　题 5.8 图

5.9 在如图 5-29（a）所示的电路中，已知输入电压 u_i 的波形如图 5-29（b）所示，当 $t=0$ 时 $u_o=0$。试画出输出电压 u_o 的波形。

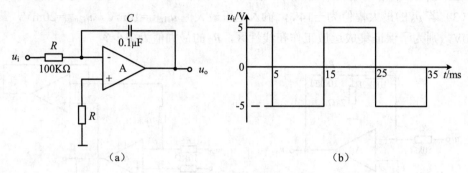

图 5-29　题 5.9 图

5.10 为了使图 5-30 所示电路实现除法运算，请尝试：

（1）标出集成运放的同相输入端和反相输入端。

（2）求出 u_o 和 u_{i1}、u_{i2} 的运算关系式。

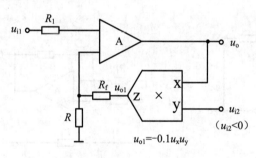

图 5-30　题 5.10 图

❖ 第6章　放大电路的频率响应 ❖

引言

频率响应是衡量放大电路对不同频率信号适应能力的一项技术指标。本章首先介绍了频率响应的一般概念，然后对单级放大电路和多级放大电路的频率响应进行了分析。

在分析各种放大电路性能指标时，为了简化问题，都忽略了管子的结电容及电路中电抗元件的影响。考虑到这些电抗元件的影响，放大电路的放大倍数将是信号频率的函数，这种函数关系称为频率响应或频率特性。

➠ 6.1　简单 *RC* 低通和高通电路的频率响应

放大电路的频率特性可以看成是由一些基本环节（线性放大环节、*RC* 低通环节和 *RC* 高通环节）构成，因此，为了便于理解放大电路的频率响应，先对简单 *RC* 低通电路和高通电路的频率响应进行分析。

➤ 6.1.1　*RC* 低通电路的频率响应

1. 放大电路的频率响应

频率响应表达式为 $\dot{A}_u(f) = |\dot{A}_u(f)| \angle \Phi(f)$。其中，$|\dot{A}_u(f)|$ 表示电压放大倍数的大小与频率 f 的关系，称为幅频响应；$\Phi(f)$ 表示放大器输出电压与输入电压之间的相位差 Φ 与频率 f 的关系，称为相频响应。

2. *RC* 低通电路的频率特性

RC 低通电路是用电阻 R 和电容 C 构成的最简单的低通电路，如图 6-1 所示。

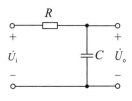

图 6-1　*RC* 低通电路

由图 6-1 可写出其频率特性表达式为

$$\dot{A}_u(f) = \frac{\dot{U}_o}{\dot{U}_i} = \frac{\dfrac{1}{\mathrm{j}\omega C}}{R + \dfrac{1}{\mathrm{j}\omega C}} = \frac{1}{1 + \mathrm{j}\omega CR} \qquad (6-1)$$

令 $\omega_H = \dfrac{1}{RC}$，则

$$f_H = \frac{1}{2\pi RC} \qquad (6-2)$$

$$\dot{A}_u(f) = \frac{1}{1 + \mathrm{j}\dfrac{f}{f_H}} = \frac{1 - \mathrm{j}\dfrac{f}{f_H}}{1 + \left(\dfrac{f}{f_H}\right)^2} \qquad (6-3)$$

（1）幅频特性分析

幅频特性为

$$\left|\dot{A}_u(f)\right| = \frac{1}{\sqrt{1 + \left(\dfrac{f}{f_H}\right)^2}} \qquad (6-4)$$

- $f \to 0$ 时，$\left|\dot{A}_u(f)\right| \to 1$。
- $f \to \infty$ 时，$\left|\dot{A}_u(f)\right| \to 0$。
- $f = f_H$ 时，$\left|\dot{A}_u(f)\right| = \dfrac{1}{\sqrt{1 + \left(\dfrac{f_H}{f_H}\right)^2}} = \dfrac{1}{\sqrt{2}} \approx 0.707$，这个频率被称为 RC 低通电路的"上

限截止频率"。若信号频率高于这个值，电压放大倍数会很快衰减。由式（6-2）

可知，上限截止频率由 RC 低通电路的时间常数 $\tau = RC$ 来决定。

由此画出幅频特性曲线如图 6-2（a）所示。

（2）相频特性分析

相频特性为

$$\Phi(f) = -\arctan\frac{f}{f_H} \qquad (6-5)$$

- $f \to 0$ 时，$\Phi(f) \to 0$。
- $f \to \infty$ 时，$\Phi(f) \to -\dfrac{\pi}{2}$。
- $f = f_H$ 时，$\Phi(f) = -\dfrac{\pi}{4}$。

由此画出相频特性曲线如图 6-2（b）所示。

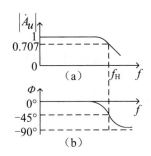

（a）幅频特性曲线　（b）相频特性曲线

图 6-2　RC 低通电路的频率特性

3．波特图

在研究放大电路的频率响应时，由于信号的频率范围很宽（从几赫到几百兆赫以上），放大电路的放大倍数也很大（可达百万倍），为压缩坐标，扩大视野，在画频率特性曲线时，横坐标采用对数刻度，纵轴上的幅值坐标也用对数表示为 $20\lg|\dot{A}_u(f)|$，单位是分贝（dB），相位坐标仍采用角度表示，单位是度，如图 6-3 所示。这种半对数坐标特性曲线称为对数频率特性或波特图。

4．RC 低通电路的波特图

对数幅频特性为

$$20\lg|\dot{A}_u(f)| = 20\lg\frac{1}{\sqrt{1+\left(\dfrac{f}{f_{\mathrm{H}}}\right)^2}} = -20\lg\sqrt{1+\left(\dfrac{f}{f_{\mathrm{H}}}\right)^2} \tag{6-6}$$

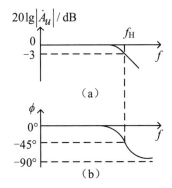

（a）幅频特性曲线　（b）相频特性曲线

图 6-3　RC 低通电路的波特图

▶ 6.1.2 *RC* 高通电路的频率响应

1. *RC* 高通电路的频率特性

RC 高通电路是用电阻 *R* 和电容 *C* 构成的最简单的高通电路，如图 6-4 所示。

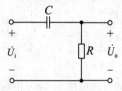

图 6-4 *RC* 高通电路

由图可写出其频率特性表达式为

$$\dot{A}_u(f) = \frac{\dot{U}_o}{\dot{U}_i} = \frac{R}{R + \dfrac{1}{j\omega C}} = \frac{1}{1 + \dfrac{1}{j\omega CR}} \tag{6-7}$$

令 $\omega_L = \dfrac{1}{RC}$，则

$$f_L = \frac{1}{2\pi RC} \tag{6-8}$$

$$\dot{A}_u(f) = \frac{1}{1 - j\dfrac{f_L}{f}} = \frac{1 + j\dfrac{f_L}{f}}{1 + \left(\dfrac{f_L}{f}\right)^2} \tag{6-9}$$

（1）幅频特性分析

幅频特性为

$$\left|\dot{A}_u(f)\right| = \frac{\dfrac{f}{f_L}}{\sqrt{1 + \left(\dfrac{f}{f_L}\right)^2}} \tag{6-10}$$

- $f \to 0$ 时，$\left|\dot{A}_u(f)\right| \to 0$。
- $f \to \infty$ 时，$\left|\dot{A}_u(f)\right| \to 1$。

- $f = f_L$ 时，$\left|\dot{A}_u(f)\right| = \dfrac{\dfrac{f_L}{f_L}}{\sqrt{1 + \left(\dfrac{f_L}{f_L}\right)^2}} = \dfrac{1}{\sqrt{2}} = 0.707$，这个频率被称为 RC 高通电路的"下

限截止频率"。若信号频率低于这个值，电压放大倍数会很快衰减。由式（6-8）
可知，下限截止频率由 RC 高通电路的时间常数 $\tau = RC$ 来决定。

由此画出幅频特性曲线如图 6-5（a）所示。

（2）相频特性分析

相频特性为

$$\Phi(f) = \arctan\frac{f_L}{f} \tag{6-11}$$

- $f \to 0$ 时，$\Phi(f) \to \dfrac{\pi}{2}$。

- $f \to \infty$ 时，$\Phi(f) \to 0$。

- $f = f_L$ 时，$\Phi(f) = \dfrac{\pi}{4}$。

由此画出相频特性曲线图 6-5（b）所示。

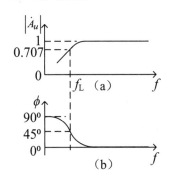

（a）幅频特性曲线　（b）相频特性曲线

图 6-5　RC 高通电路的频率特性

2. RC 高通电路的波特图

对数幅频特性为

$$20\lg\left|\dot{A}_u(f)\right| = 20\lg\frac{\dfrac{f}{f_L}}{\sqrt{1 + \left(\dfrac{f}{f_L}\right)^2}} = -20\lg\sqrt{1 + \left(\dfrac{f_L}{f}\right)^2} \tag{6-12}$$

RC 高通电路的波特图如图 6-6 所示。

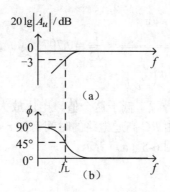

（a）幅频特性曲线　　（b）相频特性曲线

图 6-6　RC 高通电路的波特图

思考题：

1．放大电路的频率特性为什么要用相量来表示？
2．叙述上限频率、下限频率和通频带的含义。
3．什么是波特图？波特图的特点是什么？

6.2　晶体管单级放大电路的频率响应

晶体管单级放大电路中通常含有电抗元件，如耦合电容、旁路电容、滤波电容、三极管 PN 结电容、电路中的分布电容以及感性负载等，而这些电抗元件对不同频率的信号呈现出不同的阻抗，产生不同的相移，因此放大电路对不同频率的信号呈现不同的频率特性。

6.2.1　三极管混合 π 型等效电路

在分析放大电路的频率响应时，必须要考虑三极管的极间电容，因此引入三极管的混合 π 型等效电路，如图 6-7 所示。图中 $r_{b'e}$ 为发射结正向电阻，$r_{bb'}$ 为基区体电阻，$c_{b'e}$ 为发射极的等效电容，$c_{b'c}$ 为基极与集电极的极间电容（可以从手册中查到），$g_m U_{b'e}$ 为发射结对集电极电流的控制作用，g_m 称为跨导。

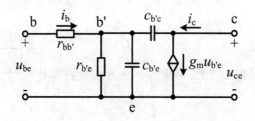

图 6-7　三极管的混合 π 型等效电路

$$r_{b'e} \approx \left(1+\beta\right)\frac{26(\mathrm{mV})}{I_{EQ}} \qquad （6\text{-}13）$$

$$g_m U_{b'e} = \beta I_{BQ}$$

$$g_m = \frac{\beta I_{BQ}}{U_{b'e}} = \frac{\beta I_{BQ}}{r_{b'e} I_{BQ}} = \frac{\beta}{r_{b'e}} \approx \frac{I_{EQ}}{26} \qquad （6\text{-}14）$$

$$c_{b'e} \approx \frac{g_m}{2\pi f_T}$$

其中 f_T 为晶体管的特征频率，可以从手册中查到。

在混合 π 型等效电路中，$c_{b'c}$ 跨接在 b′ 和 c 之间，将输入回路与输出回路直接联系起来，使电路的求解过程变得复杂。为此，可利用密勒定理将 $c_{b'c}$ 分别等效为 b′、e 之间电容 C' 和 c、e 之间电容 C''，则简化的三极管混合 π 型等效电路如图 6-8 所示。其中 $C' = \left(1-K\right)c_{b'c} + c_{b'e}$，$C'' = \dfrac{K}{1-K}c_{b'c}$，$K \approx \dfrac{\dot{U}_{ce}}{\dot{U}_{b'e}}$。

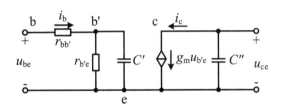

图 6-8　简化的混合 π 型等效电路

▶ 6.2.2　共射极放大电路的频率响应

如图 6-9 所示的单级共射极放大电路，在分析其频率响应时，不考虑输出端的隔直电容 C_2 和负载电阻 R_L，可将其看作下一级放大电路的输入端的隔直电容和输入电阻。现分别将频率分为高、中、低 3 个频段来讨论放大电路的频率特性。

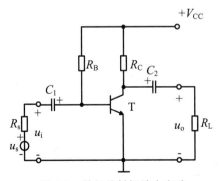

图 6-9　单级共射极放大电路

1. 中频段

在中频段，耦合电容 C_1、C_2 的容抗小于串联电路中的其他阻值，可视为短路；三极管的极间电容 $c_{b'c}$ 的容抗大于其并联支路的其他阻值，可视为开路。总之，在中频段可忽略各种容抗，则中频段微变等效电路如图 6-10 所示。

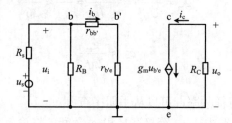

图 6-10　中频段微变等效电路

$$\dot{U}_{b'e} = \frac{r_{be}//R_B}{R_s + r_{be}//R_B} \frac{r_{b'e}}{r_{be}} \dot{U}_s$$

$$\dot{U}_o = -g_m \dot{U}_{b'e} R_C = -g_m R_C \frac{r_{be}//R_B}{R_s + r_{be}//R_B} \frac{r_{b'e}}{r_{be}} \dot{U}_s$$

则中频段电压放大倍数为

$$\dot{A}_{um} = \frac{\dot{U}_o}{\dot{U}_s} = -g_m \frac{r_{be}//R_B}{R_s + r_{be}//R_B} \frac{r_{b'e}}{r_{be}} R_C \qquad (6\text{-}15)$$

将式（6-14）代入式（6-15）中，可得 $\dot{A}_{um} = -\dfrac{\beta}{r_{be}} R_C \dfrac{r_{be}//R_B}{R_s + r_{be}//R_B}$，与第 3 章分压偏置式放大电路的分析结果相同。

2. 高频段

在高频段，由于频率增大，容抗变小，则 C_1、C_2 可视为短路。在一般情况下，由于输入回路的时间常数比输出回路的时间常数大得多，因此可以忽略三极管的输出电容 C''，则高频段微变等效电路如图 6-11 所示。再利用戴维南定理简化输入回路，简化后的等效电路如图 6-12 所示。

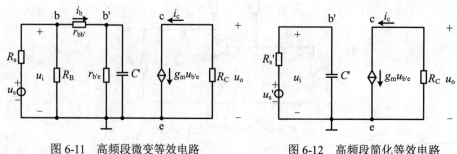

图 6-11　高频段微变等效电路　　　　图 6-12　高频段简化等效电路

$$R_s^{'} = \left[\left(R_s // R_B \right) + r_{bb'} \right] // r_{b'e}$$

$$\dot{U}_s^{'} = \frac{r_{be} // R_B}{R_s + r_{be} // R_B} \frac{r_{b'e}}{r_{be}} \dot{U}_s$$

$$\dot{U}_{b'e} = \frac{\dfrac{1}{j\omega C'}}{R_s^{'} + \dfrac{1}{j\omega C'}} \dot{U}_s^{'}$$

$$\dot{U}_o = -g_m \dot{U}_{b'e} R_C = -g_m R_C \frac{\dfrac{1}{j\omega C'}}{R_s^{'} + \dfrac{1}{j\omega C'}} \frac{r_{be} // R_B}{R_s + r_{be} // R_B} \frac{r_{b'e}}{r_{be}} \dot{U}_s$$

则高频段电压放大倍数为

$$\dot{A}_{uh} = \frac{\dot{U}_o}{\dot{U}_s} = -g_m R_C \frac{\dfrac{1}{j\omega C'}}{R_s^{'} + \dfrac{1}{j\omega C'}} \frac{r_{be} // R_B}{R_s + r_{be} // R_B} \frac{r_{b'e}}{r_{be}} = \dot{A}_{um} \frac{1}{1 + j\omega R_s^{'} C'} = \dot{A}_{um} \frac{1}{1 + j\dfrac{f}{f_H}} \quad （6\text{-}16）$$

其中高频的时间常数为 $\tau_H = R_s^{'} C'$。

上限频率（−3dB）为

$$f_H = \frac{1}{2\pi R_s^{'} C'} \quad （6\text{-}17）$$

对数幅频特性为

$$20\lg \left| \dot{A}_{uh} \right| = 20\lg \left| \dot{A}_{um} \frac{1}{1 + j\dfrac{f}{f_H}} \right| = 20\lg \left| \dot{A}_{um} \right| - 20\lg \sqrt{1 + \left(\frac{f}{f_H} \right)^2} \quad （6\text{-}18）$$

相频特性为

$$\Phi(f) = -180° - \arctan \frac{f}{f_H} \quad （6\text{-}19）$$

由式（6-18）和式（6-19）可知：

- 当 $f \ll f_H$ 时，$20\lg \left| \dot{A}_{uh} \right| = 20\lg \left| \dot{A}_{um} \right|$ 在波特图上为一条水平线，$\Phi(f) \approx -180°$。

- 当 $f = f_H$ 时，$20\lg \left| \dot{A}_{uh} \right| = 20\lg \left| \dot{A}_{um} \right| - 20\lg \sqrt{2}$，比中频区低 3dB，$\Phi(f) = -225°$。

- 当 $f \gg f_H$ 时，$20\lg \left| \dot{A}_{uh} \right| = 20\lg \left| \dot{A}_{um} \right| - 20\lg \dfrac{f}{f_H}$，近似为斜率为-20 分贝每十倍频程（−20dB/dec）的一条直线，$\Phi(f) \approx -270°$。

共射极放大电路高频段频率特性如图 6-13 所示。共射极放大电路的高频响应与 *RC* 低通电路的频率响应形式一样，只差一个常数倍，所以它的波特图形式与 *RC* 低通类似。

3．低频段

在低频段，由于频率减小，容抗增大，则 C_1、C_2 不可忽略；三极管的极间电容 $c_{b'c}$ 的容抗仍然远大于其并联支路的其他阻值，可视为开路。因此低频段微变等效电路如图 6-14 所示。

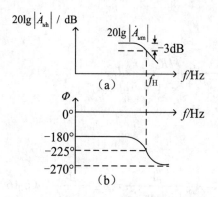

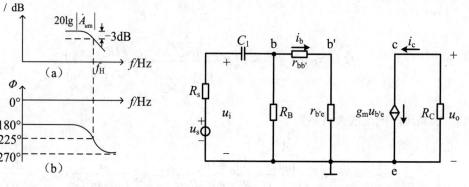

图 6-13　共射极放大电路高频段频率特性　　　　图 6-14　低频段微变等效电路

$$\dot{U}_{b'e} = \frac{r_{b'e}}{R_s + r_{be} // R_B + \dfrac{1}{j\omega C_1}} \dot{U}_s$$

$$\dot{U}_o = -g_m \dot{U}_{b'e} R_C = -g_m R_C \frac{r_{b'e}}{R_s + r_{be} // R_B + \dfrac{1}{j\omega C_1}} \dot{U}_s$$

$$= -g_m R_C \frac{r_{b'e}}{r_{be}} \frac{r_{be} // R_B}{R_s + r_{be} // R_B} \frac{\dfrac{r_{be} + R_B}{R_B}}{1 + \dfrac{1}{j\omega (R_s + r_{be} // R_B) C_1}} \dot{U}_s$$

$$\approx \dot{A}_{um} \frac{1}{1 - j\dfrac{1}{\omega (R_s + r_{be} // R_B) C_1}} \dot{U}_s$$

则低频段电压放大倍数为

$$\dot{A}_{ul} = \frac{\dot{U}_o}{\dot{U}_s} = \dot{A}_{um} \frac{1}{1 - j\dfrac{1}{\omega (R_s + r_{be} // R_B) C_1}} = \dot{A}_{um} \frac{1}{1 - j\dfrac{f_L}{f}} \qquad (6\text{-}20)$$

其中低频的时间常数为 $\tau_L = (R_s + r_{be} // R_B) C_1$。

下限频率为

$$f_{\mathrm{L}} = \frac{1}{2\pi\left(R_{\mathrm{s}} + r_{\mathrm{be}} \, / \, / \, R_{\mathrm{B}}\right)C_1} \tag{6-21}$$

对数幅频特性为

$$20\lg\left|\dot{A}_{ul}\right| = 20\lg\left|\dot{A}_{um} \frac{1}{1 - \mathrm{j}\dfrac{f_{\mathrm{L}}}{f}}\right| = 20\lg\left|\dot{A}_{um}\right| - 20\lg\sqrt{1 + \left(\dfrac{f_{\mathrm{L}}}{f}\right)^2} \tag{6-22}$$

相频特性为

$$\Phi\left(f\right) = -180^{\circ} + \arctan\frac{f_{\mathrm{L}}}{f} \tag{6-23}$$

由式（6-22）和式（6-23）可知：

- 当 $f \gg f_{\mathrm{L}}$ 时，$20\lg\left|\dot{A}_{ul}\right| = 20\lg\left|\dot{A}_{um}\right|$ 在波特图上为一条水平线，$\Phi\left(f\right) \approx -180^{\circ}$。
- 当 $f = f_{\mathrm{L}}$ 时，$20\lg\left|\dot{A}_{ul}\right| = 20\lg\left|\dot{A}_{um}\right| - 20\lg\sqrt{2}$，比中频区低 3dB，$\Phi\left(f\right) = -135^{\circ}$。
- 当 $f \ll f_{\mathrm{L}}$ 时，$20\lg\left|\dot{A}_{ul}\right| = 20\lg\left|\dot{A}_{um}\right| - 20\lg\dfrac{f_{\mathrm{L}}}{f}$，近似为斜率为-20dB/dec 的直线，$\Phi\left(f\right) \approx -90^{\circ}$。

共射极放大电路低频段频率特性如图 6-15 所示。共射极放大电路的低频响应与 RC 高通电路的频率响应形式一样，只差一个常数倍，所以它的波特图形式与 RC 高通类似。

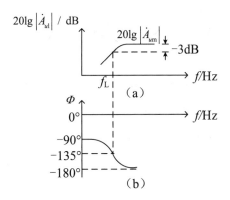

图 6-15　共射极放大电路低频段频率特性

4．单级共射放大电路的全频域响应的综合

前面已分别讨论了电压放大倍数在中频段、低频段和高频段的频率响应，现在把它们

加以综合，就可得到完整的单级共射极放大电路电压放大倍数的全频域响应表达式，即

$$\dot{A}_u \approx \frac{\dot{A}_{um}}{\left(1-\mathrm{j}\dfrac{f_L}{f}\right)\left(1+\mathrm{j}\dfrac{f}{f_H}\right)} \tag{6-24}$$

同时将高、中、低频段的频率特性曲线综合起来，就可得到完整的单级共射极放大电路的波特图，如图 6-16 所示。

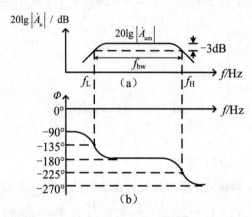

图 6-16　单级共射极放大电路的波特图

思考题：

1．影响共射极放大电路的主要因素是什么？为什么？
2．单级共射极放大电路电压放大倍数的低频段和高频段的频率特性表达式是什么？
3．单级共射极放大电路电压放大倍数的全频域响应表达式是什么？

6.3　多级放大电路的频率响应

多级放大电路的电压增益$\dot{A}_u$为各级电压增益的乘积。各级放大电路的电压增益是频率的函数，因此，多级放大电路的电压增益$\dot{A}_u$也必然是频率的函数。

1．多级放大电路的幅频特性和相频特性

设各级放大电路的电压放大倍数为$\dot{A}_{u1}$、$\dot{A}_{u2}\cdots\dot{A}_{un}$，则多级放大电路的总电压放大倍数为$\dot{A}_u=\dot{A}_{u1}\dot{A}_{u2}\cdots\dot{A}_{un}$，对数幅频特性为

$$20\lg|\dot{A}_u| = 20\lg|\dot{A}_{u1}| + 20\lg|\dot{A}_{u2}| + \cdots + 20\lg|\dot{A}_{un}| \tag{6-25}$$

总相移为

$$\varPhi = \varPhi_1 + \varPhi_2 + \cdots + \varPhi_n \tag{6-26}$$

2. 多级放大电路的上限频率

高频段电压放大倍数为

$$\left|\dot{A}_{uh}\right| = \frac{\left|\dot{A}_{u1\mathrm{m}}\right|\left|\dot{A}_{u2\mathrm{m}}\right|\cdots\left|\dot{A}_{unm}\right|}{\sqrt{\left(1+\mathrm{j}\dfrac{f}{f_{\mathrm{H}_1}}\right)\left(1+\mathrm{j}\dfrac{f}{f_{\mathrm{H}_2}}\right)\cdots\left(1+\mathrm{j}\dfrac{f}{f_{\mathrm{H}_n}}\right)}} \tag{6-27}$$

根据放大电路通频带的定义，当该电路的电压增益为最大值的 $\dfrac{1}{\sqrt{2}}$ 时，对应高端频率为上限频率 f_{H}。所以上限截止频率为

$$\frac{1}{f_{\mathrm{H}}} \approx 1.1\sqrt{\frac{1}{f_{\mathrm{H}1}{}^2} + \frac{1}{f_{\mathrm{H}2}{}^2} + \cdots + \frac{1}{f_{\mathrm{H}n}{}^2}} \tag{6-28}$$

特别注意，当 $f_{\mathrm{H}i} \ll f_{\mathrm{H}j}\left(i, j = 1, 2, \cdots, n \text{且} j \neq i\right)$ 时，$f_{\mathrm{H}} \approx f_{\mathrm{H}i}$。

3. 多级放大电路的下限频率

低频段电压放大倍数为

$$\left|\dot{A}_{ul}\right| = \frac{\left|\dot{A}_{u1\mathrm{m}}\right|\left|\dot{A}_{u2\mathrm{m}}\right|\cdots\left|\dot{A}_{unm}\right|}{\sqrt{\left(1-\mathrm{j}\dfrac{f_{\mathrm{L}1}}{f}\right)\left(1-\mathrm{j}\dfrac{f_{\mathrm{L}2}}{f}\right)\cdots\left(1-\mathrm{j}\dfrac{f_{\mathrm{L}n}}{f}\right)}} \tag{6-29}$$

根据放大电路通频带的定义，当该电路的电压增益为最大值的 $\dfrac{1}{\sqrt{2}}$ 时，对应低端频率为下限频率 f_{L}。所以下限截止频率为

$$f_{\mathrm{L}} \approx 1.1\sqrt{f_{\mathrm{L}1}{}^2 + f_{\mathrm{L}2}{}^2 + \cdots + f_{\mathrm{L}n}{}^2} \tag{6-30}$$

特别注意，当 $f_{\mathrm{L}i} \gg f_{\mathrm{L}j}\left(i, j = 1, 2, \cdots, n \text{且} j \neq i\right)$ 时，$f_{\mathrm{L}} \approx f_{\mathrm{L}i}$。

多级放大电路的通频带一定比它的任何一级都窄，级数越多，则 f_{L} 越高而 f_{H} 越低，通频带越窄。实际中可以估算，当各级放大电路的时间常数相差很大时，可以取其主要作用的那一级作为估算依据。

思考题：

1. 多级共射极放大电路与单级共射极放大电路的频率特性有何不同？

2. 多级共射极放大电路与单级共射极放大电路的上限频率、下限频率是什么关系？

➡ 6.4 Multisim 仿真举例——频率响应电路

▶ 6.4.1 单级放大电路频率响应的仿真

单级放大电路频率响应的仿真电路如图 6-17 所示。用波特图示仪可以观测幅频特性和相频特性曲线。幅频特性曲线如图 6-18 所示，由图可知电压放大倍数为 25.484dB，当其下降 3dB 时对应的上限截止频率为 20.727MHz，下限截止频率为 24.665Hz，带宽为 20.727MHz。相频特性曲线如图 6-19 所示，由图可知中心频率为 23.469kHz，相位为 0°；在中心频率相位发生突变时，由−180°变为+180°。

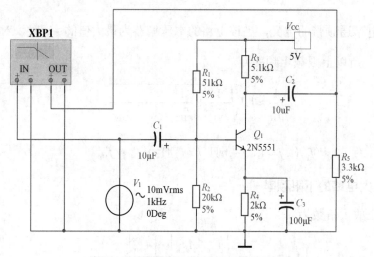

图 6-17 单级放大电路频率响应的仿真电路

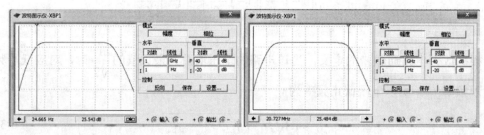

图 6-18 幅频特性曲线

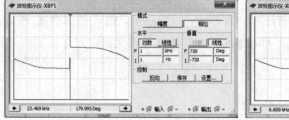

图 6-19 相频特性曲线

▶ 6.4.2　多级放大电路频率响应的仿真

多级放大电路频率响应的仿真电路如图 6-20 所示。用波特图示仪可以观测各级放大电路的幅频特性和相频特性曲线。幅频特性曲线如图 6-21 所示，由图可知第一级电压放大倍数为 32.755dB，第二级电压放大倍数为 39.786dB，两级电压放大倍数的和为 32.755+39.786=72.541dB，与总电压放大倍数 72.54dB 几乎相等。下降 3dB 时对应的下限截止频率分别为 17.275Hz、74.217Hz、53.287Hz；上限截止频率分别为 293.512kHz、17.857MHz 和 293.512kHz，总带宽为 293.512kHz，比任何一级的带宽都窄。

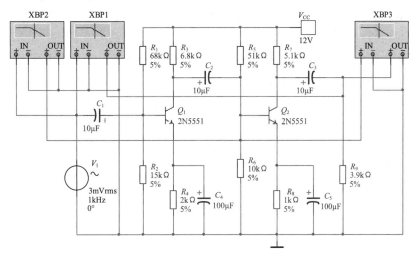

图 6-20　多级放大电路频率响应的仿真电路

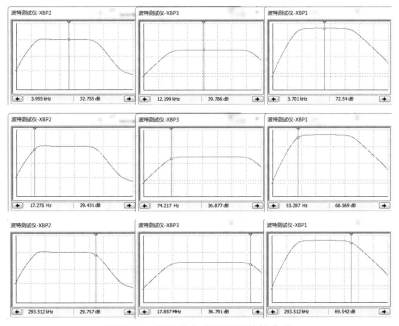

图 6-21　多级放大电路幅频特性曲线

小　结

频率响应是放大电路的重要指标之一，可以通过求解放大电路的电压放大倍数或采用时间常数分析法分析放大电路的频率响应，其基础是 RC 低通电路和 RC 高通电路。

由于放大器件存在着极间电容，以及有些放大电路会接有电抗性元件（耦合电容、旁路电容等），因此，放大电路对不同频率的信号具有不同的放大能力，其增益和相移均会随频率变化而变化。分析频率响应的工具是混合 π 型等效电路。

对单级共射极放大电路频率响应分中频段、低频段、高频段 3 段进行分析。中频段耦合电容和极间电容均不考虑，用中频段微变等效电路进行分析；低频段仅考虑耦合电容，极间电容影响忽略，用低频段微变等效电路进行分析，耦合电容所在回路的时间常数越大，低频响应越好；高频段仅考虑极间电容，耦合电容影响忽略，用高频段微变等效电路进行分析，极间电容越小，高频响应越好。

多级放大电路的频率特性可以通过将各级幅频特性和相频特性分别进行叠加获得。多级放大电路的通频带总是比组成它的每一级的通频带更窄。

习　题

6.1　已知某电路的电压放大倍数 $\dot{A}_u = \dfrac{-10\mathrm{j}f}{\left(1+\mathrm{j}\dfrac{f}{10}\right)\left(1+\mathrm{j}\dfrac{f}{10^5}\right)}$，试求解：

（1）$\dot{A}_{um} = $ ____；　$f_L \approx$ ____；　$f_H \approx$ ____。

（2）画出波特图。

6.2　已知某共射放大电路的波特图如图 6-22 所示，试写出 $\dot{A}_u$ 的表达式。

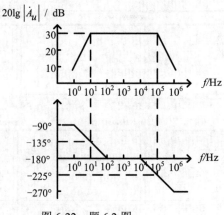

图 6-22　题 6.2 图

6.3　已知两级共射放大电路的电压放大倍数 $\dot{A}_u = \dfrac{200\mathrm{j}f}{\left(1+\mathrm{j}\dfrac{f}{5}\right)\left(1+\mathrm{j}\dfrac{f}{10^4}\right)\left(1+\mathrm{j}\dfrac{f}{2.5\times10^5}\right)}$，试

求解。

（1）$\dot{A}_{um} = $＿＿＿；　$f_L \approx$＿＿＿；　$f_H \approx$＿＿＿。

（2）画出波特图。

6.4　已知某放大电路的波特图如图 6-23 所示。

（1）电路的中频电压增益为 $20\lg\left|\dot{A}_{um}\right| = $＿＿＿ dB，　$\dot{A}_{um} = $＿＿＿＿。

（2）电路的下限频率 $f_L \approx$＿＿＿Hz，上限频率 $f_H \approx$＿＿＿ kHz。

（3）电路的电压放大倍数的表达式为 $\dot{A}_u = $＿＿＿＿＿＿＿＿。

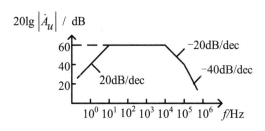

图 6-23　题 6.4 图

6.5　已知某共射放大电路的波特图如图 6-24 所示，试写出 $\dot{A}_u$ 的表达式。

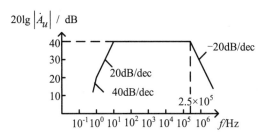

图 6-24　题 6.5 图

6.6　已知一个两级放大电路各级电压放大倍数分别为

$$\dot{A}_{u1} = \frac{\dot{U}_{o1}}{\dot{U}_i} = \frac{-25\mathrm{j}f}{\left(1+\mathrm{j}\dfrac{f}{4}\right)\left(1+\mathrm{j}\dfrac{f}{10^5}\right)}; \quad \dot{A}_{u2} = \frac{\dot{U}_o}{\dot{U}_{i2}} = \frac{-2\mathrm{j}f}{\left(1+\mathrm{j}\dfrac{f}{50}\right)\left(1+\mathrm{j}\dfrac{f}{10^5}\right)}$$

（1）写出该放大电路的电压放大倍数的表达式。

（2）求出该电路的 f_L 和 f_H 各约为多少？

（3）画出该电路的波特图。

❖ 第 7 章　放大电路中的反馈 ❖

引言

本章借助于方框图首先讨论反馈的概念及其一般表达式，而后介绍反馈的类型及其判定方法、负反馈的引入对放大电路性能产生的影响，最后介绍深度负反馈放大电路的估算和典型应用单元电路。

反馈是放大电路中非常重要的概念。在实际应用中，只要有放大电路出现的地方几乎都有反馈。在放大电路中采用负反馈，可以改善电路的性能指标；采用正反馈构成各种振荡电路，可以产生各种波形信号。

➡ 7.1　反馈的基本概念与分类

▶ 7.1.1　反馈的定义

前面各章在讨论放大电路的输入信号与输出信号间的关系时，只涉及了输入信号对输出信号的控制作用，这称为放大电路的正向传输作用。然而，放大电路的输出信号也可能对输入信号产生反作用，这种反作用就叫作反馈。

反馈就是将放大电路输出量（电压或电流）的一部分或全部，通过某些元件或网络（称为反馈网络）反向送回输入端，来影响原输入量（电压或电流）的过程。有反馈的放大电路称为反馈放大电路。

任意一个反馈放大电路都可以表示为一个基本放大电路和反馈网络组成的闭环系统，没有引入反馈时的基本放大电路称为开环电路，引入反馈后的放大电路称为闭环电路。

反馈放大电路的组成框图如图 7-1 所示。图中 A 代表基本放大电路，F 代表反馈网络，箭头表示信号的传递方向，符号 ⊗ 代表信号的比较环节。$\dot{X}_i$、$\dot{X}_o$、$\dot{X}_f$ 和 $\dot{X}_d$ 分别表示电路的输入量、输出量、反馈量和净输入量，它们可以是电压，也可以是电流。

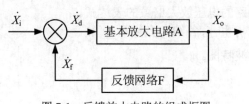

图 7-1　反馈放大电路的组成框图

▶ 7.1.2 反馈的分类

反馈电路是多种多样的，可以存在于本级内部，也可以存在于级与级（或多级）之间。

1. 直流反馈与交流反馈

按反馈信号来分，反馈有直流反馈和交流反馈两种。

在放大电路中既含有直流分量，又含有交流分量，因而，必然有直流反馈与交流反馈之分。反馈信号中只含有直流分量的称为直流反馈，或者说存在于放大电路的直流通路中的反馈网络引入直流反馈。直流反馈影响电路的直流性能，如静态工作点。反馈信号中只含有交流分量的称为交流反馈，或者说存在于放大电路的交流通路中的反馈网络引入交流反馈。交流反馈影响电路的交流性能。

2. 正反馈与负反馈

按照反馈信号极性的不同进行分类，反馈可以分为正反馈和负反馈。

由图 7-1 所示的反馈放大电路组成框图可以得知，反馈信号送回输入回路与原输入信号共同作用后，对净输入信号的影响有两种效果：一种是使净输入信号量比没有引入反馈时减小了，这种反馈称为负反馈；另一种是使净输入信号量比没有引入反馈时增加了，这种反馈称为正反馈。正反馈主要用在振荡电路、信号产生电路，其他电路中则很少引入正反馈。在放大电路中一般引入负反馈，以改善放大电路的性能指标。

判断正、负反馈的基本方法是瞬时变化极性法，简称瞬时极性法。其具体做法是：先假设输入信号在某一瞬时变化的极性为正（相对于共同端而言），用（+）号标出，并设信号的频率在放大电路的通带内，然后根据各种基本放大电路的输出信号与输入信号间的相位关系，从输入到输出逐级标出放大电路中各有关点电位的瞬时极性，或有关支路电流的瞬时流向，以确定从输出回路到输入回路的反馈信号的瞬时极性，最后判断反馈信号是削弱还是增强了净输入信号，如果是削弱，则为负反馈，反之则为正反馈。

【例 7-1】 判断图 7-2 所示电路的反馈极性。

解： 在图 7-2（a）中，电阻 R_f 为反馈网络。设输入信号 u_i 的瞬时极性为正，图中用（+）号表示，输入电流 i_i 流入电路。经 A 反相放大后，输出电压 u_o 为（−），R_f 支路电流 i_f 由反相输入端流出。很显然，反馈信号使净输入电流 i_d 比没有反馈时减小了，故该电路中引入的是负反馈。

图 7-2（b）中，对交流反馈而言，电阻 R_{E1} 为反馈网络。设输入信号 u_i 的瞬时极性为正，图中用（+）号表示。经 T 放大后，其集电极电压极性为（−），发射极电压极性为（+），反馈信号为（+），输入信号 u_{be} 减小了，故该电路中引入的是负反馈。

由图 7-2（c）中所标的瞬时极性可以看出，由 R_f 引入的级间反馈是正反馈；本级反馈为负反馈。

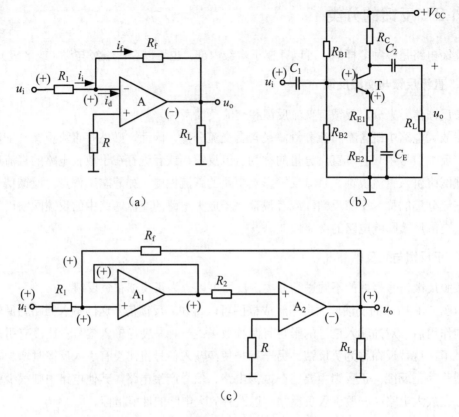

图 7-2　例 7-1 图

3．电压反馈与电流反馈

按照反馈信号取样的方式来分，反馈可分为电压反馈和电流反馈。

在反馈放大电路中，反馈网络把输出电量（输出电压或输出电流）的一部分或全部取出来送回输入回路，因此，在放大电路输出端的取样方式有两种：一种是电压取样，这时反馈信号是输出电压的一部分或全部，即反馈信号与输出电压成正比，称为电压反馈；如果反馈信号是输出电流的一部分或全部，即反馈信号与输出电流成正比，称为电流反馈。

判断是电压反馈还是电流反馈时，常用输出短路法，即假设负载短路（$R_L=0$），使输出电压 $u_o=0$，检查反馈信号是否还存在。若存在，则说明反馈信号与输出电压成正比，是电压反馈；若反馈信号不存在，则说明反馈信号不是与输出电压成正比，而是和输出电流成正比，是电流反馈。

【例 7-2】 判断图 7-2（a）、（b）所示电路是电压反馈还是电流反馈。

解： 图 7-2（a）中，电阻 R_f 为反馈网络。若设 $R_L=0$，则 $u_o=0$，此时 R_f 支路的电流 $i_f=0$，因此反馈信号不存在，说明反馈信号与输出电压成正比，是电压反馈。

图 7-2（b）中，对交流反馈而言，反馈信号 $u_f=i_e R_{e1}$，若设 $R_L=0$，则 $u_o=0$，但此时 $i_e≠0$，因此反馈信号仍然存在，说明反馈信号与输出电流成正比，是电流反馈。

4. 串联反馈与并联反馈

按照反馈信号与输入信号的连接方式，反馈可分为串联反馈与并联反馈。

在输入回路中，反馈信号与输入信号以电压的形式相加减，即反馈信号与输入信号串联，称为串联反馈；如果反馈信号与输入信号以电流的形式相加减，即反馈信号与输入信号并联，称为并联反馈。

【例 7-3】 判断图 7-2 所示电路是串联反馈还是并联反馈。

解： 图 7-2（a）、（c）中，在输入端，反馈信号与输入信号连接于同一节点，是并联反馈。

图 7-2（b）中，在输入端，反馈信号未与输入信号连接于同一节点，是串联反馈。

▶ 7.1.3　负反馈放大电路的组态

在负反馈放大电路中，按反馈网络输出端的取样方式和在输入端的连接方式的不同，可以构成 4 种组态（或称类型），即电压串联负反馈、电压并联负反馈、电流串联负反馈和电流并联负反馈。

1. 电压串联负反馈放大电路

如图 7-3 所示为电压串联负反馈放大电路。在该电路中，对交流信号而言，R_f 为反馈元件，u_f 为反馈信号，$u_f = \dfrac{R}{R_f + R} u_o$。

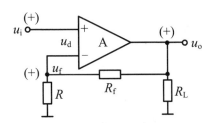

图 7-3　电压串联负反馈放大电路

用输出短路法，令 $R_L = 0$，则 $u_o = 0$，因而 $u_f = 0$，因此反馈信号不存在，故为电压反馈。

在放大电路的输入端，反馈信号与输入信号未连接于同一节点，反馈信号与输入信号以电压形式求和，因此是串联反馈。

应用瞬时极性法，设输入信号 u_i 的瞬时极性为（+），经 A 同相放大后，输出电压 u_o 为（+），反馈电压 u_f 也为（+）。于是，净输入电压 $u_d = u_i - u_f$ 比没有反馈时减小了，故为负反馈。

2. 电压并联负反馈放大电路

图 7-2（a）所示为电压并联负反馈放大电路。在该电路中，对交流信号而言，R_f 为反馈元件，流过 R_f 的电流 i_f 为反馈信号，$i_f = -\dfrac{u_o}{R_f}$。

用输出短路法，令 $R_L=0$，则 $u_o=0$，此时 R_f 支路的电流 $i_f=0$，因此反馈信号不存在，故为电压反馈。

在放大电路的输入端，反馈信号与输入信号连接于同一节点，因此是并联反馈。

应用瞬时极性法，设输入信号 u_i 的瞬时极性为（+），经 A 反相放大后，输出电压 u_o 为（–）。电流 i_i、i_f、i_d 的瞬时流向如图中箭头所示。于是，净输入电流 i_d 比没有反馈时减小了，故为负反馈。

3. 电流串联负反馈放大电路

图 7-2（b）所示为电流串联负反馈放大电路。在该电路中，对交流信号而言，R_{E1} 为反馈元件，R_{E1} 两端的电压 u_f 为反馈信号，$u_f=i_e R_{E1}$。

用输出短路法，设 $R_L=0$，则 $u_o=0$，但此时 $i_e \neq 0$，因此反馈信号仍然存在，即反馈信号与输出电流成正比，是电流反馈。

在放大电路的输入端，反馈信号未与输入信号连接于同一节点，是串联反馈。

应用瞬时极性法，设输入信号 u_i 的瞬时极性为正，图中用（+）号表示。经 T 放大后，其集电极电压极性为（–），发射极电压极性为（+），反馈信号为（+），输入信号 u_{be} 比较有反馈时减小了，故该电路中引入的是负反馈。

4. 电流并联负反馈放大电路

如图 7-4 所示为电流并联负反馈放大电路。在该电路中，电阻 R_f 和 $R1$ 构成交流反馈网络，i_f 为反馈信号，$i_f \approx \dfrac{R_2}{R_f + R_2} i_o$。

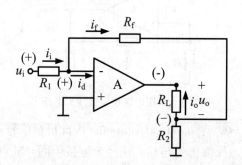

图 7-4　电流并联负反馈放大电路

用输出短路法，令 $R_L=0$，则 $u_o=0$，但此时 $i_o \neq 0$，因此反馈信号仍然存在，即反馈信号与输出电流成正比，是电流反馈。

在放大电路的输入端，反馈信号与输入信号连接于同一节点，因此是并联反馈。

应用瞬时极性法，设输入信号 u_i 的瞬时极性为（+），经 A 反相放大后，输出电压 u_o 为（–）。电流 i_i、i_f、i_d 的瞬时流向如图中箭头所示。于是，净输入电流 i_d 比没有反馈时减小了，故为负反馈。

思考题：

1．什么叫反馈？什么叫负反馈？什么叫正反馈？如何判断反馈的极性？

2．什么叫交流反馈？什么叫直流反馈？交、直流负反馈各有什么作用？

3．怎样区分电压反馈与电流反馈？串联反馈与并联反馈？

4．交流负反馈有哪几种组态？怎样判断？各有什么特点？

7.2　负反馈放大电路的表达式

负反馈在电子电路中有着非常广泛的应用，虽然它使放大器的放大倍数降低，但能在多方面改善放大器的动态指标，如稳定放大倍数，改变输入、输出电阻，减小非线性失真和扩展通频带等。因此，几乎所有的实用放大器都带有负反馈。

负反馈放大电路组成框图如图 7-5 所示。

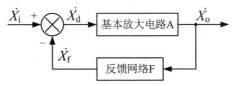

图 7-5　负反馈放大电路的组成框图

负反馈放大电路的净输入信号为

$$\dot{X}_{\mathrm{d}} = \dot{X}_{\mathrm{i}} - \dot{X}_{\mathrm{f}} \tag{7-1}$$

开环放大倍数为

$$\dot{A} = \frac{\dot{X}_{\mathrm{o}}}{\dot{X}_{\mathrm{d}}} \tag{7-2}$$

反馈系数为

$$\dot{F} = \frac{\dot{X}_{\mathrm{f}}}{\dot{X}_{\mathrm{o}}} \tag{7-3}$$

负反馈放大电路的增益（闭环放大倍数）为

$$\dot{A}_{\mathrm{f}} = \frac{\dot{X}_{\mathrm{o}}}{\dot{X}_{\mathrm{i}}} \tag{7-4}$$

将式（7-1）、（7-2）、（7-3）代入式（7-4），可得负反馈放大电路增益的一般表达式为

$$\dot{A}_{\mathrm{f}} = \frac{\dot{X}_{\mathrm{o}}}{\dot{X}_{\mathrm{i}}} = \frac{\dot{X}_{\mathrm{o}}}{\dot{X}_{\mathrm{d}} + \dot{X}_{\mathrm{f}}} = \frac{\dot{X}_{\mathrm{o}}}{\dfrac{\dot{X}_{\mathrm{o}}}{\dot{A}} + \dot{F}\dot{X}_{\mathrm{o}}} = \frac{\dot{A}}{1 + \dot{A}\dot{F}} \tag{7-5}$$

式（7-5）表明，引入负反馈后，放大电路的闭环增益 $\dot{A}_\mathrm{f}$ 为无反馈时的开环增益 $\dot{A}$ 的 $\dfrac{1}{1+\dot{A}\dot{F}}$。$1+\dot{A}\dot{F}$ 越大，闭环增益下降得越多，所以 $1+\dot{A}\dot{F}$ 是衡量反馈程度的重要指标。负反馈放大电路所有性能的改善程度都与 $1+\dot{A}\dot{F}$ 有关。通常把 $\left|1+\dot{A}\dot{F}\right|$ 称为反馈深度，将 $\dot{A}\dot{F}=\dfrac{\dot{X}_\mathrm{f}}{\dot{X}_\mathrm{d}}$ 称为环路增益。

一般情况下，$\dot{A}$ 和 $\dot{F}$ 都是频率的函数，即它们的幅值和相位角都是频率的函数。下面分几种情况对 $\dot{A}_\mathrm{f}$ 的表达式进行讨论。

- 当 $\left|1+\dot{A}\dot{F}\right|>1$ 时，$\left|\dot{A}_\mathrm{f}\right|<\left|\dot{A}\right|$，即引入反馈后，增益下降，这种反馈是负反馈。在 $\left|1+\dot{A}\dot{F}\right|\gg1$，即 $\left|\dot{A}\dot{F}\right|\gg1$ 时，$\left|\dot{A}_\mathrm{f}\right|\approx\dfrac{1}{\left|\dot{F}\right|}$，这是深度负反馈状态，此时闭环增益几乎只取决于反馈系数，而与开环增益的具体数值无关。一般认为 $\left|\dot{A}\dot{F}\right|\geqslant10$ 就是深度负反馈。

- 当 $\left|1+\dot{A}\dot{F}\right|<1$ 时，$\left|\dot{A}_\mathrm{f}\right|>\left|\dot{A}\right|$，这说明已从原来的负反馈变成了正反馈。正反馈会使放大电路的性能不稳定，所以很少在放大电路中单独引入。

- 当 $\left|1+\dot{A}\dot{F}\right|=0$ 时，$\left|\dot{A}\dot{F}\right|\to\infty$，这就是说，放大电路在没有输入信号时，也会有输出信号，产生了自激振荡，使放大电路不能正常工作。在负反馈放大电路中，自激振荡现象是要设法消除的。

必须指出，对于不同的反馈类型，$\dot{X}_\mathrm{i}$、$\dot{X}_\mathrm{o}$、$\dot{X}_\mathrm{f}$ 和 $\dot{X}_\mathrm{d}$ 及所代表的电量不同，因而，4 种负反馈放大电路的 $\dot{A}$、$\dot{A}_\mathrm{f}$、$\dot{F}$ 相应地具有不同的含义和量纲。现归纳如表 7-1 所示，其中 $\dot{A}_\mathrm{u}$、$\dot{A}_\mathrm{i}$ 分别表示电压增益和电流增益（无量纲）；$\dot{A}_\mathrm{r}$、$\dot{A}_\mathrm{g}$ 分别表示互阻增益（量纲为欧姆）和互导增益（量纲为西门子），相应的反馈系数 $\dot{F}_\mathrm{u}$、$\dot{F}_\mathrm{i}$、$\dot{F}_\mathrm{g}$、$\dot{F}_\mathrm{r}$ 的量纲也各不相同，但环路增益 $\dot{A}\dot{F}$ 总是无量纲的。

表 7-1　4 种组态的负反馈放大电路参数的含义

参　　数	反　馈　类　型			
	电压串联	电压并联	电流串联	电流并联
$\dot{X}_\mathrm{o}$	电压	电流	电压	电流
$\dot{X}_\mathrm{i}$、$\dot{X}_\mathrm{f}$、$\dot{X}_\mathrm{d}$	电压	电流	电流	电压
$\dot{A}=\dfrac{\dot{X}_\mathrm{o}}{\dot{X}_\mathrm{d}}$	$\dot{A}_\mathrm{u}=\dfrac{\dot{U}_\mathrm{o}}{\dot{U}_\mathrm{d}}$	$\dot{A}_\mathrm{i}=\dfrac{\dot{I}_\mathrm{o}}{\dot{I}_\mathrm{d}}$	$\dot{A}_\mathrm{r}=\dfrac{\dot{U}_\mathrm{o}}{\dot{I}_\mathrm{d}}$	$\dot{A}_\mathrm{g}=\dfrac{\dot{I}_\mathrm{o}}{\dot{U}_\mathrm{d}}$
$\dot{F}=\dfrac{\dot{X}_\mathrm{f}}{\dot{X}_\mathrm{o}}$	$\dot{F}_\mathrm{u}=\dfrac{\dot{U}_\mathrm{f}}{\dot{U}_\mathrm{o}}$	$\dot{F}_\mathrm{i}=\dfrac{\dot{I}_\mathrm{f}}{\dot{I}_\mathrm{o}}$	$\dot{F}_\mathrm{g}=\dfrac{\dot{I}_\mathrm{f}}{\dot{U}_\mathrm{o}}$	$\dot{F}_\mathrm{r}=\dfrac{\dot{U}_\mathrm{f}}{\dot{I}_\mathrm{o}}$
$\dot{A}_\mathrm{f}=\dfrac{\dot{X}_\mathrm{o}}{\dot{X}_\mathrm{i}}$	$\dot{A}_\mathrm{uf}=\dfrac{\dot{U}_\mathrm{o}}{\dot{U}_\mathrm{i}}$	$\dot{A}_\mathrm{if}=\dfrac{\dot{I}_\mathrm{o}}{\dot{I}_\mathrm{i}}$	$\dot{A}_\mathrm{rf}=\dfrac{\dot{U}_\mathrm{o}}{\dot{I}_\mathrm{i}}$	$\dot{A}_\mathrm{gf}=\dfrac{\dot{I}_\mathrm{o}}{\dot{U}_\mathrm{i}}$
$=\dfrac{\dot{A}}{1+\dot{A}\dot{F}}$	$=\dfrac{\dot{A}_\mathrm{u}}{1+\dot{A}_\mathrm{u}\dot{F}_\mathrm{u}}$	$=\dfrac{\dot{A}_\mathrm{i}}{1+\dot{A}_\mathrm{i}\dot{F}_\mathrm{i}}$	$=\dfrac{\dot{A}_\mathrm{r}}{1+\dot{A}_\mathrm{r}\dot{F}_\mathrm{g}}$	$=\dfrac{\dot{A}_\mathrm{g}}{1+\dot{A}_\mathrm{g}\dot{F}_\mathrm{r}}$

思考题：

简述 4 种组态的负反馈放大电路参数的含义。

➡ 7.3　负反馈对放大电路性能的影响

在放大电路中引入负反馈，虽然会导致闭环增益的下降，但能使放大电路的许多性能得到改善。例如，可以提高增益的稳定性，扩展通频带，减小非线性失真，抑制噪声和干扰，改变输入电阻和输出电阻等。

▶ 7.3.1　提高增益的稳定性

稳定性是放大电路的重要指标之一。交流电压负反馈可以稳定输出电压，交流电流负反馈可以稳定输出电流。换句话说，就是电路引入交流负反馈后，当输入信号一定时，它的输出受环境温度变化、电网电压波动、负载变化、元器件磨损老化和更换等因素的影响变小，可以稳定在一个值左右，即交流负反馈可以提高放大倍数的稳定性。

当放大电路中引入深度交流负反馈时，$\dot{A}_f \approx \dfrac{1}{F}$，即闭环增益 $\dot{A}_f$ 几乎仅取决于反馈网络，而反馈网络通常由性能比较稳定的无源线性元件（如 R、C 等）组成，因而闭环增益是比较稳定的。

▶ 7.3.2　扩展通频带

放大电路由于耦合电容和旁路电容的存在，在低频区放大倍数将随频率降低而下降；由于寄生电容和极间电容的存在，在高频区放大倍数随频率升高而下降。既然负反馈具有稳定闭环放大倍数的作用，即引入负反馈后，由于各种原因引起的放大倍数的变化都将减小，当然信号频率的变化引起的放大倍数的变化也将减小，即扩展了通频带。

引入交流负反馈后，上限频率提高了 $1+\dot{A}\dot{F}$ 倍，下限频率降低到原来的 $\dfrac{1}{1+\dot{A}\dot{F}}$，则通频带扩展了 $1+\dot{A}\dot{F}$ 倍。反馈越深，频带越宽。

▶ 7.3.3　减小非线性失真

三极管、场效应管等有源器件具有非线性的特性，因而由它们组成的基本放大电路的电压传输特性也是非线性的。

当输入正弦信号的幅度较大时，输出波形引入负反馈后，将使放大电路的闭环电压传输特性曲线变平缓，线性范围明显展宽。在深度负反馈条件下，$\dot{A}_f \approx \dfrac{1}{F}$，若反馈网络由纯电阻构成，则闭环电压传输特性曲线在很宽的范围内接近于直线，输出电压的非线性失真会明显减小。

需要说明的是，加入负反馈后，若输入信号的大小保持不变，由于闭环增益降至开环增益的 $\dfrac{1}{1+\dot{A}\dot{F}}$，基本放大电路的净输入信号和输出信号也降至开环时的 $\dfrac{1}{1+\dot{A}\dot{F}}$，显然，三极管等器件的工作范围变小了，其非线性失真也相应减小。为了去除工作范围变小对输出波形失真的影响，以说明非线性失真的减小是由负反馈作用的结果，必须保证闭环和开环两种情况下，有源器件的工作范围相同（输出波形的幅度相同），因此，应使闭环时的输入信号幅度加至开环时的 $\left|1+\dot{A}\dot{F}\right|$ 倍。

晶体管的输入特性和输出特性均是非线性的，只有在小信号输入时才可近似作线性处理。当输入信号较大时，有可能使电路进入非线性区，使输出波形产生非线性失真。利用交流负反馈可以有效地改善放大电路的非线性失真。

在图 7-6（a）所示电路中，放大电路无反馈。当输入电压为正弦波时，由于放大电路的非线性，使输出电压幅值出现上大下小、正半周与负半周不对称的失真波形。但当引入负反馈后，由于反馈电压取自输出电压，所以也呈上大下小的波形，这样净输入电压就会出现上小下大的波形，如图 7-6（b）所示；经过放大电路非线性的校正，使得输出电压幅值正、负半周趋于对称，近似为正弦波。即改善了输出波形。可以证明，在输出信号基本波形不变的情况下，引入负反馈后，电路的非线性失真减小到原来的 $\dfrac{1}{1+\dot{A}\dot{F}}$。

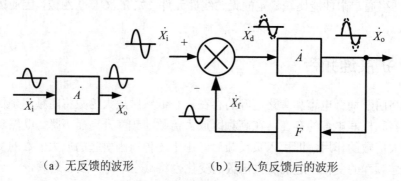

（a）无反馈的波形　　　　　　（b）引入负反馈后的波形

图 7-6　负反馈减小非线性失真

值得注意的是，负反馈只能减小反馈环内产生的非线性失真，如果输入信号本身就存在失真，负反馈则无能为力。

▶ 7.3.4　抑制噪声和干扰

放大电路附近如果有强电场或强磁场的变化，放大电路内将产生感应电压；如果电源发生波动，放大电路内也将引入相应的电压。由于外界因素的影响，放大电路输出端出现无用的无规则或有规则的信号，称作干扰信号。受放大电路元器件内部载流子不规则热运动的影响，在输出端出现杂乱无章的信号，称作噪声信号。

干扰信号和噪声信号可等效为有源器件非线性所产生的高次谐波。引入负反馈后，干扰和噪声与输入的有效信号一起都减小为无反馈时的 $\dfrac{1}{1+\dot{A}\dot{F}}$，放大电路内的干扰和噪声信号是一定的，而输入的有效信号可以人为地加大输入的幅值，以提高到开环时的水平，从而增大信号对干扰和噪声的抑制能力。

值得注意的是，同减小非线性失真一样，负反馈只能抑制反馈环内的干扰和噪声，如果它们是随输入信号同时由外界引入，则负反馈无能为力。

▶ 7.3.5　对放大电路输入电阻的影响

输入电阻与输入端的电压和电流有关，所以，负反馈对输入电阻的影响取决于反馈网络与基本放大电路在输入回路的连接方式，而与输出回路中反馈的取样方式无直接关系（取样方式只改变 $\dot{A}\dot{F}$ 的具体含义）。

1. 串联负反馈使输入电阻增大

开环输入电阻为

$$R_{\mathrm{i}}=\frac{\dot{U}_{\mathrm{d}}}{\dot{I}_{\mathrm{i}}} \tag{7-6}$$

引入串联负反馈后，输入电阻为

$$R_{\mathrm{if}}=\frac{\dot{U}_{\mathrm{i}}}{\dot{I}_{\mathrm{i}}}=\frac{\dot{U}_{\mathrm{f}}+\dot{U}_{\mathrm{d}}}{\dot{I}_{\mathrm{i}}}=\frac{\left(1+\dot{A}\dot{F}\right)\dot{U}_{\mathrm{d}}}{\dot{I}_{\mathrm{i}}}=\left(1+\dot{A}\dot{F}\right)R_{\mathrm{i}} \tag{7-7}$$

由此可见，引入串联负反馈后，输入电阻 R_{if} 是开环输入电阻 R_{i} 的 $1+\dot{A}\dot{F}$ 倍。

应当指出，在某些负反馈放大电路中，有些电阻并不在反馈环内，如共射电路中的基极电阻 R_{b}，故放大电路总的输入电阻还应考虑 R_{b} 的影响，即 $R'_{\mathrm{if}}=R_{\mathrm{if}}//R_{\mathrm{b}}$。但不管哪种情况，引入串联负反馈都将使输入电阻增大。

2. 并联负反馈使输入电阻减小

开环输入电阻为

$$R_{\mathrm{i}}=\frac{\dot{U}_{\mathrm{i}}}{\dot{I}_{\mathrm{d}}} \tag{7-8}$$

引入并联负反馈后，输入电阻为

$$R_{\mathrm{if}}=\frac{\dot{U}_{\mathrm{i}}}{\dot{I}_{\mathrm{i}}}=\frac{\dot{U}_{\mathrm{i}}}{\dot{I}_{\mathrm{f}}+\dot{I}_{\mathrm{d}}}=\frac{\dot{U}_{\mathrm{i}}}{\left(1+\dot{A}\dot{F}\right)\dot{I}_{\mathrm{d}}}=\frac{R_{\mathrm{i}}}{\left(1+\dot{A}\dot{F}\right)} \tag{7-9}$$

由此可见，引入并联负反馈后，输入电阻 R_{if} 是开环输入电阻 R_{i} 的 $\dfrac{1}{1+\dot{A}\dot{F}}$，即并联负

反馈使输入电阻减少。

7.3.6 对放大电路输出电阻的影响

输出电阻是信号源为零时，输出端的等效电阻。所以，负反馈对输出电阻的影响取决于反馈网络在放大电路输出回路的取样方式，与反馈网络在输入回路的连接方式无直接关系（输入连接方式只改变 $\dot{A}\dot{F}$ 的具体含义）。因为取样对象就是稳定对象，所以分析负反馈对放大电路输出电阻的影响，只要看它是稳定输出信号电压还是稳定输出信号电流即可。

1. 电压负反馈使输出电阻减小

电压负反馈取样于输出电压，又能维持输出电压稳定，即输入信号一定时，电压负反馈的输出趋于一恒压源，其输出电阻很小。可以证明，有电压负反馈时的闭环输出电阻为无反馈时开环输出电阻的 $\dfrac{1}{1+\dot{A}\dot{F}}$。反馈越深，$R_{\text{of}}$ 越小。

2. 电流负反馈使输出电阻增加

电流反馈取样于输出电流，能维持输出电流稳定，即输入信号一定时，电流负反馈的输出趋于一恒流源，其输出电阻很大。可以证明，有电流负反馈时的闭环输出电阻为无反馈时开环输出电阻的 $1+\dot{A}\dot{F}$ 倍。反馈愈深，R_{of} 愈大。

综上所述，负反馈可以改善放大电路的性能；反之，欲改善放大电路某方面的性能，就要引入相应的负反馈。

- 若需稳定某个量，则应引入该量的负反馈。稳定静态工作点，则应引入直流负反馈；改善交流性能，则应引入交流负反馈；稳定输出电压，则应引入电压反馈；稳定输出电流，则应引入电流反馈。
- 依据对输入、输出电阻的要求寻找反馈类型。如需提高输入电阻，则采用串联反馈；若需降低输入电阻，则采用并联反馈。
- 若需反馈效果强，则根据信号源及负载确定反馈类型。若信号源为恒压源，则采用串联反馈；若信号源为恒流源，则采用并联反馈；若要求负载能力强，则采用电压反馈；若要求恒流源输出，则采用电流反馈。

思考题：

试总结交流负反馈对放大器性能改善的特点。

7.4 深度负反馈条件下的近似计算

用 $\dot{A}_{\text{f}} = \dfrac{\dot{A}}{1+\dot{A}\dot{F}}$ 计算负反馈放大电路的闭环增益比较精确但较麻烦，因为要先求出开环增益和反馈系数，就要先把反馈放大电路划分为基本放大电路和反馈网络，但这不是简单地断开反馈网络就能完成，而是既要除去反馈，又要考虑反馈网络对基本放大电路的负载作用。所以，通常从工程实际出发，利用一定的近似条件，即在深度反馈条件下对闭环增益进行估算。一般情况下，大多数反馈放大电路，特别是由集成运放组成的放大电路都能满足深度负反馈的条件。

▶ 7.4.1　深度负反馈放大电路的特点

当 $\left|\dot{A}\dot{F}\right| \gg 1$ 时，$\left|\dot{A}_\mathrm{f}\right| \approx \dfrac{1}{\left|\dot{F}\right|}$，这是深度负反馈状态，此时闭环增益绝大多数情况下取决于反馈系数，而与开环增益的具体数值无关。一般认为 $\left|\dot{A}\dot{F}\right| \geqslant 10$ 就是深度负反馈。

根据 $\dot{A}_\mathrm{f} = \dfrac{\dot{X}_\mathrm{o}}{\dot{X}_\mathrm{i}}$ 和 $\dot{F} = \dfrac{\dot{X}_\mathrm{f}}{\dot{X}_\mathrm{o}}$ 可知

$$\frac{\dot{X}_\mathrm{o}}{\dot{X}_\mathrm{i}} = \frac{\dot{X}_\mathrm{o}}{\dot{X}_\mathrm{f}} \tag{7-10}$$

即

$$\dot{X}_\mathrm{i} = \dot{X}_\mathrm{f} \tag{7-11}$$

此式表明，深度负反馈时，反馈信号 $\dot{X}_\mathrm{f}$ 与输入信号 $\dot{X}_\mathrm{i}$ 相差甚微，净输入信号 $\dot{X}_\mathrm{d}$ 甚小，因而 $\dot{X}_\mathrm{d} \approx 0$。

对于串联负反馈

$$\dot{U}_\mathrm{i} = \dot{U}_\mathrm{f} \tag{7-12}$$

因而有 $\dot{V}_\mathrm{d} \approx 0$（虚短），即输入端虚短路。

对于并联负反馈

$$\dot{I}_\mathrm{i} = \dot{I}_\mathrm{f} \tag{7-13}$$

因而 $\dot{I}_\mathrm{d} \approx 0$（虚断），即输入端虚断路。

利用虚短、虚断的概念可以快速方便地估算出负反馈放大电路的闭环增益 A_f 或闭环电压增益 $\dot{A}_{u\mathrm{f}}$。

▶ 7.4.2　深度负反馈放大电路的参数估算

利用"两虚"概念估算负反馈放大电路的闭环增益或闭环电压增益在实际应用中十分重要，其基本步骤归纳为：

● 判断放大电路的反馈类型，确定反馈组态。
● 写出闭环电压增益定义式，按组态类型确定各信号关系，并代入闭环电压增益定义式中。

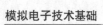

- 通过放大电路，分析反馈信号与输入信号的关系，进一步推导，即可得到闭环电压增益。

1. 电压串联负反馈放大电路

在图 7-3 所示的电压串联负反馈放大电路中，输入信号为 u_i，反馈信号为 u_f，所以 $\dot{U}_i = \dot{U}_f$。

$$\dot{U}_f = \frac{R}{R_f + R}\dot{U}_o$$

$$\dot{A}_{uf} = \frac{\dot{U}_o}{\dot{U}_i} = \frac{\dot{U}_o}{\dfrac{R}{R_f + R}\dot{U}_o} = \frac{R_f + R}{R} = 1 + \frac{R_f}{R} \tag{7-14}$$

2. 电压并联负反馈放大电路

在图 7-2（a）所示的电压并联负反馈放大电路中，输入信号为 i_i，反馈信号为 i_f，所以

$$\dot{I}_i = \dot{I}_f$$

$$\dot{I}_f = -\frac{\dot{U}_o}{R_f}$$

$$\dot{I}_i = \frac{\dot{U}_i}{R_1}$$

$$\dot{A}_{uf} = \frac{\dot{U}_o}{\dot{U}_i} = \frac{-\dot{I}_f R_f}{\dot{I}_i R_1} = -\frac{R_f}{R_1} \tag{7-15}$$

3. 电流串联负反馈放大电路

在如图 7-7 所示的电流串联负反馈放大电路中，输入信号为 u_i，反馈信号为 u_f，所以 $\dot{U}_i = \dot{U}_f$。

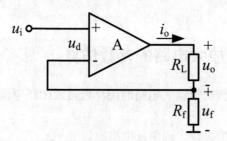

图 7-7　电流串联负反馈放大电路

$$\dot{U}_f = \dot{I}_o R_f$$

$$\dot{U}_{o} = \dot{I}_{o}R_{L}$$

$$\dot{A}_{uf} = \frac{\dot{U}_{o}}{\dot{U}_{i}} = \frac{\dot{I}_{o}R_{L}}{\dot{I}_{o}R_{f}} = \frac{R_{L}}{R_{f}} \qquad (7\text{-}16)$$

4. 电流并联负反馈放大电路

在图 7-4 所示的电流并联负反馈放大电路中，输入信号为 i_f，反馈信号为 i_f，所以 $\dot{I}_i = \dot{I}_f$。

$$\dot{I}_{f} \approx \frac{R_{2}}{R_{f} + R_{2}}\dot{I}_{o} = -\frac{R_{2}}{R_{f} + R_{2}}\frac{\dot{U}_{o}}{R_{L}}$$

$$\dot{I}_{i} = \frac{\dot{U}_{i}}{R_{1}}$$

$$\dot{A}_{uf} = \frac{\dot{U}_{o}}{\dot{U}_{i}} = \frac{-\dot{I}_{f}\dfrac{R_{L}\left(R_{f}+R_{2}\right)}{R_{2}}}{\dot{I}_{i}R_{1}} = -\frac{R_{L}}{R_{1}}\left(1+\frac{R_{f}}{R_{2}}\right) \qquad (7\text{-}17)$$

思考题：

1. 在深度负反馈下，放大器的放大倍数有什么特点？
2. 在具有深度负反馈的放大器中，什么是虚短？什么是虚断？

7.5　负反馈放大电路的自激与消除方法

交流负反馈能够改善放大电路的许多性能，且改善的程度由负反馈的深度决定。但是，如果电路组成不合理，反馈过深，反而会使放大电路产生自激振荡而不能稳定地工作。

7.5.1　产生自激振荡的原因

前面讨论的负反馈放大电路都是假定其工作在中频区，这时电路中各电抗性元件的影响可以忽略。按照负反馈的定义，引入负反馈后，净输入信号 $\dot{X}_{d}$ 在减小，因此，$\dot{X}_{f}$ 与 $\dot{X}_{i}$ 必须是同相的，即有 $\varphi_{A} + \varphi_{F} = \pm 2n\pi$（$n=0, 1, 2, \cdots$），其中 φ_{A}、φ_{F} 分别是 $\dot{A}$、$\dot{F}$ 的相角。可是，在高频区或低频区时，电路中各种电抗性元件的影响不能再被忽略。$\dot{A}$、$\dot{F}$ 是频率的函数，因而 $\dot{A}$、$\dot{F}$ 的幅值和相位都会随频率而变化。相位的改变，使 $\dot{X}_{f}$ 和 $\dot{X}_{i}$ 不再相同，产生了附加相移（$\Delta\varphi_{A} + \Delta\varphi_{F}$）。可能在某一频率下，$\dot{A}\dot{F}$ 的附加相移达到 π，即 $\varphi_{A} + \varphi_{F} = \pm(2n+1)\pi$，这时，$\dot{X}_{f}$ 与 $\dot{X}_{i}$ 必然由中频区的同相变为反相，使放大电路的净输入信号由中频时的减小而变为增大，放大电路就由负反馈变成了正反馈。当正反馈较强，为 $\dot{X}_{d} = -\dot{X}_{f} = -\dot{A}\dot{F}\dot{X}_{d}$，也就是 $\dot{A}\dot{F} = -1$ 时，即使输入端不加信号（$\dot{X}_{i} = 0$），输出端也会产生输

出信号，电路产生自激振荡。这时，电路失去正常的放大作用而处于一种不稳定的状态。

可见，负反馈放大电路产生自激振荡的根本原因是 $\dot{A}\dot{F}$ 的附加相移。

▶ 7.5.2　产生自激振荡的条件

由上面的分析可知，负反馈放大电路产生自激振荡的条件是环路增益 $\dot{A}\dot{F}=-1$。它包括幅值条件和相位条件，即

$$
\begin{cases}
\left|\dot{A}\dot{F}\right|=1 \\
\varphi_{\mathrm{A}}+\varphi_{\mathrm{F}}=\pm(2n+1)\pi
\end{cases}
\tag{7-18}
$$

为了突出附加相移，上述自激振荡的条件也常写为

$$
\begin{cases}
\left|\dot{A}\dot{F}\right|=1 \\
\Delta\varphi_{\mathrm{A}}+\Delta\varphi_{\mathrm{F}}=\pm\pi
\end{cases}
\tag{7-19}
$$

幅值条件和相位条件同时满足时，负反馈放大电路就会产生自激振荡。在 $\Delta\varphi_{\mathrm{A}}+\Delta\varphi_{\mathrm{F}}=\pm\pi$ 及 $|\dot{A}\dot{F}|>1$ 时，更加容易产生自激振荡。

▶ 7.5.3　自激振荡的消除方法

发生在负反馈放大电路中的自激振荡是有害的，必须设法消除。最简单的方法是减小反馈深度，如减小反馈系数 F，但这又不利于改善放大电路的其他性能。为了解决这个矛盾，常采用频率补偿的办法（或称相位补偿法）。其指导思想是：在反馈环路内增加一些含电抗元件的电路，从而改变 $\dot{A}\dot{F}$ 的频率特性，破坏自激振荡的条件。

频率补偿的形式很多，下面主要介绍滞后补偿。设反馈网络为纯电阻网络。电容滞后补偿是在反馈环内的基本放大电路中插入一个含有电容 C 的电路，使开环增益 $\dot{A}$ 的相位滞后，达到稳定负反馈放大电路的目的。电容滞后补偿虽然可以消除自激振荡，但使通频带变得太窄。采用 RC 滞后补偿不仅可以消除自激振荡，而且可使带宽得到一定的改善。RC 滞后补偿后的上限频率向右移了，说明带宽增加了。

这两种滞后补偿电路中所需电容、电阻都较大，在集成电路中难以实现。通常采用密勒效应补偿，将补偿电容等元件跨接于放大电路中，这样用较小的电容（几皮法至几十皮法）同样可以获得满意的补偿效果。

此外还有超前补偿。如果改变负反馈放大电路中环路增益 $|\dot{A}\dot{F}|=0\mathrm{dB}$ 点的相位，使之超前，也能破坏其自激振荡的条件，这种补偿方法称为超前补偿法。

思考题：

1. 自激振荡的条件是什么？
2. 自激振荡有哪些消除方法？

7.6　Multisim 仿真举例——负反馈放大电路

负反馈放大仿真电路如图 7-8 所示，输入信号为 1mV、1kHz 的正弦信号，三极管采用 2N5551。在图 7-8 中，C_5 和 R_8 不接入为开环电路，接入则为闭环电路。

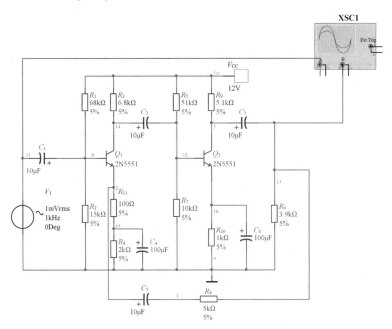

图 7-8　负反馈放大仿真电路

1. 负反馈放大电路对电压增益的影响

图 7-9 是用示波器观察到的开环输入、输出波形，通道 A 为输入波形 u_i，通道 B 为输出波形 u_o，测量的峰值分别为 1.447mV 和 1.430V，开环电压放大倍数为 $\dfrac{u_o}{u_i} = \dfrac{1.430}{1.447 \times 10^{-3}} \approx 988$。

图 7-10 是用示波器观察到的闭环输入、输出波形，通道 A 为输入波形 u_i，通道 B 为输出波形 u_o，测量的峰值分别为 1.416mV 和 66.793mV，闭环电压放大倍数为 $\dfrac{u_o}{u_i} = \dfrac{66.793}{1.416} \approx 47$。

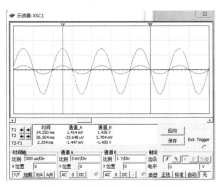

图 7-9　开环输入、输出波形

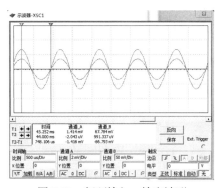

图 7-10　闭环输入、输出波形

开环电压放大倍数约为闭环电压放大倍数的 21 倍,由此可知,在放大电路中引入负反馈会导致闭环增益的下降。

2. 负反馈放大电路对失真的改善作用

输入正弦信号的频率不变,幅度由 1mV 增加为 5mV,由图 7-11 可以看到无负反馈时输出波形出现失真,而有负反馈时如图 7-12 所示,输出波形失真消失。由此可知,在放大电路中引入负反馈,可以减小非线性失真。

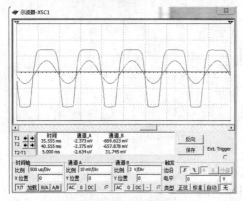

图 7-11 无负反馈波形

图 7-12 有负反馈波形

3. 负反馈放大电路对通频带的扩展作用

无负反馈时,幅频特性曲线如图 7-13 所示;有负反馈时,幅频特性曲线如图 7-14 所示。由图 7-13 可知,幅度最大值为 61.1dB,当其下降 3 dB 时对应的频率范围即为通频带,分别为 38.259Hz 和 291.091kHz。由图 7-14 可知,幅度最大值为 33.619dB,当其下降 3dB 时对应的频率分别为 16.167Hz 和 7.36MHz。由此可知,在放大电路中引入负反馈,可以扩展通频带。

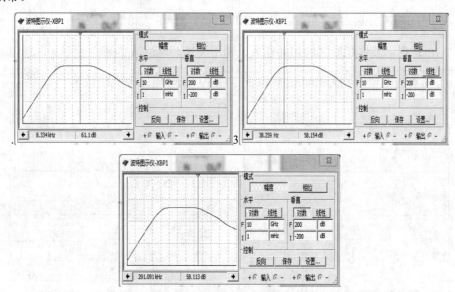

图 7-13 无负反馈的频率特性曲线

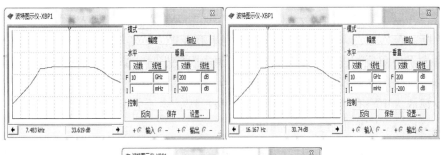

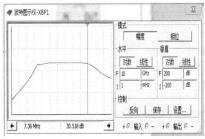

图 7-14　负反馈的频率特性曲线

小　　结

反馈是指把输出电压或输出电流的一部分或全部通过反馈网络，用一定的方式送回放大电路的输入回路，以影响输入电量的过程。反馈网络与基本放大电路一起组成一个闭合环路。通常假设反馈环内的信号是单向传输的，即信号从输入到输出的正向传输只经过基本放大电路，反馈网络的正向传输作用被忽略；而信号从输出到输入的反向传输只经过反馈网络，基本放大电路的反向传输作用被忽略。判断、分析、计算反馈放大电路时都要用到这个合理的设定。

在熟练掌握反馈基本概念的基础上，能对反馈进行正确判断尤为重要，它是正确分析和设计反馈放大电路的前提。

有无反馈的判断方法是：看放大电路的输出回路与输入回路之间是否存在反馈网络（或反馈通路），若有则存在反馈，电路为闭环的形式；否则就不存在反馈，电路为开环的形式。

交、直流反馈的判断方法是：存在于放大电路交流通路中的反馈为交流反馈。引入交流负反馈是为了改善放大电路的性能；存在于直流通路中的反馈为直流反馈。引入直流负反馈的目的是稳定放大电路的静态工作点。

反馈极性的判断方法是：用瞬时极性法，即假设输入信号在某瞬时的极性为（+），再根据各类放大电路输出信号与输入信号间的相位关系，逐级标出电路中各有关点电位的瞬时极性或各有关支路电流的瞬时流向，最后看反馈信号是削弱还是增强了净输入信号，若是削弱了净输入信号，则为负反馈；反之则为正反馈。实际放大电路中主要引入负反馈。

电压、电流反馈的判断方法是：用输出短路法，即设 $R_L=0$ 或 $u_o=0$，若反馈信号不存在了，则是电压反馈；若反馈信号仍然存在，则为电流反馈。电压负反馈能稳定输出电压，电流负反馈能稳定输出电流。

串联、并联反馈的判断方法是：根据反馈信号与输入信号在放大电路输入回路中的求和方式判断。若 $\dot{X}_f$ 与 $\dot{X}_i$ 以电压形式求和，则为串联反馈；若 $\dot{X}_f$ 与 $\dot{X}_i$ 以电流形式求和，则为并联反馈。为了使负反馈的效果更好，当信号源内阻较小时，宜采用串联反馈；当信号源内阻较大时，宜采用并联反馈。

负反馈放大电路有 4 种类型：电压串联负反馈、电压并联负反馈、电流串联负反馈及电流并联负反馈。它们的性能各不相同。

引入负反馈后，虽然放大电路的闭环增益 $\dot{A}_f = \dfrac{\dot{A}}{1+\dot{A}F}$ 减小，但是放大电路的许多性能指标得到了改善，如提高了电路增益的稳定性、减小了非线性失真、抑制了干扰和噪声、扩展了通频带，串联负反馈使输入电阻提高，并联负反馈使输入电阻下降，电压负反馈使输出电阻下降，电流负反馈使输出电阻提高。所有性能的改善程度都与反馈深度 $\left|1+\dot{A}F\right| \gg 1$ 有关。实际应用中，可依据负反馈的上述作用引入符合设计要求的负反馈。

对于简单的由分立元件组成的负反馈放大电路（如共集电极电路），可以直接用微变等效电路法计算闭环电压增益等性能指标。对于由运放组成的深度（即 $\left|1+\dot{A}F\right| \gg 1$）负反馈放大电路，可利用虚短、虚断概念估算闭环电压增益。

引入负反馈可以改善放大电路的许多性能，而且反馈越深，性能改善越显著。但由于电路中有电容等电抗性元件存在，它们的阻抗随信号频率而变化，因而使 $\dot{A}F$ 的大小和相位都随频率而变化，当幅值条件 $\left|\dot{A}F\right| = 1$ 及相位条件 $\Delta\varphi_A + \Delta\varphi_F = \pm\pi$ 同时满足时，电路就会从原来的负反馈变成正反馈而产生自激振荡。通常用频率补偿法来消除自激振荡。

习　题

7.1　选择合适的答案填入横线内。

（1）对于放大电路，所谓开环是指_____。

A．无信号源　　　　　　　　B．无反馈通路

C．无电源　　　　　　　　　D．无负载

（2）对于放大电路，所谓闭环是指_____。

A．考虑信号源内阻　　　　　B．存在反馈通路

C．接入电源　　　　　　　　D．接入负载

（3）在输入量不变的情况下，若引入反馈后_____，则说明引入的反馈是负反馈。

A．输入电阻增大　　　　　　B．输出量增大

C．净输入量增大　　　　　　D．净输入量减小

（4）直流负反馈是指_____。

A．直接耦合放大电路中所引入的负反馈

B．只有放大直流信号时才有的负反馈

C．在直流通路中的负反馈

（5）交流负反馈是指＿＿＿。

A．阻容耦合放大电路中所引入的负反馈

B．只有放大交流信号时才有的负反馈

C．在交流通路中的负反馈

（6）选择合适的反馈，以实现下列目的。

A．直流负反馈   B．交流负反馈

① 为了稳定静态工作点，应引入＿＿＿；

② 为了稳定放大倍数，应引入＿＿＿；

③ 为了改变输入电阻和输出电阻，应引入＿＿＿；

④ 为了抑制温度漂移，应引入＿＿＿；

⑤ 为了扩展通频带，应引入＿＿＿。

（7）选择合适的反馈，以实现下列目的。

A．电压   B．电流   C．串联   D．并联

① 为了稳定放大电路的输出电压，应引入＿＿＿负反馈；

② 为了稳定放大电路的输出电流，应引入＿＿＿负反馈；

③ 为了增大放大电路的输入电阻，应引入＿＿＿负反馈；

④ 为了减小放大电路的输入电阻，应引入＿＿＿负反馈；

⑤ 为了增大放大电路的输出电阻，应引入＿＿＿负反馈；

⑥ 为了减小放大电路的输出电阻，应引入＿＿＿负反馈。

7.2 判断图 7-15 所示各电路中是否引入了反馈，若引入了反馈，则判断是正反馈还是负反馈；若引入了交流负反馈，则判断是哪种组态的负反馈，并求出反馈系数 $\dot{F}$ 和深度负反馈条件下的电压放大倍数 $\dot{A}_{uf}$。设图中所有电容对交流信号均可视为短路。

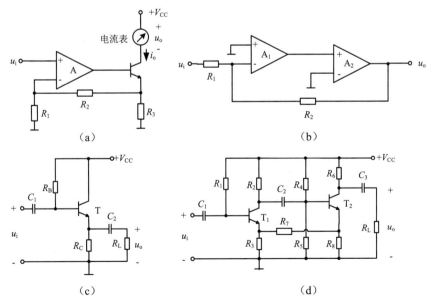

图 7-15 题 7.2 图

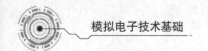

7.3 分别判断图 7-16 所示电路中各引入了哪种组态的交流负反馈，并计算它们的反馈系数。

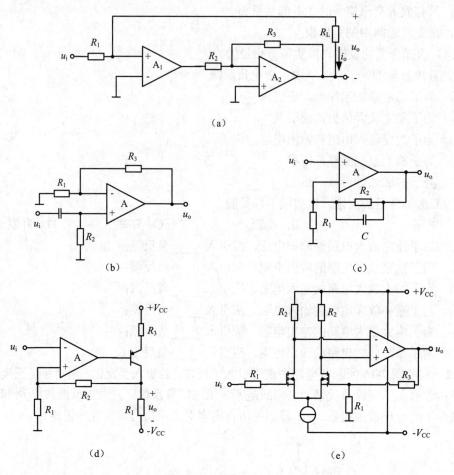

（a）

（b）   （c）

（d）   （e）

图 7-16   题 7.3 图

7.4 分别判断图 7-17 所示电路中各引入了哪种组态的交流负反馈，并计算它们的反馈系数。

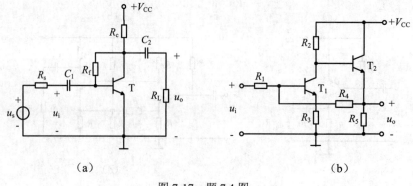

（a）   （b）

图 7-17   题 7.4 图

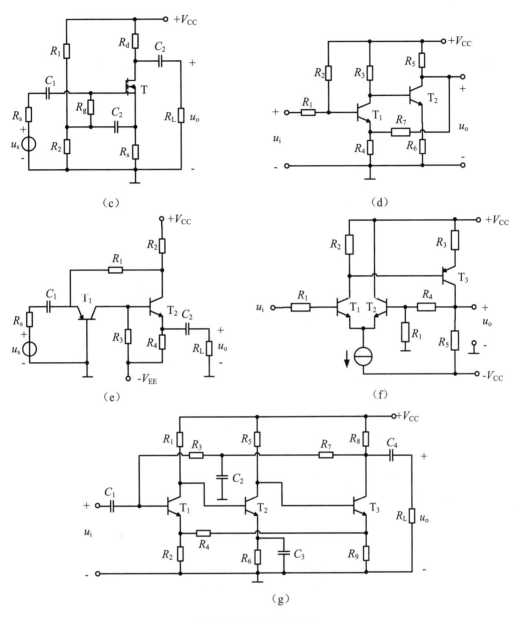

图 7-17　题 7.4 图（续）

7.5　估算图 7-16 所示各电路在深度负反馈条件下的电压放大倍数。

7.6　分别说明图 7-16 所示各电路因引入交流负反馈使得放大电路输入电阻和输出电阻所产生的变化。只需说明是增大还是减小即可。

7.7　分别说明图 7-17 所示各电路因引入交流负反馈使得放大电路输入电阻和输出电阻所产生的变化。只需说明是增大还是减小即可。

7.8　电路如图 7-18 所示。

（1）合理连线，接入信号源和反馈，使电路的输入电阻增大，输出电阻减小。

（2）若 $|\dot{A}_u| = \left|\dfrac{\dot{U}_o}{\dot{U}_i}\right| = 20$，则 R_f 应取多少千欧？

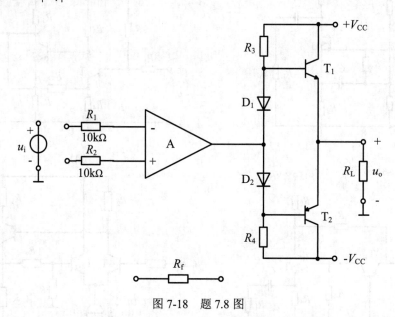

图 7-18　题 7.8 图

7.9　电路如图 7-19 所示，已知集成运放的开环差模增益和差模输入电阻均近于无穷大，最大输出电压幅值为 ±14V。填空：

电路引入了＿＿＿＿＿＿＿＿（填入反馈组态）交流负反馈，电路的输入电阻趋近于＿＿＿＿＿＿＿，电压放大倍数 $A_u = \dfrac{u_o}{u_i} \approx$＿＿＿＿＿＿＿。设 $u_i = 1V$，则 $u_o \approx$＿＿＿＿＿＿V；若 R_1 开路，则 u_o 变为＿＿＿＿＿＿V；若 R_1 短路，则 u_o 变为＿＿＿＿＿＿V；若 R_2 开路，则 u_o 变为＿＿＿＿＿＿V；若 R_2 短路，则 u_o 变为＿＿＿＿＿＿V。

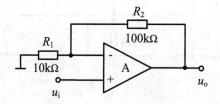

图 7-19　题 7.9 图

7.10　已知一个负反馈放大电路的 $A = 10^5$，$F = 2 \times 10^{-3}$。

（1）A_f 等于多少？

（2）若 A 的相对变化率为 20%，则 A_f 的相对变化率为多少？

7.11　已知一个电压串联负反馈放大电路的电压放大倍数 $A_{uf} = 20$，其基本放大电路的电压放大倍数 A_u 的相对变化率为 10%，A_{uf} 的相对变化率小于 0.1%，试问 F 和 A_u 各为多少？

7.12　电路如图 7-20 所示。试问：若以稳压管的稳定电压 U_Z 作为输入电压，则当 R_2 的滑动端位置变化时，输出电压 U_o 的调节范围为多少？

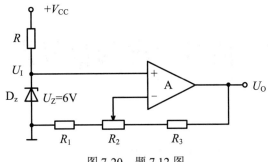

图 7-20 题 7.12 图

7.13 以集成运放作为放大电路，引入合适的负反馈，分别达到下列目的，要求画出电路图。

（1）实现电流—电压转换电路。

（2）实现电压—电流转换电路。

（3）实现输入电阻高、输出电压稳定的电压放大电路。

（4）实现输入电阻低、输出电流稳定的电流放大电路。

❖ 第8章　信号处理与信号产生电路 ❖

引言

信号处理电路部分主要介绍滤波电路的基础知识和有源滤波电路。信号产生电路部分首先以反馈型振荡器为例讨论电路的起振条件、相位平衡条件和振幅平衡条件等信号产生电路的共性问题，接着讨论正弦波和非正弦波两类振荡器电路。其中正弦波振荡器分为 RC 电路和 LC 电路两部分，LC 电路以三点式振荡器电路为主，非正弦波振荡器主要介绍矩形波和三角波产生电路。

滤波器是一种信号处理电路，是从输入信号中选出有用频率的信号并使其顺利通过，而将无用的或干扰频率的信号加以抑制的电路。滤波器在无线通信、信号检测、信号处理、数据传输和干扰抑制等方面获得了广泛的应用。

信号产生电路包括正弦波和非正弦波两类振荡器电路，主要用来维持电子设备的正常工作，或者对电子设备进行测试和调校，在无线电子通信、测量技术和工业生产中得到广泛的应用。

▶▶ 8.1　滤波器的基本概念与分类

滤波器广泛应用于电子技术和控制系统领域，工程上常用它来做信号处理、数据传送和抑制干扰等。滤波器的作用是让负载需要的某一频段的信号顺利通过电路，而其他频段的信号被滤波电路滤除，即过滤掉负载不需要的信号。

1. 基本概念

滤波器是一种能使有用频率信号通过而同时抑制无用频率信号的电子装置。所谓滤波，即使有用频段的信号衰减很小，并能顺利通过，使有用频段之外的信号衰减很大，并不易通过。通常把能够通过的信号频率范围称为通带，而把受阻或衰减的信号频率范围称为阻带，通带与阻带的界限频率称为截止频率。

理想滤波电路的特性如下：
- 通带范围内信号无衰减地通过，阻带范围内无信号输出。
- 通带和阻带之间的过渡带为零。

2. 滤波器分类

按所处理的信号，滤波器可分为模拟滤波器和数字滤波器两种。

按所通过信号的频段，滤波器可分为低通、高通、带通和带阻滤波器 4 种，如图 8-1 所示。低通滤波器（LPF）允许信号中的低频或直流分量通过，抑制高频分量、干扰和噪声；高通滤波器（HPF）允许信号中的高频或交流分量通过，抑制低频或直流分量；带通滤波器（BPF）允许一定频段的信号通过，抑制低于或高于该频段的信号、干扰和噪声；带阻滤波器（BEF）抑制一定频段内的信号，允许该频段以外的信号通过。

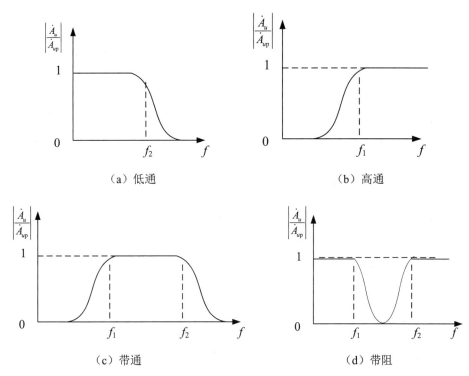

（a）低通　　　　　　　　（b）高通

（c）带通　　　　　　　　（d）带阻

图 8-1　滤波器的幅频特性

　　按所采用的元器件，滤波器可分为无源和有源滤波器两种。无源滤波器是仅由无源元件（R、L 和 C）组成的滤波器，它是利用电容和电感元件的电抗随频率的变化而变化的原理构成的。这类滤波器的优点是电路比较简单，不需要直流电源供电，可靠性高；缺点是通带内的信号有能量损耗，负载效应比较明显，使用电感元件时容易引起电磁感应，当电感 L 较大时滤波器的体积和重量都比较大，在低频域不适用。有源滤波器由无源元件（一般用 R 和 C）和有源器件（如集成运算放大器）组成。这类滤波器的优点是通带内的信号不仅没有能量损耗，而且还可以放大，负载效应不明显，多级相联时相互影响很小，利用级联的简单方法很容易构成高阶滤波器，并且滤波器的体积小、重量轻、不需要磁屏蔽（由于不使用电感元件）；缺点是通带范围受有源器件（如集成运算放大器）的带宽限制，需要直流电源供电，可靠性不如无源滤波器高，在高压、高频、大功率的场合不适用。

　　根据滤波器的安放位置不同，滤波器一般分为板上滤波器和面板滤波器。板上滤波器安装在线路板上，如 PLB、JLB 系列滤波器，这种滤波器的优点是经济，缺点是高频滤波效果欠佳。滤波阵列板、滤波连接器等面板滤波器一般都直接安装在屏蔽机箱的金属面板上，由于直接安装在金属面板上，滤波器的输入与输出之间完全隔离，接地良好，电缆上的干扰在机箱端口上被滤除，因此滤波效果相当理想，缺点是必须在设计初期考虑安装所需的配合结构。

本章主要讨论由 R、C 和运放组成的有源滤波电路。

3．滤波器的参数

（1）通带增益 $\dot{A}_{up}$

通带增益是指滤波器在通带内的电压放大倍数。性能良好的滤波器在通带内的幅频特性曲线是平坦的，阻带内的电压放大倍数基本为零。

（2）通带截止频率 f_p

通带截止频率的定义与放大电路的上限截止频率、下限截止频率的定义类似，即滤波电路输出电压与输入电压之比的模下降到通带增益的 $\dfrac{1}{\sqrt{2}}$ 时所对应的频率。通带与阻带之间称为过渡带，过渡带越窄，说明滤波器的选择性越好。

（3）特征频率 f_0

特征频率只与滤波电路的电阻和电容元件的参数有关。对于带通（带阻）滤波电路，f_0 又是通带（阻带）内电压增益最大（最小）点的频率，所以又称通带（阻带）的中心频率。

（4）通带（阻带）带宽

通带（阻带）带宽是带通（带阻）滤波电路的上下限频率之差，即 $f_{BW}=(f_H-f_L)$。

思考题：

1．什么叫滤波器？滤波器的分类有哪些？

2．滤波器的参数有哪些？

8.2 一阶有源滤波电路

8.2.1 一阶有源低通滤波电路

一阶有源低通滤波电路如图 8-2 所示，它由运放与 RC 无源低通电路组成，在运放的输出端与反相输入端之间通过电阻 R_f 引入了一个深度负反馈，因此运放工作在线性区。

利用虚短和虚断的特性，可得通带电压放大倍数为

$$\frac{\dot{U}_o}{\dot{U}_-}=1+\frac{R_f}{R_1}=\dot{A}_{up}$$

$$\frac{\dot{U}_+}{\dot{U}_i}=\frac{\dot{U}_-}{\dot{U}_i}=\frac{\frac{1}{j\omega C}}{R+\frac{1}{j\omega C}}=\frac{1}{1+j\omega CR}$$

令 $\omega_0 = \dfrac{1}{RC}$ ，则特征频率为

$$f_0 = \frac{1}{2\pi RC}$$

$$\frac{\dot{U}_+}{\dot{U}_i} = \frac{1}{1+j\dfrac{f}{f_0}}$$

求得电路的电压放大倍数为

$$\dot{A}_u(f) = \frac{\dot{U}_o}{\dot{U}_i} = \frac{\dot{U}_o}{\dot{U}_+}\frac{\dot{U}_+}{\dot{U}_i} = \dot{A}_{up}\frac{1}{1+j\dfrac{f}{f_0}} \tag{8-1}$$

当 $f = f_0$ 时，$\left|\dot{A}_u\right| = \dot{A}_{up}\dfrac{1}{\sqrt{2}}$ ，因此通带截止频率为

$$f_p = f_0 = \frac{1}{2\pi RC} \tag{8-2}$$

式（8-1）与一阶有源低通电路的频率响应表达式类似，只是后者缺少通带增益 $\dot{A}_{up}$ 这一项。由式（8-1）可知：

- $f = 0$ 时，$20\lg\left|\dot{A}_u(f)\right| = 20\lg\left|\dot{A}_{up}\right| - 20\lg\sqrt{1+\left(\dfrac{f}{f_0}\right)^2} \approx 20\lg\left|\dot{A}_{up}\right|$ 。

- $f = f_0$ 时，$20\lg\left|\dot{A}_u(f)\right| = 20\lg\left|\dot{A}_{up}\right| - 20\lg\sqrt{2}$ 。

- $f = 10f_0$ 时，$20\lg\left|\dot{A}_u(f)\right| \approx 20\lg\left|\dot{A}_{up}\right| - 20$ 。

根据以上计算，可得一阶有源低通滤波电路的波特图如图 8-3 所示。由于一阶有源低通滤波电路的衰减斜率为-20dB/dec，故衰减缓慢，滤波效果不理想，但是电路简单，只适合于要求不高的场合。

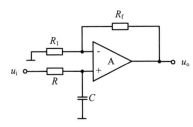

图 8-2　一阶有源低通滤波电路　　　　图 8-3　一阶有源低通滤波电路的波特图

▶ 8.2.2　一阶有源高通滤波电路

一阶有源高通滤波电路如图 8-4 所示，它由运放与 RC 无源高通电路组成，在运放的输出端与反相输入端之间通过电阻R_f引入了一个深度负反馈，因此运放工作在线性区。

高通滤波器的分析方法与低通滤波器的分析方法相同。

$$\frac{\dot{U}_o}{\dot{U}_-}=1+\frac{R_f}{R_1}=\dot{A}_{up}$$

$$\frac{\dot{U}_+}{\dot{U}_i}=\frac{\dot{U}_-}{\dot{U}_i}=\frac{R}{R+\dfrac{1}{j\omega C}}=\frac{1}{1-j\dfrac{1}{\omega CR}}=\frac{1}{1-j\dfrac{f_0}{f}}$$

其中 $f_0=\dfrac{1}{2\pi RC}$。

求得电路的电压放大倍数为

$$\dot{A}_u(f)=\frac{\dot{U}_o}{\dot{U}_i}=\frac{\dot{U}_o}{\dot{U}_+}\frac{\dot{U}_+}{\dot{U}_i}=\dot{A}_{up}\frac{1}{1-j\dfrac{f_0}{f}} \tag{8-3}$$

当 $f=f_0$ 时，$\left|\dot{A}_u\right|=\dot{A}_{up}\dfrac{1}{\sqrt{2}}$，因此通带截止频率为

$$f_p=f_0=\frac{1}{2\pi RC} \tag{8-4}$$

一阶有源高通滤波电路的波特图如图 8-5 所示。

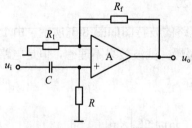

图 8-4　一阶有源高通滤波电路

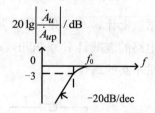

图 8-5　一阶有源高通滤波电路的波特图

➭ 8.3　高阶有源滤波电路

一阶有源滤波电路的对数幅频特性只是以-20dB/dec 的缓慢速率下降，为了改善滤波效

果，可采用二阶或高阶有源滤波电路。

8.3.1　二阶有源低通滤波电路

1. 简单的二阶有源低通滤波电路

简单的二阶有源低通滤波电路如图 8-6 所示，它由两节 RC 低通滤波电路及同相放大电路组成。

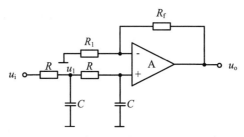

图 8-6　简单的二阶有源低通滤波电路

$$\frac{\dot{U}_o}{\dot{U}_+} = 1 + \frac{R_f}{R_1}$$

$$\frac{\dot{U}_1}{\dot{U}_i} = \frac{\dfrac{1}{j\omega C} // \left(R + \dfrac{1}{j\omega C}\right)}{R + \dfrac{1}{j\omega C} // \left(R + \dfrac{1}{j\omega C}\right)}$$

$$\frac{\dot{U}_+}{\dot{U}_1} = \frac{1}{1 + j\omega CR}$$

整理可得

$$\dot{A}_u(f) = \dot{A}_{up} \frac{1}{1 + j3\omega CR + (j\omega RC)^2} = \dot{A}_{up} \frac{1}{1 - \left(\dfrac{f}{f_0}\right)^2 + j3\dfrac{f}{f_0}} \tag{8-5}$$

式中，$\dot{A}_{up} = 1 + \dfrac{R_f}{R_1}$，特征频率为 $f_0 = \dfrac{1}{2\pi RC}$。

通带截止频率为

$$\left|\frac{\dot{A}_u}{\dot{A}_{up}}\right| = \left|\frac{1}{1 - \left(\dfrac{f}{f_0}\right)^2 + j3\dfrac{f}{f_0}}\right| = \frac{1}{\sqrt{2}}$$

$$f_p = \sqrt{\frac{\sqrt{53}-7}{2}}f_0 \approx 0.37f_0 = \frac{0.37}{2\pi RC} \tag{8-6}$$

二阶低通滤波电路的波特图如图 8-7 所示。

由图 8-7 可知，幅频特性在频率超过 f_0 以后，以-40dB/dec 的速率下降，比一阶低通的下降速度快。

2. 二阶压控型低通有源滤波电路

二阶压控型低通有源滤波电路如图 8-8 所示。其中的第一个电容器 C 原来是接地的，现在改接到输出端。显然 C 的改接不影响通带增益。

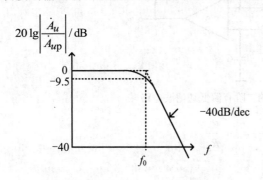

图 8-7　二阶低通滤波电路的波特图

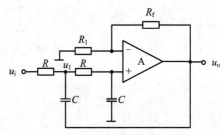

图 8-8　二阶压控型低通有源滤波电路

$$\frac{\dot{U}_o}{\dot{U}_+} = 1 + \frac{R_f}{R_1}$$

$$\frac{\dot{U}_+}{\dot{U}_1 - \dot{U}_+} = \frac{1}{1 + j\omega RC}$$

$$\frac{\dot{U}_i - \dot{U}_1}{\dot{U}_1 - \dot{U}_o} + \frac{\dot{U}_+ - \dot{U}_1}{\dot{U}_1 - \dot{U}_o} = 1 + j\omega RC$$

整理可得

$$\dot{A}_u(f) = \frac{\dot{U}_o}{\dot{U}_i} = \frac{\dot{A}_{up}}{1 + (3 - \dot{A}_{up})j\omega RC + (j\omega RC)^2} = \frac{\dot{A}_{up}}{1 - \left(\frac{f}{f_0}\right)^2 + j\frac{1}{Q}\frac{f}{f_0}} \tag{8-7}$$

其中，$f_0 = \dfrac{1}{2\pi RC}$，$Q = (3 - \dot{A}_{up})$。

令 $f = f_0$，求出对应的电压放大倍数为

$$\left|\dot{A}_u\right|_{f=f_0} = \left|Q\dot{A}_{up}\right| \tag{8-8}$$

式（8-8）表明，Q 值是 $f = f_0$ 时的电压放大倍数与通带电压放大倍数之比，也称为等效品质因数。当 Q 取值不同时，$\left| \dot{A}_u \right|_{f=f_0}$ 将随之变化，图 8-9 给出了 Q 值不同时的波特图。由此可知，当 Q 取值合适时，幅频特性从 f_0 开始以-40dB/dec 的速率下降。

当 $Q > 1$ 时，即 $2 < \left| \dot{A}_{up} \right| < 3$ 时，在 $f = f_0$ 处的电压增益将大于 $\dot{A}_{up}$，幅频特性在 $f = f_0$ 处将抬高。当 $Q = \infty$ 时，即 $\left| \dot{A}_{up} \right| \geqslant 3$ 时，有源滤波器自激。由于将 C1 接到输出端，等于在高频端给 LPF 加了一点正反馈，所以在高频端的放大倍数有所提高，甚至可能引起自激。为避免自激，应使 $2 < \left| \dot{A}_{up} \right| < 3$，即 $R < R_f < 2R$。

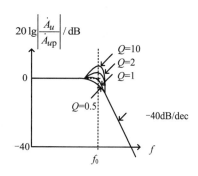

图 8-9　二阶压控型低通有源滤波电路的波特图

▶ 8.3.2　二阶有源高通滤波电路

简单的二阶有源高通滤波电路如图 8-10 所示。

利用与低通滤波器同样的分析方法可以得到

$$\dot{A}_{up} = 1 + \frac{R_f}{R_1}$$

$$\dot{A}_u\left(f\right) = \frac{\dot{U}_o}{\dot{U}_i} = \dot{A}_{up} \frac{1}{1 - \left(\dfrac{f}{f_0}\right)^2 + \mathrm{j}3\dfrac{f}{f_0}} \tag{8-9}$$

其中，$f_0 = \dfrac{1}{2\pi RC}$。

由此绘出的频率响应特性曲线如图 8-11 所示。当 $f \ll f_0$ 时，幅频特性曲线的斜率为 +40dB/dec。

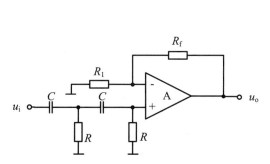

图 8-10　简单的二阶有源高通滤波电路

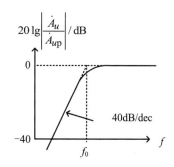

图 8-11　二阶有源高通滤波电路的波特图

二阶压控型有源高通滤波电路如图 8-12 所示。

利用与低通滤波器同样的分析方法可以得到

$$\dot{A}_{up} = 1 + \frac{R_f}{R_1}$$

$$\dot{A}_u(f) = \frac{\dot{U}_o}{\dot{U}_i} = \frac{\dot{A}_{up}}{1 - \left(\dfrac{f_0}{f}\right)^2 + \mathrm{j}\dfrac{1}{Q}\dfrac{f_0}{f}} \tag{8-10}$$

其中，$f_0 = \dfrac{1}{2\pi RC}$，$Q = \dfrac{1}{3 - \dot{A}_{up}}$。

由此绘出的频率响应特性曲线如图 8-13 所示。当 $f \ll f_0$ 时，幅频特性曲线的斜率为 +40dB/dec；当 $\left|\dot{A}_{up}\right| \geq 3$ 时，电路自激。

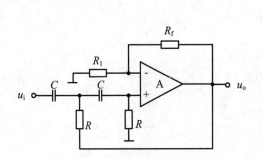

图 8-12　二阶压控型有源高通滤波电路

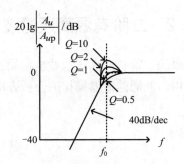

图 8-13　二阶压控型有源滤波电路的波特图

▶ 8.3.3　有源带通滤波电路和带阻滤波电路

带通滤波电路是由低通 RC 环节和高通 RC 环节组合而成的。要将高通的下限截止频率设置为小于低通的上限截止频率，反之则为带阻滤波电路。要想获得好的滤波特性，一般需要较高的阶数。滤波器的设计计算十分麻烦，需要时可借助于工程计算曲线和有关计算机辅助设计软件。有源带通滤波器的结构图和电路图如图 8-14 所示。有源带阻滤波器的结构图和电路图如图 8-15 所示。

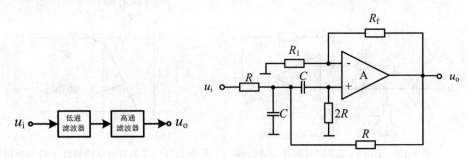

图 8-14　有源带通滤波器的结构图和电路图

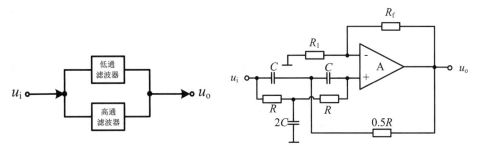

图 8-15　有源带阻滤波器的结构图和电路图

思考题：

1．一阶有源低通滤波电路与 RC 无源低通滤波电路的区别是什么？

2．二阶有源滤波电路与一阶有源滤波电路的区别是什么？

3．简述带通滤波器和带阻滤波器的结构。

8.4　正弦波振荡电路

放大电路的输入端在无外接信号源的情况下，输出端仍有一定频率和幅值的信号输出，这种现象称为自激振荡。能自行产生正弦波输出的电路称为正弦波振荡器或正弦波发生器，它是各类波形发生器和信号源的核心电路，主要用来维持电子设备的正常工作，或者对电子设备进行测试和调校，在无线电子通信、测量技术和工业生产中得到广泛的应用。

8.4.1　正弦波振荡的基本原理

1. 自激振荡的条件

图 8-16 是一个自激振荡电路的组成框图，电路中的基本放大网络的放大倍数为 $\dot{A}$，反馈网络的反馈系数为 $\dot{F}$，输入信号 $\dot{X}_i=0$，所以有

$$\dot{X}_o = \dot{A}\dot{X}_f = \dot{A}\dot{F}\dot{X}_o$$

因此，产生自激振荡的平衡条件为

$$\dot{A}\dot{F} = 1$$

即幅度平衡条件为

$$\left|\dot{A}\dot{F}\right| = 1 \tag{8-11}$$

相位平衡条件为

$$\arctan \dot{A}\dot{F} = \varphi_A + \varphi_F = \pm 2n\pi \ (n = 0,1,2,\cdots) \tag{8-12}$$

为使输出量在接通电源后有一个从小到大直至平衡在一定幅值的过程,电路的起振条件为

$$\left| \dot{A}\dot{F} \right| > 1 \qquad\qquad (8\text{-}13)$$

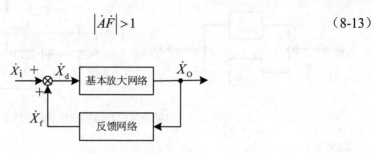

图 8-16　自激振荡电路的组成框图

2．正弦波振荡电路的组成

当振荡电路与电源接通时,在电路中激起一个微小的扰动信号,这就是原始信号。经过放大-正反馈-放大-再反馈的多次循环后,输出信号的幅度就会大大加强。因而,振荡电路中必须有放大电路和正反馈网络,它们是振荡电路的最主要部分。

扰动信号是一个非正弦信号,含有一系列频率不同的正弦分量,为了得到单一频率的正弦输出信号,电路中必须要加入选频网络,只有在选频网络中心频率上的信号才能通过,其他频率的信号将被抑制。

正反馈会使放大电路的输出不断增大,产生增幅振荡,最后由于三极管的非线性限幅,必然产生非线性失真,因此需要在放大器进入非线性失真前进行稳幅,因此振荡电路要有一个稳幅环节。稳幅环节的作用是在放大器进入非线性失真前使 $\left| \dot{A}\dot{F} \right| > 1$ 变成 $\left| \dot{A}\dot{F} \right| = 1$,或者说使电路从正反馈状态过渡到自激振荡,输出所需频率的正弦信号。

所以,正弦波振荡电路的组成有 4 部分:放大电路、正反馈网络、选频网络和稳幅环节。有时稳幅环节包含在其他部分中,所以前 3 部分是正弦波振荡电路的基本部分。

3．正弦波振荡电路的分类

按照正弦波振荡电路中选频网络的不同,可分为 RC 振荡电路、LC 振荡电路和石英晶体振荡电路 3 类。RC 振荡电路的优点是频率可变范围较宽,价格便宜,缺点是频率的长期稳定性较差,常用于产生低频信号的场合;LC 振荡电路的优点是频率可调,缺点是频率的长期稳定性和初始精度较差,通常用于产生较高工作频率信号的场合;石英晶体振荡电路的优点是频率的长期稳定度很好,缺点是频率不能改变,常用于振荡频率要求非常稳定的场合。

▶ 8.4.2　RC 正弦波振荡电路

RC 正弦波振荡电路的选频网络是由电阻电容构成的,通常用来产生低频范围内的正弦波,一般在几赫兹到几万赫兹。RC 正弦波振荡电路种类繁多,有桥式、双 T 网络式和移相式等振荡电路，本节介绍典型的 RC 桥式正弦波振荡电路，又称为文氏电桥振荡电路，如图 8-17 所示是一个基本文氏电桥振荡电路。

1. 电路组成

图 8-17 中由运放和电阻 R_f、R_1 组成的同相比例放大器作为振荡电路的放大电路，其电压放大倍数为 A。反馈网络由 R、C 串并联网络组成，输出电压为 u_o。经 RC 串并联支路分压后，反馈到运放的同相输入端，该网络也同时兼有选频网络的作用。由图 8-17 可见，R_f 和 R_1 及 RC 串联、并联支路构成一个四臂电桥，文氏电桥振荡电路的名称由此得来。

2. RC 串并联选频网络

RC 串并联选频网络如图 8-18 所示。

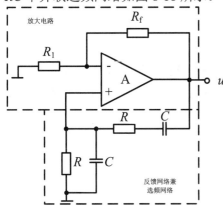

图 8-17 基本文氏电桥振荡电路

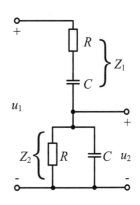

图 8-18 RC 串并联选频网络

设 Z_1 为 RC 串联电路复阻抗，$Z_1 = R + \dfrac{1}{\mathrm{j}\omega C}$，$Z_2$ 为 RC 并联电路复阻抗，$Z_2 = R \,/\!/\, \dfrac{1}{\mathrm{j}\omega C}$，则 RC 串并联网络的传递函数 $\dot{F}$ 为

$$\dot{F} = \frac{\dot{U}_2}{\dot{U}_1} = \frac{R \,/\!/\, \dfrac{1}{\mathrm{j}\omega C}}{R + \dfrac{1}{\mathrm{j}\omega C} + R \,/\!/\, \dfrac{1}{\mathrm{j}\omega C}} = \frac{1}{3 + \mathrm{j}\left(\omega RC - \dfrac{1}{\omega RC}\right)} = \frac{1}{3 + \mathrm{j}\left(\dfrac{f}{f_0} - \dfrac{f_0}{f}\right)} \tag{8-14}$$

式中，$f_0 = \dfrac{1}{2\pi RC}$。

RC 串并联网络的幅频特性和相频特性分别为

$$\dot{F} = \frac{1}{\sqrt{3^2 + \left(\dfrac{f}{f_0} - \dfrac{f_0}{f}\right)^2}}$$

$$\varphi_{\mathrm{f}} = -\arctan \frac{\dfrac{f}{f_0} - \dfrac{f_0}{f}}{3}$$

由此可作出幅频特性和相频特性曲线，如图 8-19 所示。

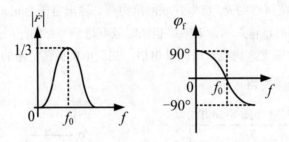

图 8-19　频率特性曲线

由图 8-19 可知，当 $f=f_0$ 时，电路达到谐振。此时电路的反馈系数达到最大，为 1/3，且相移为 0。对于偏离 f_0 的其他频率信号，输出电压衰减很快，且与输入电压有一定的相位差，因此该网络有选频特性。

3. 电路工作原理

同相比例放大器的电压放大倍数为

$$\dot{A} = 1 + \frac{R_{\mathrm{f}}}{R_1}$$

则

$$\dot{A}\dot{F} = \left(1 + \frac{R_{\mathrm{f}}}{R_1}\right) \cdot \frac{1}{3 + \mathrm{j}\left(\omega RC - \dfrac{1}{\omega RC}\right)}$$

为满足振荡的相位条件 $\varphi_{\dot{A}} + \varphi_{\dot{F}} = \pm 2n\pi$，上式的虚部必须为零，即 $\omega RC = \dfrac{1}{\omega RC}$ 时，$F=1/3$。此时，$\omega = \omega_0 = \dfrac{1}{RC}$。

该电路的输出频率为

$$f_0 = \frac{1}{2\pi RC} \tag{8-15}$$

可见，该电路只有在这一特定的频率下才能满足相位条件，形成正反馈。同时，为满

足振荡的幅值条件 $\dot{A}\dot{F}=\left(1+\dfrac{R_{\mathrm{f}}}{R_1}\right)\cdot\dfrac{1}{3}=1$，则 $\dot{A}=\left(1+\dfrac{R_{\mathrm{f}}}{R_1}\right)=3$。

为了顺利起振，应使 $\dot{A}\dot{F}>1$，即 $\dot{A}>3$。接入一个具有负温度系数的热敏电阻 R_{f}，且 $R_{\mathrm{f}}>2R_1$，以便顺利起振。

【例 8-1】 如图 8-17 所示的电路中，若 $R=100\Omega$，$C=0.22\mu\mathrm{F}$，$R_1=10\mathrm{k}\Omega$，求振荡频率以及满足起振条件的 R_{f} 的值。

解： 由振荡频率公式可得

$$f_0=\frac{1}{2\pi RC}=\frac{1}{2\times3.14\times100\times0.22\times10^{-6}}=7.23\mathrm{kHz}$$

要满足起振条件，则 $R_{\mathrm{f}}>2R_1=2\times10\times10^3=20\mathrm{k}\Omega$。

图 8-20 是利用二极管正向伏安特性的非线性实现自动稳幅的电路。图中 R_{f} 由 VD1、VD2、R_3 并联再与 R_2 串联组成。在起振时，由于 $\dot{U}_0$ 幅度很小，二极管截止，此时 $R_{\mathrm{f}}=R_2+R_3$ 且 $>2R_1$。而后，随着 $\dot{U}_0$ 的幅度逐渐增大，二极管正向导通，其正向阻值渐渐减小，直到 $R_{\mathrm{f}}=2R_1$ 时，振荡稳定。

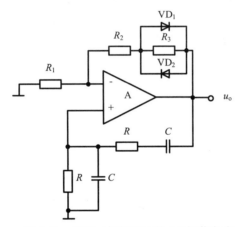

图 8-20　利用二极管稳幅的 RC 振荡电路

改变电阻 R 值或电容 C 值可以改变电路的振荡频率，但集成运算放大器构成的 RC 振荡电路的振荡频率一般不超过 1MHz，如需要更高的频率，可采用 LC 振荡器。

▶ 8.4.3　LC 正弦波振荡电路

LC 正弦波振荡电路是由电感和电容组成的 LC 谐振回路作为选频网络，根据反馈形式的不同，又分为变压器反馈式、电感三点式和电容三点式 3 种典型电路，可产生几十兆赫以上的正弦波信号，LC 振荡电路和 RC 振荡电路的原理基本相同。

1. 变压器反馈式 *LC* 振荡电路

变压器反馈式 *LC* 振荡电路如图 8-21 所示。放大电路是分压偏置共射极放大器；正反馈网络是变压器反馈电路；选频网络是 *LC* 并联电路。三线圈变压器中，线圈 *L* 与电容 *C* 组成选频电路，L_2 是反馈线圈，另一个线圈 L_1 与负载相连。

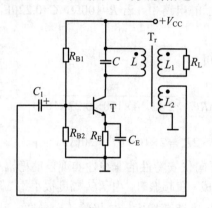

图 8-21　变压器反馈式 *LC* 振荡电路

由图 8-21 所示电路的变压器线圈的极性及接法可知，电路引入了正反馈，满足相位平衡的条件。*LC* 回路发生并联谐振时其并联阻抗最大，在并联谐振频率下，放大器的放大倍数最大，从而满足正弦振荡的幅度振荡条件，产生自激振荡，输出正弦波信号。

变压器反馈式 *LC* 振荡电路的振荡频率与并联 *LC* 谐振电路相同，为 $f_0 = \dfrac{1}{2\pi\sqrt{LC}}$。

变压器反馈式 *LC* 振荡电路的优点是结构简单、容易起振，缺点是存在漏感，波形不理想。

2. 电感三点式 *LC* 振荡电路

电感三点式 *LC* 振荡电路如图 8-22 所示。电感线圈的 3 个端点分别同晶体管的 3 个极相连，其中中间②端接发射极，下面①端接基极，上面③端接集电极，因而称为电感三点式振荡器，又称为哈特莱振荡器。

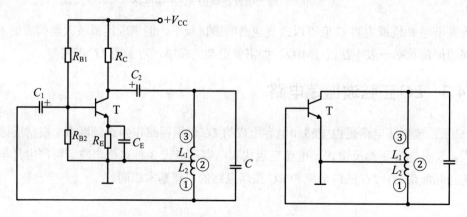

图 8-22　电感三点式 *LC* 振荡电路及其交流通路

电感三点式 *LC* 振荡电路的反馈线圈 L_2 是电感线圈的一段，通过它把反馈电压送到输入端，这样可以实现正反馈。反馈电压的大小可通过改变抽头的位置来调整。通常反馈线圈 L_2 的匝数为电感线圈总匝数的 $\frac{1}{2} \sim \frac{1}{4}$。

分析电感三点式 *LC* 振荡电路常用如下方法：将谐振回路的阻抗折算到三极管的各个极之间，有 Z_{be}、Z_{ce}、Z_{cb}，如图 8-23 所示，分别对应图 8-22 中 L_2、L_1、C。可以证明若满足相位平衡条件，Z_{be} 和 Z_{ce} 必须同性质，即同为电容或同为电感，且与 Z_{cb} 性质相反。

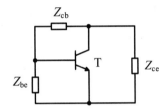

图 8-23　谐振回路的阻抗折算

电感三点式振荡电路的振荡频率为

$$f_0 = \frac{1}{2\pi\sqrt{LC}} = \frac{1}{2\pi\sqrt{\left(L_1 + L_2 + 2M\right)C}} \tag{8-16}$$

式中，M 为线圈 L_1 和 L_2 之间的互感系数。

电感三点式 *LC* 振荡电路的优点是耦合紧密、容易起振、调节方便，缺点是波形、频率稳定性较差。

3．电容三点式 *LC* 振荡器

电容三点式 *LC* 振荡电路如图 8-24 所示。它的结构与电感三点式 *LC* 振荡电路类似，只是把 *LC* 振荡电路的电感与电容互换了一下位置，反馈电压从电容 C_2 取出。

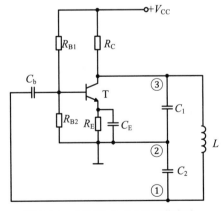

图 8-24　电容三点式 *LC* 振荡电路

电容三点式 *LC* 振荡电路的振荡条件与分析电感三点式 *LC* 振荡电路的方法相同。

电容三点式 LC 振荡电路的优点是振荡波形好、频率稳定度高，缺点是频率调节不方便。

【例 8-2】如图 8-25 所示的电路仅表示交流电路。试从相位平衡的观点，说明电路能否产生自激振荡。

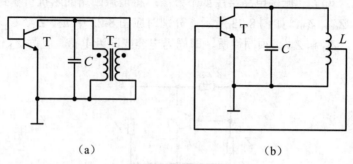

图 8-25　例 8-2 图

解：在图 8-25 中，假设从基极断开，从放大环节看，若从基极加瞬时正半周信号 $\oplus$，其输出端集电极极性为 $\ominus$；再从反馈环节看，变压器原边、副边的极性由图中标出的同名端决定。因此，反馈回来的基极电位与发射极电位极性相反，为负反馈，不满足相位平衡条件，故不能产生振荡，如图 8-26（a）所示。

反馈电压是电感 L 中的抽头处对地的电位，即 L_2 上的电压，先将反馈环节从基极断开，从放大环节基极加一瞬时 $\oplus$ 信号，L_1、L_2 为同相绕组，故其上极性一致，L_2 上的电压的极性信号也为 $\ominus$，与输入信号极性不一致，不满足相位平衡条件，故不能振荡，如图 8-26（b）所示。

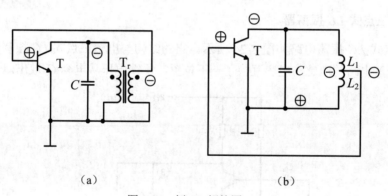

图 8-26　例 8-2 解答图

【例 8-3】图 8-27 中，C_b 足够大，对交流来说可视为短路，问此电路能否产生自激振荡？

解：由于 C_b 足够大，可视为交流接地，故放大环节为共基极放大器，反馈电压取自 C_1 两端，并引入三极管发射极。

若从三极管发射极加一瞬时 $\oplus$ 信号，经放大器放大，三极管集电极电位为 $\oplus$，如图 8-28 所示，C_1 上的反馈电压极性为上 "$-$" 下 "$+$"，C_1 上的反馈电压对地为 $\oplus$，反馈至输入端与发射极电位极性相同，满足相位平衡条件，故可以振荡。

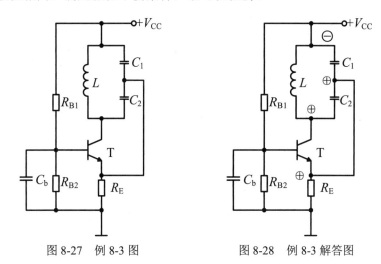

图 8-27　例 8-3 图　　　　　　图 8-28　例 8-3 解答图

▶ 8.4.4　石英晶体振荡电路

在实际应用中，要求振荡电路产生的输出信号应具有一定的频率稳定度。频率稳定度一般用频率的相对变化量 $\Delta f / f_0$ 来表示。前面讨论的 RC、LC 振荡电路很难达到较高的频率稳定度，而采用石英晶体振荡电路，其频率稳定度一般可达 $10^{-8} \sim 10^{-10}$ 数量级，常用于电路时钟和计算机等电子产品中。

1. 石英晶体的基本特性

石英的化学成分为 SiO_2，其晶体是一种各向异性的结晶体，从一块晶体上按一定的方位角切下的薄片称为晶片，在晶片的对应表面上涂银层，并安装一对金属块作为极板，构成石英晶体谐振器，又称石英晶体，简称晶振。

石英晶体是一种重要的电子材料。沿一定方向切割的石英晶片，当受到机械压力作用时将产生与压力成正比的电场或电荷，这种现象称为正压电效应。反之，当石英晶片受到电场作用时将产生与电场成正比的形变，这种现象称为反压电效应。正、反两种效应合称为压电效应。利用压电效应，当极板外加交变电压时，产生机械形变，机械形变反过来产生交变电场。机械形变振幅较小，晶体振动的频率比较稳定。当外加交变电压的频率和晶体的固有频率相等时，机械振动的振幅急剧增加，称为压电谐振。它与 LC 回路的谐振现象十分相似。

2. 石英晶体的等效电路与频率特性

石英晶体的压电谐振特性可以用如图 8-29（a）所示的等效电路来模拟。其中 C_0 表示石英晶体片与金属板构成的静电电容，L 表示模拟晶体的质量（代表惯性），C 表示模拟晶体的弹性，R 表示晶体振动时的摩擦损耗。由于 R 很小，所以石英晶体的品质因数 Q 很高（10000～500000），因而具有很好的频率特性。

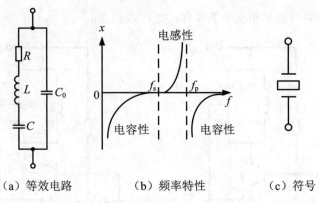

（a）等效电路　　　　（b）频率特性　　　　（c）符号

图 8-29　石英晶体的等效电路、频率特性及符号

由等效电路可知，石英晶体振荡器应有两个谐振频率。串联谐振频率为

$$f_s = \frac{1}{2\pi\sqrt{LC}} \qquad (8\text{-}17)$$

并联谐振频率为

$$f_p = \frac{1}{2\pi\sqrt{L\dfrac{CC_0}{C+C_0}}} \qquad (8\text{-}18)$$

通常 $C_0 \gg C$，所以 f_s 与 f_p 非常接近，常用一个频率表示，其频率特性如图 8-29（b）所示。当 $f < f_s$ 时，等效电路呈现容性；当 $f = f_s$ 时，等效电路呈现纯阻性，发生串联谐振；当 $f_s < f < f_p$ 时，等效电路呈现感性；当 $f = f_p$ 时，等效电路呈现纯阻性，发生并联谐振；当 $f > f_p$ 时，等效电路呈现容性。如图 8-29（c）所示为石英晶体符号。

石英晶体在 f_s 与 f_p 之间等效的电抗曲线非常陡峭，实用中，石英晶体就工作在这一频率范围很窄的电感区，因为只有在这一区域，晶体才等效为一个很大的电感，具有很高的 Q 值，从而有很强的稳频作用。

3．石英晶体振荡电路

石英晶体振荡电路可以归结为两类，一类为串联型，另一类为并联型。前者的振荡频率接近于 f_s，后者的振荡频率接近于 f_p。

串联型石英晶体振荡电路如图 8-30（a）所示。石英晶体工作在 f_s 处，呈电阻性，且阻抗最小，正反馈最强，对其他频率则不能起振。

并联型石英晶体振荡电路如图 8-30（b）所示。石英晶体工作于 f_s 和 f_p 之间，相当于一个大电感，与 C_1、C_2 组成电容三点式振荡器。电路的谐振频率 f_0 应略高于 f_s，C_1、C_2 对 f_0 的影响较小，改变 C_1、C_2 的值可以在很小的范围内微调 f_0。

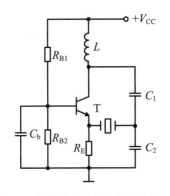

（a）串联型石英晶体振荡电路

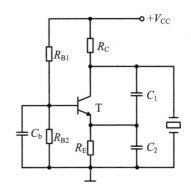

（b）并联型石英晶体振荡电路

图 8-30　石英晶体振荡电路

　　一般石英晶体产品外壳上所标称的频率，是指并联负载电容时的并联谐振频率。所谓负载电容，是指与石英晶体并联的支路内的等效电容，即 $C_L = C_1 // C_2$。实际使用时，负载电容的大小必须符合晶振所规定的要求。

思考题：

1．试解释振荡器振荡条件中振幅条件和相位条件的物理意义。

2．振荡器由哪几部分组成？各部分的作用是什么？

3．能否把负反馈放大器中满足正反馈条件的放大器都称为振荡器？

4．振荡器没有输入信号，那么它的输出信号从何而来（可以正弦波振荡器为例说明）？

5．简述正弦波振荡电路的分类。

6．RC 选频网络有什么特点？RC 振荡电路有何特点？RC 振荡电路如何稳幅？

7．简述文氏电桥振荡电路的特点和用途。

8．变压器反馈式正弦波振荡电路主要有什么特点？

9．三点式振荡电路谐振回路的电抗元件有什么组成原则？

10．石英晶体稳定度高的原因是什么？

➡ 8.5　非正弦波信号产生电路

　　在电子设备中，常用到一些非正弦信号，如矩形波、锯齿波等。非正弦波信号产生电路主要包括方波、矩形波、三角波和锯齿波信号产生电路。本节主要介绍两种常用的非正弦波信号产生电路及其工作原理和主要参数。

▶ 8.5.1　矩形波产生电路

1．电路组成

　　如图 8-31 所示是一种能产生矩形波的基本电路，该电路由滞回比较器和 RC 电路构成。

滞回比较器引入正反馈产生振荡，使输出电压仅有高、低电平两种状态，且自动相互转换。RC 电路起延时和反馈作用，使电路的输出电压按一定的时间间隔在高低电平之间交替变化。

2．基本原理

如图 8-31 所示，电容 C 上的电压加在集成运放的反相输入端。集成运放工作在非线性区，输出只有两个值：$+U_Z$ 和 $-U_Z$。

设在刚接通电源时，电容 C 上的电压为零，输出为正饱和电压 $+U_Z$，则运放同相端的电压为 $\dfrac{R_2}{R_2+R_3}U_Z$；电容 C 在输出电压 $+U_Z$ 的作用下通过电阻 R_1 开始充电，充电回路如图 8-31 中的实线所示。

当充电电压上升至 $U_C = \dfrac{R_2}{R_2+R_3}U_Z$ 时，由于集成运放输入端 $u_->u_+$，于是电路翻转，输出电压由 $+U_Z$ 翻转至 $-U_Z$，此时运放同相端电压变为 $-\dfrac{R_2}{R_2+R_3}U_Z$，电容 C 开始放电，放电回路如图 8-31 中的虚线所示。

当电容电压降至 $U_{C'} = -\dfrac{R_2}{R_2+R_3}U_Z$ 时，由于 $u_-<u_+$，输出电压又翻转到 $+U_Z$。如此不断循环往复，在集成运放的输出端便得到了如图 8-32 所示的输出电压波形。

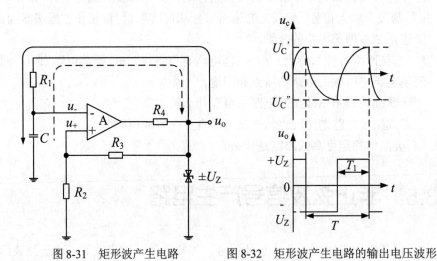

图 8-31　矩形波产生电路　　　图 8-32　矩形波产生电路的输出电压波形

3．主要参数

（1）振荡频率

电路输出的矩形波电压的周期 T 取决于充、放电的时间常数，即 R_1C。输出信号的振荡频率为

$$f = \frac{1}{T} = \frac{1}{2R_1 C \ln\left(1 + \dfrac{2R_2}{R_3}\right)} \approx \frac{1}{2.2 R_1 C} \qquad (8\text{-}19)$$

改变 $R_1 C$ 值就可以调节矩形波的频率。

（2）占空比

由于图 8-31 中电容的充、放电的时间常数相同，所以输出矩形波的占空比为 50%，即方波。

若要改变占空比，可以用如图 8-33 所示的两种二端网络取代图 8-31 中的电阻 R_1，从而使电容 C 具有不同的充、放电的时间常数，即可得到占空比不同的矩形波。

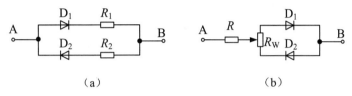

图 8-33　用于调节占空比的二端网络

▶ 8.5.2　三角波产生电路

1．电路组成

如图 8-34 所示是一种能产生三角波的基本电路，它由集成运放 A_1 和集成运放 A_2 组成。在该电路中，A_1 起开关作用，A_2 起延时作用。

2．基本原理

集成运放 A_1 同相输入端的电压由 u_o 和 u_{o1} 共同决定，为

$$u_+ = u_{o1} \frac{R_2}{R_1 + R_2} + u_o \frac{R_1}{R_1 + R_2}$$

当 $u_+ > 0$ 时，$u_{o1} = +U_Z$；当 $u_+ < 0$ 时，$u_{o1} = -U_Z$。

设在刚接通电源时，电容 C 上的电压为零。集成运放 A_1 的输出电压为正饱和电压 $+U_Z$，积分器输入为 $+U_Z$，电容 C 开始充电，输出电压 u_o 开始减小，u_+ 值随之减小。当 u_o 减小到 $-\dfrac{R_2}{R_1} U_Z$ 时，u_+ 由正值变为零，滞回电压比较器 A_1 翻转，集成运放 A_1 的输出 $u_{o1} = -U_Z$。

当 $u_{o1} = -U_Z$ 时，积分器输入为 $-U_Z$，电容 C 开始放电，输出电压 u_o 开始增大，u_+ 值随之增大。当 u_o 增大到 $\dfrac{R_2}{R_1} U_Z$ 时，u_+ 由负值变为零，滞回电压比较器状态翻转，集成运放 A_1 的输出 $u_{o1} = +U_Z$。

此后，前述过程周而复始，便在 A_1 的输出端得到幅值为 U_Z 的矩形波，在 A_2 输出端得

到如图 8-35 所示的三角波。

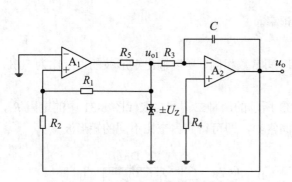

图 8-34　产生三角波的电路

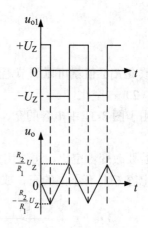

图 8-35　三角波产生电路的输出波形

3．振荡频率

电路输出三角波的振荡频率为

$$f = \frac{R_1}{4R_2R_3C} \tag{8-20}$$

通过改变 R_1、R_2 和 R_3 的值可以改变频率。

如果令图 8-34 电路中的积分器充、放电的时间常数不相等，就可以得到锯齿波产生电路。

思考题：

1．简述矩形波产生电路的工作原理。

2．简述三角波产生电路的工作原理。

➡️ 8.6　Multisim 仿真举例——信号处理电路和信号产生电路

➤ 8.6.1　有源滤波电路的仿真

1．低通滤波器

二阶低通滤波器仿真电路如图 8-36 所示。用波特图示仪观察电路的幅频特性如图 8-37 所示。由图可知，截止频率为 103.369Hz，而截止频率的理论计算值为 $f_0 = \dfrac{1}{2\pi RC} = 102.43\text{Hz}$，相对误差为 0.917%。

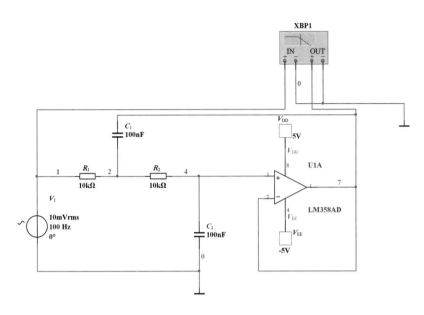

图 8-36 二阶低通滤波器仿真电路

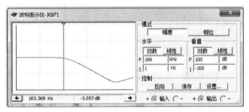

图 8-37 二阶低通滤波器的幅频特性

　　造成测量结果与理论计算结果有误差的主要因素是运放的输入电阻和输出电阻不是无限大，同时运放的三极管也不是理想三极管，因此实际的截止频率与理论值有一定的误差。同时，由于高频电信号在电路中会产生副效应，造成上述低通滤波器对特高频率电信号的阻碍作用减小，因此通过波特图示仪能够发现幅频特性曲线不是理论上的下行台阶形，而是先下降后上升的形状。

2. 高通滤波器

　　二阶高通滤波器仿真电路如图 8-38 所示。用波特图示仪观察电路的幅频特性如图 8-39 所示。由图可知，截止频率为 248.704Hz，而截止频率的理论计算值为 $f_\mathrm{p} = \dfrac{1}{2\pi\sqrt{\sqrt{2}-1}RC} \approx$ 247.291Hz，相对误差为 0.571%。

　　造成测量结果与理论计算结果有误差的主要因素是运放的输入电阻和输出电阻不是无限大，同时运放的三极管也不是理想三极管，因此实际的截止频率与理论值有一定的误差。同时，由于高频电信号在电路中会产生趋肤效应以及其他副效应，造成上述高通滤波器对特高频率电信号也有明显的阻碍作用，因此通过波特图示仪能够发现幅频特性曲线不是理论上的上行台阶形，而是呈现垒形。

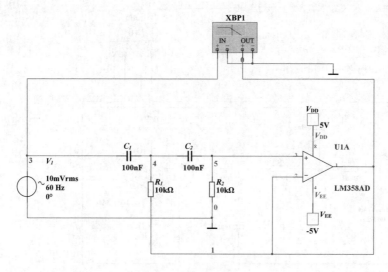

图 8-38　二阶高通滤波器仿真电路

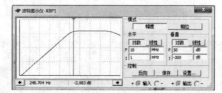

图 8-39　二阶高通滤波器的幅频特性

▶ 8.6.2　正弦波产生电路的仿真

文氏桥正弦波发生器仿真电路如图 8-40 所示，调节 R_5 使其起振，观测输出电压从起振到稳定一段时间的波形如图 8-41 所示。由图 8-41 可知，输出波形的峰峰值为 4.6V，频率为 $f_0 = \dfrac{1}{643.939 \times 10^{-6}} \approx 1553\text{Hz}$。理论上输出频率为 $f_0 = \dfrac{1}{2\pi RC} = \dfrac{1}{2 \times 3.14 \times 10 \times 10^3 \times 10 \times 10^{-9}} \approx 1592\text{Hz}$，相对误差为 2.51%。

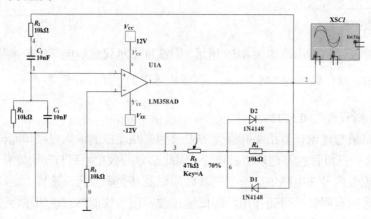

图 8-40　文氏桥正弦波发生器仿真电路

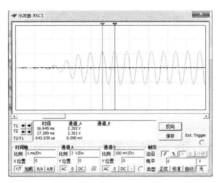

图 8-41 文氏桥正弦波发生器输出波形

文氏桥正弦波发生器能够产生自激振荡，进而产生正弦波，但是正弦波的起振速度与电阻 R_5 有关。

8.6.3 方波产生电路的仿真

方波产生器仿真电路如图 8-42 所示，调节 R_5 的大小，节点 5 和节点 9 的波形如图 8-43 所示。由图 8-43 可知，节点 5 的波形为电容充放电的波形，峰峰值为 11.798V，频率为 $f_0 = \dfrac{1}{7.197 \times 10^{-3}} = 139\text{Hz}$；节点 9 的波形为方波，峰峰值为 13.966V，频率为 $f_0 = \dfrac{1}{7.197 \times 10^{-3}} \approx 139\text{Hz}$。

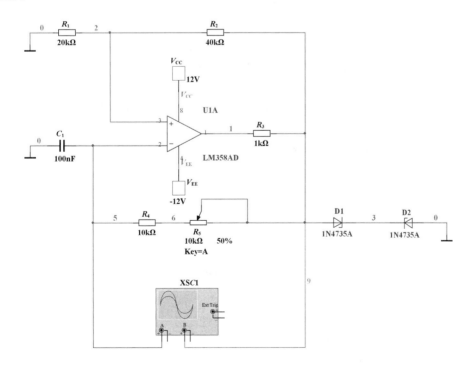

图 8-42 方波产生器仿真电路

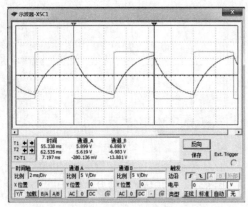

图 8-43 方波产生器的波形

小 结

有源滤波电路是由运放和 *RC* 反馈网络构成的电子系统，根据幅频响应不同，可分为低通、高通、带通、带阻和全通滤波电路。高阶滤波电路一般由一阶、二阶滤波电路组成，而二阶滤波电路传递函数的基本形式是一致的。

信号产生电路也称为振荡电路或振荡器，它分为正弦波产生电路和非正弦波产生电路两大类。它们的作用是维持电子设备的正常工作，或者对电子设备进行测试和调校。

振荡器只有满足振幅条件和相位条件才能产生振荡。振荡器的振荡频率由相位平衡条件决定，频率稳定度由选频网络特性决定，幅度稳定度由稳幅电路决定。

正弦波振荡器由放大器、反馈网络、选频网络和稳幅环节组成。按选频网络不同主要分为 *RC* 振荡器、*LC* 振荡器石英晶体振荡器。

石英晶体振荡器利用石英谐振器的压电特性来选频，具有很高的品质因数和频率稳定度。

在滞回比较器的基础上，增加一条 *RC* 充放电电路，即构成方波产生器。对反馈电阻支路稍作改动，使 *RC* 充、放电的时间常数不等，即可得占空比可调的矩形波。

将运放构成的积分器前接滞回比较器，即构成三角波发生器，改变充、放电的时间常数，可得到锯齿波。

习 题

8.1 在下列各种情况下，应分别采用哪种类型的滤波电路（低通、高通、带通、带阻）。

（1）抑制 50Hz 交流电源的干扰。

（2）处理具有 1Hz 固定频率的有用信号。

（3）从输入信号中取出低于 2kHz 的信号。

（4）抑制频率为 100kHz 以上的高频干扰。

8.2 试说明如图 8-44 所示各电路属于哪种类型的滤波电路，是几阶滤波电路。

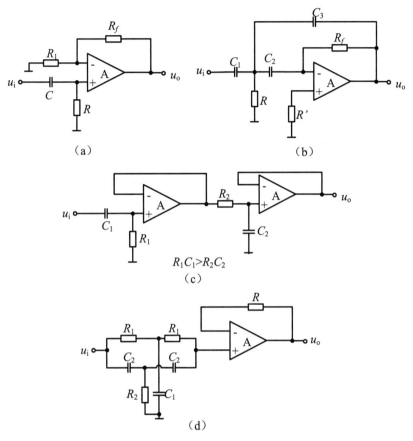

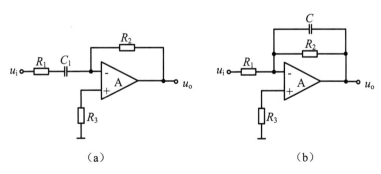

图 8-44 题 8.2 图

8.3 设一阶 LPF 和二阶 HPF 的通带放大倍数均为 2，通带截止频率分别为 2kHz 和 100Hz。试用它们构成一个带通滤波电路，并画出幅频特性曲线。

8.4 分别推导出如图 8-45 所示各电路的传递函数，并说明它们属于哪种类型的滤波电路。

图 8-45 题 8.4 图

8.5 试分析如图 8-46 所示电路的输出 u_{o1}、u_{o2} 和 u_{o3} 分别具有哪种滤波特性（LPF、HPF、BPF、BEF）。

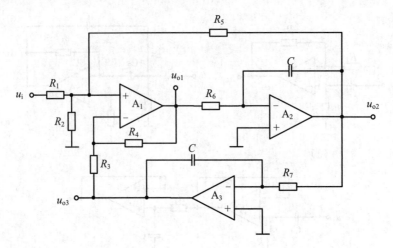

图 8-46 题 8.5 图

8.6 改正如图 8-47 所示各电路中的错误，使电路可能产生正弦波振荡。要求不能改变放大电路的基本接法（共射、共基、共集）。

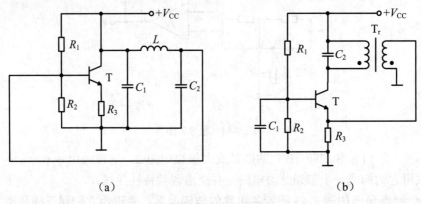

（a）　　　　　　　　　（b）

图 8-47 题 8.6 图

8.7 现有 RC 桥式正弦波振荡电路、LC 正弦波振荡电路和石英晶体正弦波振荡电路，问：

（1）制作频率为 20Hz～20kHz 的音频信号发生电路，应选用_____。

（2）制作频率为 2～20MHz 的接收机的本机振荡器，应选用_____。

（3）制作频率非常稳定的测试用信号源，应选用_____。

8.8 电路如图 8-48 所示，试求解：

（1）R'_W 的下限值。

（2）振荡频率的调节范围。

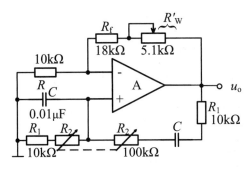

图 8-48　题 8.8 图

8.9　电路如图 8-49 所示，稳压管 D_Z 起稳幅作用，其稳定电压 $\pm U_Z = \pm 6V$。试估算：

（1）输出电压不失真情况下的有效值。

（2）振荡频率。

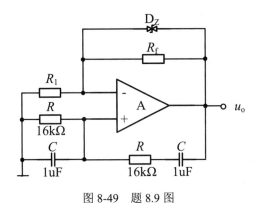

图 8-49　题 8.9 图

8.10　电路如图 8-50 所示。

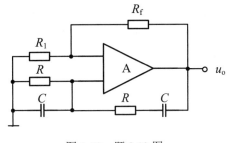

图 8-50　题 8.10 图

（1）为使电路产生正弦波振荡，标出集成运放的 ⊕ 和 ⊖，并说明电路是哪种正弦波振荡电路。

（2）若 R_1 短路，则电路将产生什么现象？

（3）若 R_1 断路，则电路将产生什么现象？

（4）若 R_f 短路，则电路将产生什么现象？

（5）若 R_f 断路，则电路将产生什么现象？

8.11 分别判断如图 8-51 所示各电路是否满足正弦波振荡的相位条件。

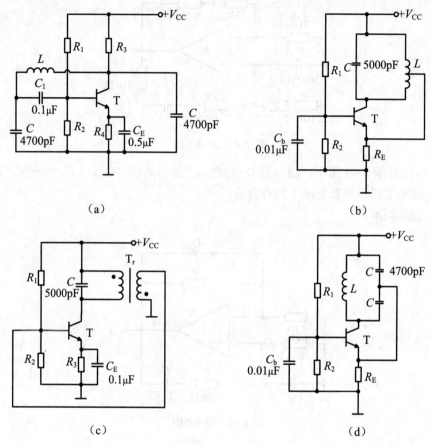

（a）

（b）

（c）

（d）

图 8-51　题 8.11 图

8.12 在如图 8-52 所示电路中，已知 $R_1=10\text{k}\Omega$，$R_2=20\text{k}\Omega$，$C=0.01\mu\text{F}$，集成运放的最大输出电压幅值为 $\pm12\text{V}$，二极管的动态电阻可忽略不计。

（1）求出电路的振荡周期。

（2）画出 u_o 和 u_c 的波形。

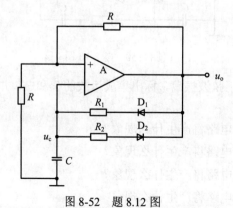

图 8-52　题 8.12 图

8.13　如图 8-53 所示电路为某同学所接的方波发生电路，试找出图中的 3 个错误，并改正。

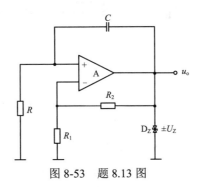

图 8-53　题 8.13 图

8.14　电路如图 8-54 所示，已知集成运放的最大输出电压幅值为 ±12V，U_i 的数值在 u_{o1} 的峰峰值之间。

（1）求解 u_{o3} 的占空比与 U_i 的关系式。

（2）设 U_i=2.5V，画出 u_{o1}、u_{o2} 和 u_{o3} 的波形。

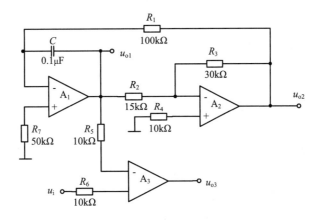

图 8-54　题 8.14 图

8.15　电路如图 8-55 所示。

（1）定性画出 u_{o1} 和 u_o 的波形。

（2）估算振荡频率与 u_i 的关系式。

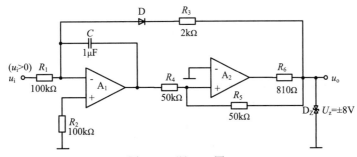

图 8-55　题 8.15 图

❖ 第 9 章　功率放大电路 ❖

引言

本章首先分析了功率放大电路的特点和分类，然后着重分析了双电源互补对称功率放大电路，最后介绍了集成功率放大器的引脚排列和应用电路。

一个电子设备中通常包含多级放大电路，除了对小信号进行电压放大的前级放大电路外，其输出级一般还要带动一定的负载，如扬声器、继电器、电动机、仪表、偏转线圈等，驱动这些负载（执行机构）都需要一定的功率，因此需要能放大信号的功率放大电路，高效地把直流电能转化为按输入信号变化的交流电能。

➡ 9.1　功率放大电路的特点与分类

各种放大电路的主要任务是放大电压信号，而功率放大电路的主要任务则是尽可能高效率地向负载提供足够大的功率。功率放大电路也常被称为功率放大器，简称功放。

▶ 9.1.1　功率放大电路的特点

功率放大电路以获得最大输出功率为目标，既要求足够大的电压变化量，也要求足够大的电流变化量。因而功率放大电路具有以下特点和要求。

（1）在不失真的前提下尽可能地输出较大功率

由于功率放大电路在多级放大电路的输出级，信号幅度较大，功率放大管往往工作在极限状态。功率放大器的主要任务是为额定负载 R_L 提供不失真的输出功率，同时需要考虑功率放大管的失真、安全（即极限参数 P_{CM}、I_{CM}、$U_{(BR)CEO}$）和散热等问题。

（2）具有较高的效率

由于功率放大电路输出功率较大，所以效率问题是功率放大电路的主要问题。

（3）存在非线性失真

功率放大器中，功率放大器件处于大信号工作状态，由于器件的非线性特性，产生的非线性失真比小信号放大电路产生的失真要严重许多，非线性失真常用非线性失真系数 D 表示。当输入信号为正弦波时，设输出信号的基波功率为 P_{o1}，其他各次失真谐波分量的功率分别为 $P_{o2}, P_{o3}, \cdots, P_{on}$，则 D 定义为

$$D = \sqrt{\frac{P_{o2} + P_{o3} + \cdots + P_{on}}{P_{o1}}} = \sqrt{\frac{I_{om2}^2 + I_{om3}^2 + \cdots + I_{omn}^2}{I_{om1}^2}} = \sqrt{\frac{U_{om2}^2 + U_{om3}^2 + \cdots + U_{omn}^2}{U_{om1}^2}} \quad (9-1)$$

（4）采用图解法分析

由于功率放大器件处于大信号工作状态，已不属于线性电路的范围，因此不能采用线性电路的分析方法，通常采用图解法对其输出功率、效率等性能指标作近似估算。

▶ 9.1.2　功率放大电路的分类

功率放大电路按放大信号的频率，可分为低频功率放大电路和高频功率放大电路。前者用于放大音频范围（几十赫兹到几十千赫兹）的信号，后者用于放大射频范围（几百千赫兹到几十兆赫兹）的信号。本章仅介绍低频功率放大电路。

功率放大电路按其晶体管导通时间的不同，可分为甲类、乙类、甲乙类和丙类 4 种。

- 甲类功率放大电路中，在输入正弦信号的一个周期内三极管都导通，都有电流流过三极管，如图 9-1（a）所示，此时整个周期都有 $i_C>0$，功率管的导电角 $\theta=2\pi$，输出波形无失真，但静态电流大，效率低。

- 乙类功率放大电路中，在输入正弦信号的一个周期内，只有半个周期三极管导通，如图 9-1（b）所示，此时功率管的导电角 $\theta=\pi$，输出波形失真大，但静态电流几乎等于零，效率高。

- 甲乙类功率放大电路中，在输入正弦信号的一个周期内，有半个周期以上三极管是导通的，如图 9-1（c）所示，此时功率管的导电角 θ 满足 $\pi<\theta<2\pi$，输出波形失真大，静态电流较小，效率较高。

- 丙类功率放大电路中，功率管的导电角小于半个周期，即 $0<\theta<\pi$，如图 9-1（d）所示，输出波形失真大，静态电流较大，效率高。

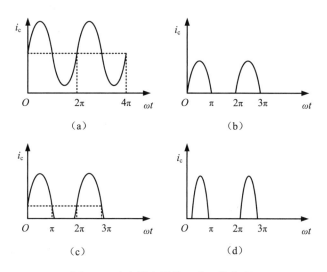

图 9-1　功率放大器的几种工作状态

根据功率放大器与负载之间的耦合方式的不同，功率放大器可分为以下几种。

- 变压器耦合功率放大器：能够实现最佳阻抗匹配，常用于需要提供较大功率的输出电路，但变压器体积大、笨重、损耗大、频率特性差，且不便于集成化。

- 电容耦合功率放大器：也称为无输出变压器功率放大器，即 OTL 功率放大器。该电路的负载电流很大，电容容量常选为几千微法，且为电解电容。电容容量越大，电路低频特性将越好，但是大电容通常具有电感效应，在高频将产生相移，而且大容量的电容不便于集成化。
- 直接耦合功率放大器：也称为无输出电容功率放大器，即 OCL 功率放大器。该电路为双电源供电，且不用变压器和大电容，便于集成化。
- 桥接式功率放大器：即 BTL 功率放大器。该电路为单电源供电，并且不用变压器和大电容，但 BTL 电路所用管子数量最多，难于做到管子特性的理想对称；且管子的总损耗大，使电路的效率降低；另外，电路的输入和输出均无接地点，因此有些场合不适用。

OTL、OCL 和 BTL 电路各有优缺点，使用时应根据需要合理选择。

此外，功率放大电路还可按电路是否集成分为分立元件式功放和集成功放。

思考题：

1. 什么是三极管的甲类、乙类和甲乙类工作状态?
2. 对功率放大器和电压放大器的要求有何不同?

9.2　乙类双电源互补对称功率放大电路

工作在乙类状态下的放大电路，虽然管耗小、效率高，但输入信号的半个波形被削掉了，会产生严重的失真现象。解决失真问题的方法是：用两个工作在乙类状态下的放大器，分别放大输入的正、负半周信号，同时采取措施，使放大后的正、负半周信号能加在负载上面，在负载上获得一个完整的波形。利用这种方式工作的功放电路称为乙类互补对称电路，也称为推挽功率放大电路。

推挽功率放大电路有单电源和双电源两种类型。单电源的电路通常称为 OTL（无输出变压器）功率放大器，双电源的电路通常称为 OCL（无输出电容）功率放大器，下面以 OCL 电路为例，来讨论功率放大器的工作原理。

9.2.1　电路组成及工作原理

图 9-2 是乙类双电源互补对称功率放大器电路，这类电路又称无输出电容功率放大器电路，简称 OCL（Output Capacitorless）功率放大器电路。由图可见，OCL 功率放大器有两个供电电源，且采用 NPN 和 PNP 组成的共集电极对称电路来实现对正、负半周输入信号的放大。为了使合成后的波形不产生失真，要求两个不同类型三极管的参数要对称。该电路的工作原理如下所述。

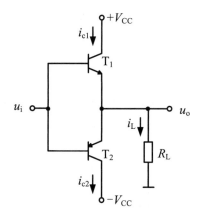

图 9-2 乙类双电源互补对称功率放大器电路

1．静态分析

当输入信号 $u_i=0$ 时，两个三极管都工作在截止区，此时，I_{BQ}、I_{CQ}、I_{EQ} 均为 0，负载上无电流通过，输出电压 $u_o=0$。

2．动态分析

设三极管 b-e 间的开启电压可忽略不计，输入电压为正弦波。

当输入信号为正半周（$u_i>0$）时，三极管 T_2 因反向偏置而截止，三极管 T_1 因正向偏置而导通，三极管 T_1 对输入的正半周信号实施放大，在负载电阻上得到放大后的正半周输出信号（$u_o>0$）。

当输入信号为负半周（$u_i<0$）时，三极管 T_1 因反向偏置而截止，三极管 T_2 因正向偏置而导通，三极管 T_2 对输入的负半周信号实施放大，在负载电阻上得到放大后的负半周输出信号（$u_o<0$）。

虽然正、负半周信号分别是由两个三极管放大的，但两个三极管的输出电路都经过负载电阻 R_L，在负载电阻 R_L 上合成一个完整的输出信号。

▶ 9.2.2 分析计算

在 OCL 电路中，每个三极管集电极静态电流为零，因而该电路效率高。

1．输出功率 P_o

输出功率用输出电压有效值和输出电流有效值的乘积来表示。设输出电压的幅值为 U_{om}，则

$$P_o = I_o U_o = \frac{U_{om}}{\sqrt{2}R_L} \times \frac{U_{om}}{\sqrt{2}} = \frac{1}{2}\frac{U_{om}^2}{R_L} \qquad (9\text{-}2)$$

若输入信号足够大，使输出电压 $U_{om} = V_{CC} - U_{CES} = I_{cm}R_L$，若忽略管子饱和压降 U_{CES}，可获得最大输出功率

$$P_{\text{om}} = \frac{1}{2} \frac{V_{\text{CC}}^2}{R_{\text{L}}} \qquad\qquad (9\text{-}3)$$

2. 管耗P_{T}

因为两个三极管各导通半个周期（不考虑失真），且通过两管的电流和两管两端的电压u_{CE}在数值上都分别相等（只是在时间上错开了半个周期），所以假设$u_{\text{o}} = U_{\text{om}} \sin\omega t$，则 T1 管的管耗为

$$
\begin{aligned}
P_{\text{T1}} &= \frac{1}{2\pi} \int_0^{\pi} \left(V_{\text{CC}} - u_{\text{o}} \right) \frac{u_{\text{o}}}{R_{\text{L}}} \mathrm{d}(\omega t) \\
&= \frac{1}{2\pi} \int_0^{\pi} \left(V_{\text{CC}} - U_{\text{om}} \sin\omega t \right) \frac{U_{\text{om}} \sin\omega t}{R_{\text{L}}} \mathrm{d}(\omega t) \\
&= \frac{1}{R_{\text{L}}} \cdot \left(\frac{V_{\text{CC}} U_{\text{om}}}{\pi} - \frac{U_{\text{om}}^2}{4} \right) \qquad\qquad (9\text{-}4)
\end{aligned}
$$

两管的管耗为

$$P_{\text{T}} = P_{\text{T1}} + P_{\text{T2}} = \frac{2}{R_{\text{L}}} \cdot \left(\frac{V_{\text{CC}} U_{\text{om}}}{\pi} - \frac{U_{\text{om}}^2}{4} \right) \qquad\qquad (9\text{-}5)$$

3. 直流电源供给的功率P_{V}

因为两个三极管各导通半个周期（不考虑失真），每个电源只提供半个周期的电流，且每个三极管电流平均值为

$$
\begin{aligned}
I_{\text{c}} &= \frac{1}{2\pi} \int_0^{\pi} i_{\text{c}} \mathrm{d}(\omega t) \\
&= \frac{1}{2\pi} \int_0^{\pi} I_{\text{cm}} \sin(\omega t) \mathrm{d}(\omega t) \\
&= \frac{1}{2\pi} \int_0^{\pi} \frac{U_{\text{om}}}{R_{\text{L}}} \sin(\omega t) \mathrm{d}(\omega t) \\
&= \frac{1}{\pi} \cdot \frac{U_{\text{om}}}{R_{\text{L}}}
\end{aligned}
$$

直流电源供给的功率等于电源电压和平均电流的乘积，其表达式为

$$P_{\text{V}} = P_{\text{o}} + P_{\text{T}} = 2 \cdot \frac{1}{\pi} \cdot \frac{U_{\text{om}}}{R_{\text{L}}} V_{\text{CC}} = \frac{2}{\pi} \cdot \frac{U_{\text{om}}}{R_{\text{L}}} V_{\text{CC}} \qquad\qquad (9\text{-}6)$$

当输出电压达到最大值，即 $U_{om} \approx V_{CC}$ 时，则电源最大供给功率为

$$P_{Vm} = \frac{2}{\pi} \cdot \frac{V_{CC}^2}{R_L} \tag{9-7}$$

4．效率 η

直流电源送入电路的功率，一部分转化为输出功率，另一部分则损耗在三极管中。电路的效率为输出功率与直流电源供给功率的比值。

$$\eta = \frac{P_o}{P_V} = \frac{\frac{1}{2} \cdot \frac{V_{om}^2}{R_L}}{\frac{2}{\pi} \cdot \frac{U_{om}}{R_L} V_{CC}} = \frac{\pi}{4} \cdot \frac{U_{om}}{V_{CC}} \tag{9-8}$$

当 $U_{om} \approx V_{CC}$ 时，则最大效率为

$$\eta_m = \frac{P_o}{P_V} = \frac{\pi}{4} \approx 78.5\% \tag{9-9}$$

9.2.3　三极管的选择

三极管工作在 OCL 电路（即乙类互补对称电路）状态时，功率 BJT 在静态几乎不取用电流，管耗接近于零。因此，当输入信号较小时，输出功率较小，管耗也小。但能否由此推断出，输入信号越大，则输出功率越大，管耗也越大呢？答案是否定的。那么，最大管耗发生在什么情况下呢？由式（9-4）可知，每管管耗 P_{T1} 是输出电压幅值 U_{om} 的函数，故可用求极值的方法来求解。因此有

$$\frac{dP_{T1}}{dU_{om}} = \frac{1}{R_L} \cdot \left(\frac{V_{CC}}{\pi} - \frac{U_{om}}{4} \right)$$

令 $\dfrac{dP_{T1}}{dU_{om}} = 0$ ，则得

$$U_{om} = \frac{2V_{CC}}{\pi} \approx 0.6 V_{CC} \tag{9-10}$$

式（9-10）表明，当 $U_{om} \approx 0.6 V_{CC}$ 时，具有最大管耗，所以

$$P_{T1m} = \frac{1}{R_L} \cdot \left(\frac{V_{CC} \dfrac{2V_{CC}}{\pi}}{\pi} - \frac{\left(\dfrac{2V_{CC}}{\pi} \right)^2}{4} \right) = \frac{1}{\pi^2} \cdot \frac{V_{CC}^2}{R_L} \tag{9-11}$$

考虑到最大输出功率 $P_{om} = \dfrac{1}{2} \dfrac{V_{CC}^2}{R_L}$ ，则每管的最大管耗和电路的最大输出功率具有如下

的关系

$$P_{T1m} \approx 0.2P_{om} \tag{9-12}$$

式（9-12）常用来作为乙类（及甲乙类）OCL 电路选择管子的依据。例如，要求输出功率为 20 W，则要选用两个额定管耗大于 4 W 的管子。

显然，上面的计算结论是在理想情况下得出的，实际上在选管子的额定功耗时，还要留有一定的余量。

由以上分析及计算可知，若想得到最大输出功率，BJT 的参数必须满足下列条件：

● 每个功放管最大容许管耗 P_{T1m} 必须满足 $P_{T1m} \geqslant 0.2P_{om}$。

● 选用功放管的击穿电压应满足 $U_{(BR)CEO} \geqslant 2V_{CC}$。

● 选用功放管的集电极电流应满足 $I_{cm} \geqslant \dfrac{V_{CC}}{R_L}$。

思考题：

1. 乙类双电源互补对称功率放大电路的工作原理是什么？

2. 乙类双电源互补对称功率放大电路的功率、效率如何求解？

9.3 甲乙类双电源互补对称功率放大电路

9.3.1 乙类互补对称功放的交越失真

如图 9-2 所示为乙类互补对称功放电路，若考虑三极管 b-e 间的开启电压 U_{on}，则当输入信号 $|u_i| < U_{on}$ 时，三极管 T_1、T_2 均处于截止状态，输出电压 $u_o=0$；只有当输入信号 $|u_i| > U_{on}$ 时，三极管 T_1 或 T_2 才导通，u_o 在正负半波相交的地方出现了一段死区，这种现象称为交越失真，如图 9-3 所示。

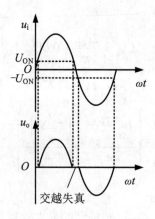

图 9-3 乙类互补对称功放电路的交越失真

为避免乙类互补对称功放的交越失真，需要采用一定的措施产生一个不大的偏流，使静态工作点稍高于截止点，即工作于甲乙类状态。此时的互补功率放大电路如图9-4所示，在三极管 T_1、T_2 基极之间加两个正向串联二极管 D_1、D_2，便可以得到适当的正向偏压，从而使三极管 T_1、T_2 在静态时能处于微导通状态。

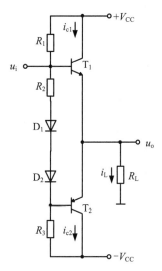

图 9-4　甲乙类双电源互补对称功率放大电路

9.3.2　甲乙类双电源互补对称功率放大电路消除失真

在如图9-4所示电路中，静态时，从 $+V_{CC}$ 经过 R_1、R_2、D_1、D_2、R_3 到 $-V_{CC}$ 有一个直流电流，它在三极管 T_1 和 T_2 两个基极间所产生的电压为

$$U_{B1,B2}=U_{R2}+U_{D1}+U_{D2} \tag{9-13}$$

使 $U_{B1,B2}$ 略大于 T_1 管发射结和 T_2 管发射结开启电压之和，从而使两个管子均处于微导通状态。另外，静态时应调节 R_2，使发射极电位 U_E 为零，即输出电压 $u_o=0$。

当有交流信号输入时，D_1、D_2 的交流电阻很小，可视为短路，而且 R_2 的阻值也很小，从而保证两管基极输入信号幅度基本相等。当输入信号为正半周时，三极管 T_1 导通；当输入信号为负半周时，三极管 T_2 导通。即使输入电压信号很小，总能保证至少有一个三极管导通，因而消除了交越失真。

9.3.3　采用复合管的甲乙类双电源互补对称功率放大电路

在功放中，如果负载电阻较小，而又要求输出较大的功率，就必然要给负载提供很大的电流。为了满足这一电路要求，电路的互补输出管可以采用复合管的形式，这样就可以获得非常大的电流放大系数。

由复合管组成的带前置放大级的甲乙类互补 OCL 功率放大电路如图9-5（a）所示。图9-5（a）中，要求 T_3 和 T_4 既要互补又要对称，对于 NPN 型和 PNP 型两种大功率管来说，一般比较难以实现。

　　为此，T_3 和 T_4 最好选同一型号的管子，通过复合管的接法来实现互补，这样组成的电路称为准互补电路，如图9-5（b）所示。

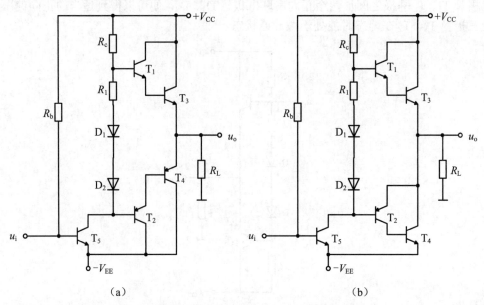

（a）　　　　　　　　　　　　　　　（b）

图 9-5　采用复合管的甲乙类互补 OCL 功率放大电路

思考题：

1. 什么是交越失真？如何解决交越失真？
2. 在大功率放大电路中，为什么要采用复合管的接法来实现互补？

9.4　集成功率放大电路

　　集成功率放大器是把小信号音频输入电路、信号放大器电路、推动电路、功率放大电路集成在一起，再配上电源部分、输入/输出接口部分组成的。

　　集成功率放大器具有输出功率大、外围连接元件少、使用方便等优点，目前使用越来越广泛。它的品种很多，本节主要以 TDA2030A、LM386 等单片集成音频功率放大器为例加以介绍，希望读者在使用时能举一反三，灵活应用其他功率放大器件。

9.4.1　TDA2030A 集成功率放大器及其应用

　　TDA2030A 是目前使用较为广泛的一种集成功率放大器，与其他功放相比，它的引脚和外部元件都较少。

　　TDA2030A 的电器性能稳定，并在内部集成了过载和热切断保护电路，能适应长时间连续工作，由于其金属外壳与负电源引脚相连，因而在单电源使用时，金属外壳可直接固定在散热片上并与地线（金属机箱）相接，无须绝缘，使用很方便。

TDA2030A 使用于收录机和有源音箱中，作为音频功率放大器，也可作为其他电子设备中的功率放大器。因其内部采用的是直接耦合，亦可以作直流放大。主要性能参数如下：

- 电源电压 V_{CC}：$\pm 3 \sim \pm 18V$。
- 输出峰值电流：3.5A。
- 输入电阻：$>0.5M\Omega$。
- 静态电流：$<60mA$（测试条件：$V_{CC}=\pm 18V$）。
- 电压增益：30dB。
- 频响带宽（BW）：$0 \sim 140kHz$。
- 在电源为 $\pm 15V$、$R_L=4\Omega$ 时，输出功率为 14 W。

TDA2030A 引脚排列如图 9-6 所示。其中，1 脚为同相输入端，2 脚为反相输入端，3 脚为负电源端，4 脚为输出端，5 脚为正电源端。

图 9-6 TDA2030A 引脚排列

TDA2030A 接成的 OCL（双电源）典型应用电路如图 9-7 所示。输入信号 u_i 由同相端输入，R_1、R_2、C 构成交流电压串联负反馈，因此，闭环电压放大倍数为

$$A_{uf} = 1 + \frac{R_1}{R_2} = 33 \tag{9-14}$$

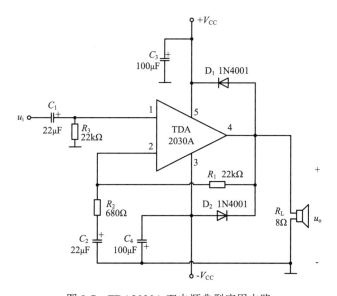

图 9-7 TDA2030A 双电源典型应用电路

为了保持两输入端直流电阻平衡，使输入级偏置电流相等，选择 $R_3=R_1$。T1、T2 起保护作用，用来泄放 R_L 产生的感生电压，将输出端的最大电压限制在 $\pm(V_{CC}+0.7)$ V 范围内。C_3、C_4 为去耦电容，用于减少电源内阻对交流信号的影响。C_1、C_2 为耦合电容。

▶ 9.4.2　LM386 集成功率放大器及其应用

LM386 是一种音频集成功放，具有自身功耗低、更新内链增益可调整、电源电压范围大、外接元件少和总谐波失真小等优点，其广泛应用于录音机和收音机之中。

LM386 主要性能参数如下：

● 电源电压 V_{CC}：4～12V 或 5～18V。
● 输入电阻：50kΩ。
● 静态电流：4mA（测试条件：$V_{CC}=6V$）。
● 电压增益：20～200dB。
● 频响带宽（BW）：300kHz（在 1、8 脚开路时）。
● 在电源为 6V、$R_L=8Ω$ 时，输出功率为 250～325mW。

LM386 的引脚排列如图 9-8 所示，它采用 8 脚双列直插式塑料封装。其中，2 脚为反相输入端，3 脚为同相输入端，4 脚为地，5 脚为输出端，6 脚为电源，7 脚为旁路端，1 脚和 8 脚为电压增益设定端，使用时在 7 脚和地之间接旁路电容，通常取 10μF。

图 9-8　LM386 的引脚排列

LM386 接成的典型应用电路如图 9-9 所示，R_1 用来调整扬声器音量大小，若直接将 u_i 输入即为音量最大的状态；C_2 为去耦滤波电容；C_4 为输出耦合电容；C_3、R_3 用于相位补偿，防止电路自激，有时也可省去不用；C_1、R_2 用于调节电路的闭环电压增益，改变 R_2 的值，可使集成功放的电压放大倍数在 20～200 变化，R_2 的值越小，电压增益越大。

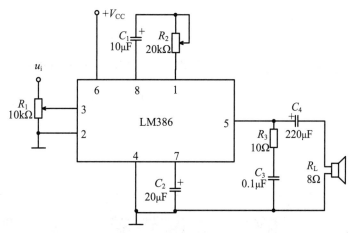

图 9-9　LM386 典型应用电路

思考题：

TDA2030A 为什么具有两个输入端？这两个输入端分别具有什么功能？

⏩ 9.5　Multisim 仿真举例——OCL 甲乙类互补功率放大电路

OCL 甲乙类互补功率放大仿真电路如图 9-10 所示，输入信号为 3V、1kHz 的正弦信号，二极管采用 1N4148，NPN 型三极管采用 2SC1815，PNP 型三极管采用 2SA1015。

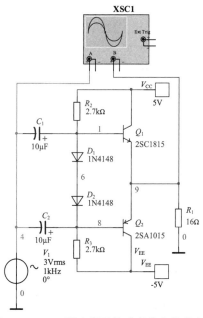

图 9-10　OCL 甲乙类互补功率放大仿真电路

利用 Multisim 的直流工作点分析功能可以测量电路的静态工作点，结果如图 9-11 所示。由图可知，静态时：

$$U_{BE1} = V(1) - V(9) = 575.77043\text{mV} - (-379.58861\text{pV}) \approx 575.77081\text{mV}$$

$$U_{BE2} = V(8) - V(9) = -575.77043\text{mV} - (-379.58861\text{pV}) \approx -575.77005\text{mV}$$

由此可知，静态时两个三极管处于微导通状态。

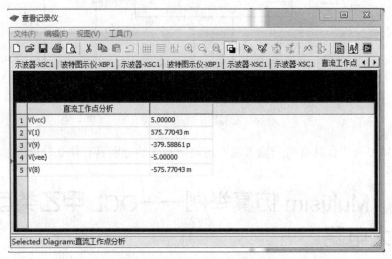

图 9-11　OCL 甲乙类互补功率放大电路的静态工作点电压

图 9-12 是用示波器观察到的输入、输出波形，通道 A 为输入信号 u_i 的波形，通道 B 为输出信号 u_o 的波形，测量的峰值分别为 4.349V 和 3.825V，输出的功率 $P_o = \dfrac{U_{om}^2}{2R_L} = \dfrac{3.825^2}{2 \times 16} \approx$ 0.457W。

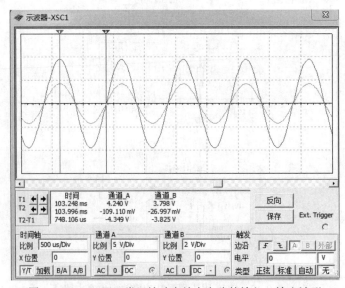

图 9-12　OCL 甲乙类互补功率放大电路的输入、输出波形

小　　结

　　功率放大器的主要功能是向负载提供交流功率，带动一定的输出装置执行动作，可分为变压器功率放大器、OCL 功率放大器 和 OTL 功率放大器。其共同特点是工作在大信号状态下，要求在允许的失真条件下，尽可能提高输出功率和效率。

　　为提高效率，功率放大器常常工作在乙类、甲乙类状态，并利用互补对称结构使其不失真。

　　为解决中大功率管互补配对问题和提高驱动能力，常利用互补复合管获得大电流增益和较为对称的输出特性，形成实际电路中经常使用的准互补功率放大器。

　　集成功放由于成本低、使用方便，而广泛应用于收音机、录音机、电视机及伺服系统中的功率放大部分。

习　　题

9.1　选择合适的答案填入横线内。

　　(1)功率放大电路的最大输出功率是在输入电压为正弦波时,输出基本不失真情况下,负载上可能获得的最大_____。

　　A．交流功率　　　　　　B．直流功率　　　　　　C．平均功率

　　(2) 功率放大电路的转换效率是指_____。

　　A．输出功率与晶体管所消耗的功率之比

　　B．最大输出功率与电源提供的平均功率之比

　　C．晶体管所消耗的功率与电源提供的平均功率之比

　　(3) 在 OCL 乙类功放电路中,若最大输出功率为 1W,则电路中功放管的集电极最大功耗约为_____。

　　A．1W　　　　　　　B．0.5W　　　　　　　C．0.2W

9.2　已知电路如图 9-13 所示，T_1 和 T_2 管的饱和管压降 $|U_{CES}|$=3V，V_{CC}=15V，R_L=8Ω。选择正确答案填入横线内。

　　(1) 电路中 D_1 和 D_2 管的作用是消除_____。

　　A．饱和失真　　　　　　B．截止失真　　　　　　C．交越失真

　　(2) 静态时，晶体管发射极电位 U_{EQ}_____。

　　A．> 0 V　　　　　　B．= 0 V　　　　　　C．< 0 V

　　(3) 最大输出功率 P_{om}_____。

　　A．≈ 28W　　　　　　B．= 18W　　　　　　C．= 9W

　　(4) 当输入为正弦波时，若 R_1 虚焊，即开路，则输出电压_____。

　　A．为正弦波　　　　　　B．仅有正半波　　　　　　C．仅有负半波

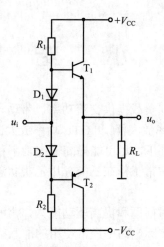

图 9-13　题 9.2～题 9.4 图

（5）若 D_1 虚焊，则 T_1 管 ____ 。

A．可能因功耗过大烧坏　　　　B．始终饱和　　　　C．始终截止

9.3　在如图 9-13 所示电路中，已知 $V_{CC} = 16V$，$R_L = 4\Omega$，T_1 和 T_2 管的饱和管压降 $|U_{CES}| = 2V$，输入电压足够大。试问：

（1）最大输出功率 P_{om} 和效率 η 各为多少？

（2）晶体管的最大功耗 P_{Tmax} 为多少？

（3）为了使输出功率达到 P_{om}，输入电压的有效值约为多少？

9.4　电路如图 9-13 所示。在出现下列故障时，分别产生什么现象？

（1）R_1 开路；（2）D_1 开路；（3）R_2 开路；（4）T_1 集电极开路；（5）R_1 短路；（6）D_1 短路。

9.5　在如图 9-14 所示电路中，已知二极管的导通电压 $U_D = 0.7V$，晶体管导通时的 $|U_{BE}| = 0.7V$，T_3 和 T_4 管发射极静态电位 $U_{EQ} = 0V$。

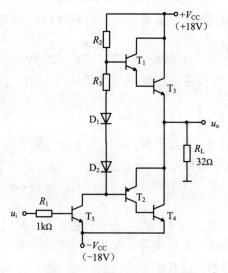

图 9-14　题 9.5～题 9.9 图

试问：

（1）T_1、T_2 和 T_5 管基极的静态电位各为多少？

（2）设 $R_2=10\text{k}\Omega$，$R_3=100\Omega$。若 T_1 和 T_2 管基极的静态电流可忽略不计，则 T_5 管集电极静态电流为多少？静态时 u_i 为多少？

（3）若静态时 $i_{B1}>i_{B2}$，则应调节哪个参数可使 $i_{B1}=i_{B3}$？如何调节？

（4）电路中二极管的个数可以是 1、2、3、4 吗？你认为哪个最合适？为什么？

9.6　在如图 9-14 所示电路中，已知 T_3 和 T_4 管的饱和管压降 $|U_{CES}|=2\text{V}$，静态时电源电流可忽略不计。试问负载上可能获得的最大输出功率 P_{om} 和效率 η 各为多少？

9.7　为了稳定输出电压，减小非线性失真，请通过电阻 R_f 在如图 9-14 所示电路中引入合适的负反馈，并估算在电压放大倍数数值约为 10 的情况下，R_f 的取值。

9.8　估算如图 9-14 所示电路中 T_3 和 T_4 管的最大集电极电流、最大管压降和集电极最大功耗。

9.9　电路如图 9-14 所示。在出现下列故障时，分别产生什么现象？

（1）R_2 开路；（2）D_1 开路；（3）R_2 短路；（4）T_1 集电极开路；（5）R_3 短路。

9.10　在如图 9-15 所示电路中，已知 $V_{CC}=15\text{V}$，T_1 和 T_2 管的饱和管压降 $|U_{CES}|=2\text{V}$，输入电压足够大。求解：

（1）最大不失真输出电压的有效值。

（2）负载电阻 R_L 上电流的最大值。

（3）最大输出功率 P_{om} 和效率 η。

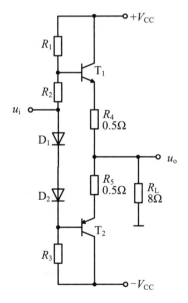

图 9-15　题 9.10 和题 9.11 图

9.11　在如图 9-15 所示电路中，R_4 和 R_5 可起短路保护作用。试问：当输出因故障而短路时，晶体管的最大集电极电流和功耗各为多少？

9.12　电路如图 9-16 所示，已知 T_1 和 T_2 管的饱和管压降 $|U_{CES}|=2\text{V}$，直流功耗可忽略

不计。求解：

（1）R_3、R_4 和 T_3 的作用是什么？

（2）负载上可能获得的最大输出功率 P_{om} 和电路的转换效率 η 各为多少？

（3）设最大输入电压的有效值为 1V。为了使电路的最大不失真输出电压的峰值达到 16V，电阻 R_6 至少应取多少千欧？

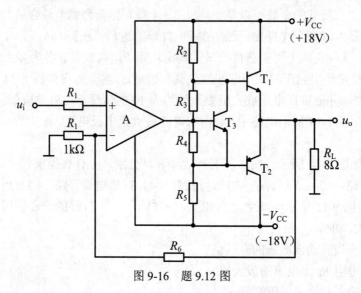

图 9-16 题 9.12 图

9.13 在如图 9-17 所示电路中，已知 $V_{CC} = 15V$，T_1 和 T_2 管的饱和管压降 $|U_{CES}| = 1V$，集成运放的最大输出电压幅值为 $\pm 13V$，二极管的导通电压为 0.7V。求解：

（1）若输入电压幅值足够大，则电路的最大输出功率为多少？

（2）为了提高输入电阻，稳定输出电压，且减小非线性失真，应引入哪种组态的交流负反馈？画图表示。

（3）若 $U_i = 0.1V$ 时，$U_o = 5V$，则反馈网络中电阻的取值约为多少？

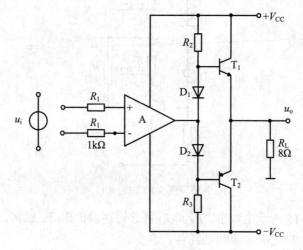

图 9-17 题 9.13 图

9.14 LM1877N-9 为 2 通道低频功率放大电路，单电源供电，最大不失真输出电压的峰峰值 $U_{OPP}=(V_{CC}-6)V$，开环电压增益为 70dB。如图 9-18 所示为 LM1877N-9 中一个通道组成的实用电路，电源电压为 24V，$C_1 \sim C_3$ 对交流信号可视为短路；R_3 和 C_4 起相位补偿作用，可以认为负载为 8Ω。求解：

（1）静态时 u_P、u_N、u'_o、u_o 各为多少？

（2）设输入电压足够大，电路的最大输出功率 P_{om} 和效率 η 各为多少？

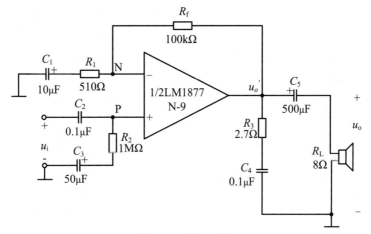

图 9-18　题 9.14 图

第 10 章 直流稳压电源

引言

常用电子仪器和电气设备所需要的直流功率通常在 1000W 以下，所用的电源属于小功率直流电源。本章主要介绍小功率直流电源的基本组成，对常用的整流、滤波和稳压电路的工作原理、性能指标进行分析和讨论；然后介绍现在主要应用的集成稳压器及其应用实例。

大多数电子电路通常都需要电压稳定的直流电源供电。直流电压通常是从交流电网中转换获得的，由于电网电压的波动、负载电流的变化，以及温度等环境因素的改变，往往使得直流电压不稳定。直流稳压电源的功能就是将交流电压转换为稳定的直流电压。

直流稳压电源的组成如图 10-1 所示，它由电源变压器、整流电路、滤波电路和稳压电路 4 部分组成。

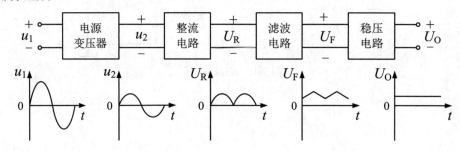

图 10-1　直流稳压电源的组成和稳压过程

电源变压器是将交流电网 220 V 的电压变为所需要的电压值，然后通过整流电路将交流电压变成脉动的直流电压。由于此脉动的直流电压还含有较大的纹波，故必须通过滤波电路加以滤除，从而得到比较平滑的直流电压。但这样的电压还随电网电压波动（一般有 ±10%左右的波动）、负载和温度的变化而变化，因而在整流、滤波之后，还需要接稳压电路。稳压电路的作用是当电网电压波动、负载和温度变化时，维持输出稳定的直流电压。当负载要求功率较大，且要求电压可调时，常采用晶闸管整流电路。本章只讨论小功率整流、滤波和稳压电路。

⟹ 10.1　整流电路

利用二极管的单向导电特性，将正负交替的正弦交流电压变换成单方向的脉动电压的电路称为整流电路。根据交流电的相数，整流电路分为单相整流、三相整流等。在小功率电路中常用的单相整流电路有单相半波、单相全波和单相桥式整流电路。其中尤以单相桥式整流电路最为普遍。

为便于分析整流电路，把整流二极管看成理想元件，即认为它的正向导通电阻为零，而反向电阻为无穷大。但在实际应用中，正向导通的二极管压降随电流大小的不同，会有 0.6～1V 的压降。当整流电路的输入电压比较大时，这部分压降可以忽略，但当输入电压较小时，就需要考虑二极管正向压降的影响。

▶ 10.1.1 单相半波整流电路

单相半波整流电路如图 10-2 所示。

设变压器次级电压为

$$u_2 = \sqrt{2}U_2\sin\omega t \tag{10-1}$$

当 u_2 为正半周（极性为上正下负）时，二极管 D 正向偏置，处于导通状态，负载 R_L 上得到半个周期的直流脉动电压和电流；而在 u_2 为负半周时，二极管 D 反向偏置，处于截止状态，负载 R_L 中没有电流流过，负载上电压为零。由于二极管的单向导电作用，将变压器次级的交流电压变换成为负载 R_L 两端的单向脉动电压，达到整流目的，其波形如图 10-3 所示。因为这种电路只在交流电压的半个周期内才有电流流过负载 R_L，所以称为单相半波整流电路。

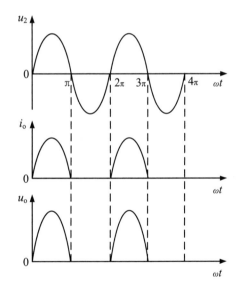

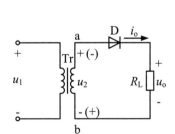

图 10-2 单相半波整流电路　　　　　图 10-3 单相半波整流波形图

整流电路的输出电压 u_o 是脉动的直流电压，直流电压的大小用其平均值 U_o 来衡量。由于

$$U_o = \frac{1}{2\pi}\int_0^\pi u_o \mathrm{d}(\omega t) = \frac{1}{2\pi}\int_0^\pi \sqrt{2}U_2\sin\omega t\,\mathrm{d}(\omega t) \tag{10-2}$$

则有

$$U_o = \frac{\sqrt{2}}{\pi} U_2 \approx 0.45 U_2 \qquad (10\text{-}3)$$

整流电路的输出电流 i_o 的平均值 I_o 为

$$I_o = \frac{U_o}{R_L} = 0.45 \frac{U_2}{R_L} \qquad (10\text{-}4)$$

所以流过每个二极管的平均电流为

$$I_D = I_o = 0.45 \frac{U_2}{R_L} \qquad (10\text{-}5)$$

当正向偏置的二极管导通时，另外一个二极管承受反向电压而截止，其承受的最高反向电压为

$$U_{DRM} = \sqrt{2} U_2 \qquad (10\text{-}6)$$

由分析可得，流过变压器次级的电流是交流电流，其有效值为

$$I_2 = \frac{U_2}{R_L} = \frac{I_o}{0.45} \approx 2.22 I_o \qquad (10\text{-}7)$$

由以上分析可见，单相半波整流电路结构简单，但输出直流分量较低，脉动大，变压器没有充分利用，故多用单相桥式整流电路。

【例 10-1】如图 10-4 所示的是电热用具（如电热毯）的温度控制电路。整流二极管的作用是使保温时的耗电仅为升温时的一半。如果此电热用具在升温时耗电 100W，试计算对整流二极管的要求，并选择管子的型号。

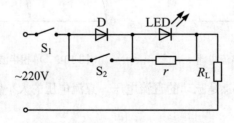

图 10-4 电热用具的温度控制电路

解：保温时（S_1 闭合、S_2 断开）负载 R_L 上的平均电压为

$$U_o = 0.45U_2 = 0.45 \times 220 = 99V$$

由于升温时耗电 100W，可以计算出 R_L 值为

$$R_L = \frac{U_2^2}{P} = \frac{220^2}{100} = 484\Omega$$

因此有

$$I_D = I_o = \frac{U_o}{R_L} = \frac{99}{484} \approx 0.2A$$

$$U_{DRM} = \sqrt{2}U_2 = \sqrt{2} \times 220 = 311V$$

查阅半导体器件手册，可选择 2CZ53F 型硅整流二极管，其最大整流电流为 0.3A，最高反向电压为 400V。

▶ 10.1.2   单相桥式全波整流电路

单相桥式整流电路如图 10-5（a）所示。4 个整流二极管连接成电桥的形式，故有桥式整流电路之称，图中的 4 个二极管电路称为整流桥。图 10-5（b）是它的简化画法。

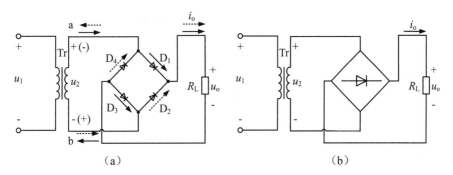

图 10-5   单相桥式整流电路

当变压器次级电压 u_2 为正半周时，a 点电位高于 b 点电位，二极管 D_1、D_3 处于正向偏置而导通，而 D_2、D_4 处于反向偏置而截止，电流的路径和流向如图 10-5（a）中实线箭头所示。当变压器次级电压 u_2 为负半周时，b 点电位高于 a 点电位，二极管 D_2、D_4 处于正向偏置而导通，而 D_1、D_3 则处于反向偏置而截止，电流的路径和流向如图 10-5（a）中虚线箭头所示。无论次级电压 u_2 是在正半周还是在负半周，负载电阻 R_L 上都有电流流过，而且方向相同。在负载电阻 R_L 上形成的单向脉动电压和脉动电流波形如图 10-6 所示。

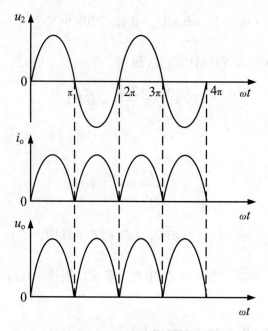

图 10-6　单相桥式全波整流波形图

整流电路的输出电压u_o是脉动的直流电压，直流电压的大小用其平均值U_o来衡量。由于

$$U_o = \frac{1}{2\pi}\int_0^{2\pi} u_o \mathrm{d}(\omega t) = \frac{1}{\pi}\int_0^{\pi} \sqrt{2}U_2 \sin\omega t \mathrm{d}(\omega t) \qquad (10\text{-}8)$$

则有

$$U_o = \frac{2\sqrt{2}}{\pi}U_2 \approx 0.9U_2 \qquad (10\text{-}9)$$

整流电路的输出电流i_o的平均值I_o为

$$I_o = \frac{U_o}{R_L} = 0.9\frac{U_2}{R_L} \qquad (10\text{-}10)$$

由于在每个周期中，4 个整流二极管分为两组，D_1、D_3 和 D_2、D_4 是两两轮流导通的，所以流过每个二极管的平均电流为

$$I_D = \frac{1}{2}I_o = 0.45\frac{U_2}{R_L} \qquad (10\text{-}11)$$

当正向偏置的二极管导通时，另外两个二极管承受反向电压而截止，其承受的最高反

向电压为

$$U_{\mathrm{DRM}} = \sqrt{2}U_2 \qquad\qquad (10\text{-}12)$$

由分析可得，流过变压器次级电流的是交流电流，其有效值为

$$I_2 = \frac{U_2}{R_{\mathrm{L}}} = \frac{I_{\mathrm{o}}}{0.9} \approx 1.11 I_{\mathrm{o}} \qquad\qquad (10\text{-}13)$$

上述几个公式是分析、设计整流电路的重要依据，也是选择电源变压器和整流二极管参数的重要依据。

单相桥式整流电路输出的直流电压较半波整流高，波纹电压也比半波整流小，二极管所承受的最大反向电压比全波整流低，而且电源变压器在正、负半周内都有电流供给负载，利用充分，效率较高，因此得到了较广泛的应用。实际应用中经常使用将 4 个整流二极管封装在一起的整流桥模块（硅堆），这些模块只有交流输入和直流输出引脚，可以减少接线，提高可靠性，使用起来非常方便。

【例 10-2】 有一单相桥式整流电路，要求输出 24V 的直流电压和 1A 的直流电流，交流电源电压为 220V，试确定变压器次级电压的有效值，并选择相应的整流二极管。

解： 变压器次级电压的有效值为

$$U_2 = \frac{U_{\mathrm{o}}}{0.9} = \frac{24}{0.9} = 26.7\mathrm{V}$$

二极管承受的最高反向电压为

$$U_{\mathrm{DRM}} = \sqrt{2}U_2 = 37.8\mathrm{V}$$

二极管的平均电流为

$$I_{\mathrm{D}} = \frac{1}{2}I_{\mathrm{o}} = \frac{1}{2} \times 1 = 0.5\mathrm{A}$$

查阅半导体器件手册，可选择 4 个 2CZ11A 型硅整流二极管，其最大整流电流为 1A，最高反向电压为 100V。

思考题：

1. 直流稳压电源的组成部分有哪些？

2. 整流电路的主要功能是什么？主要利用二极管的什么特性？如何选择二极管？

3. 桥式整流电路的组成和工作原理是什么？

10.2　滤波电路

整流电路的输出电压除直流分量外，还叠加有很多谐波分量，这些谐波分量总称为纹波。单相半波和桥式整流电路的输出电压除了在一些特殊场合可以直接应用外，不能作为电源为电子电路供电，必须采取措施减小输出电压中的交流成分，使输出电压接近于理想的直流电压。这种措施就是采用滤波电路，将交流成分滤除，以得到比较平滑的输出电压。滤波电路一般由电容器、电感器、电阻器等元件组成。利用电容两端电压不能突变的特点，把电容和负载电阻并联，使输出电压波形平滑而实现滤波的功能。另外，利用电感也可以实现滤波功能。常用的滤波电路有电容滤波电路、电感滤波电路和复式滤波电路等。

10.2.1　电容滤波电路

图 10-7（a）为单相桥式整流电容滤波电路。在接入 220V 交流电源前，电容初始电压 u_c 为零。当变压器次级电压 u_2 为正半周时，通过二极管 D_1、D_3 向电容器 C 充电；当变压器次级电压 u_2 为负半周时，则通过二极管 D_2、D_4 向电容器 C 充电，充电的时间常数为

$$\tau_{充} = R_{in}C \tag{10-14}$$

式（10-14）中，R_{in} 包括变压器二次绕组的直流电阻和二极管的正向导通电阻，R_{in} 一般很小，充电的时间常数也很小，电容器很快就充电到交流电压 u_2 的最大值 $\sqrt{2}U_2$，即 $U_C = \sqrt{2}U_2$。

此后 u_2 由最大值下降时，$u_2 < u_C$，二极管处于截止状态，电容器开始放电，放电时间常数为 $\tau_d = R_L C$，放电的时间常数越大，放电过程越慢。当交流电压上升，超过电容电压，即 $u_2 > u_C$ 时，有二极管导通，重新向电容器 C 充电。电容器 C 如此周而复始地进行充电和放电的转换，形成如图 10-7（b）所示的输出波形。

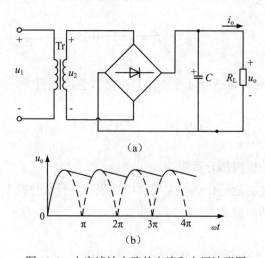

图 10-7　电容滤波电路的电流和电压波形图

根据以上分析可知，滤波后不但脉动电流减小，且输出电压的平均值有所提高。当满足条件 $R_{\mathrm{L}}C = 3.5\dfrac{T}{2}$ 时，一般取输出电压的平均值为

$$U_{\mathrm{o}} = 1.2U_2 \tag{10-15}$$

单相半波整流电容滤波

$$U_{\mathrm{o}} = U_2 \tag{10-16}$$

总之，电容滤波电路简单，直流输出电压 U_{o} 较高，纹波也较小，但输出特性较差，故适用于负载变动不大的小功率场合。

10.2.2　电感滤波电路

由于通过电感的电流不能突变，用一个大电感与负载串联，流过负载的电流也就不能突变，电流平滑，输出电压的波形也就平稳了。其实质是因为电感对交流呈现很大的阻抗，频率越高，感抗越大，则交流成分绝大部分降到了电感上，若忽略导线电阻，电感对直流没有压降，即直流均落在负载上，达到了滤波目的。

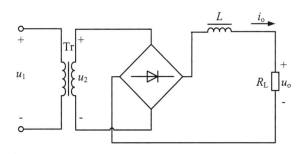

图 10-8　带电感滤波器的桥式整流电路

电感滤波电路如图 10-8 所示。在这种电路中，输出电压的交流成分是整流电路输出电压的交流成分经 X_{L} 和 R_{L} 分压的结果，只有 $\omega L \gg R_{\mathrm{L}}$ 时，滤波效果才好。一般小于全波整流电路输出电压的平均值，如果忽略电感线圈的铜阻，则 $U_{\mathrm{o}} = 0.9U_2$。虽然电感滤波电路对整流二极管没有电流冲击，但为了使 L 值大，多用铁心电感，其缺点为体积大、笨重，且输出电压的平均值 U_{o} 更低。

L 越大，滤波的效果越好，电感滤波器主要适用于负载电压较低、负载电流较大以及负载变化较大的场合。

10.2.3　复式滤波电路

如果要求输出电压的脉动更小，可将电感、电容和电阻组合起来，构成复式滤波电路。常见的有 π 型 LC、π 型 RC 和 T 型 LC 复式滤波电路。如图 10-9 所示为 π 型 LC 滤波电路。

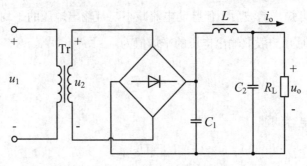

图 10-9 π 型 LC 滤波电路

π 型 LC 滤波电路即在 LC 滤波电路的前面并联一个滤波电容 C_1。这样，LC 滤波电路的滤波效果更好，但 C_1 的充电对整流二极管的冲击电流较大。电路的基本原理可按前述相同的方法进行分析。

电感线圈体积大且笨重，成本较高，所以在负载电流很小的场合也可用电阻 R 代替 π 型滤波电路中的电感线圈，构成 π 型 RC 滤波电路。这种滤波电路中的 R 值取得不大，它只适用于负载电流较小而且要求输出电压脉动较小的场合。

思考题：

1．滤波电路的主要功能是什么？
2．常用的滤波电路的种类有哪些？
3．简述电容滤波电路的工作原理。

10.3 稳压电路

通过整流滤波电路所获得的直流电源电压是比较稳定的，但是当电网电压波动或负载电流变化时，输出电压会随之改变。电子设备一般都需要稳定的电源电压。如果电源电压不稳定，将会引起直流放大器的零点漂移，交流噪声增大，测量仪表的测量精度降低等。为了得到更加稳定、可靠的直流电源，需要在整流滤波环节的后面加接稳压电路，从而使直流电源的输出电压尽可能不受交流电网电压波动和负载变化的影响。

10.3.1 并联型稳压电路

由硅稳压管组成的稳压电路如图 10-10 所示，R 为限流电阻，稳压管 D_Z 为调整元件，因其与负载 R_L 并联，又称为并联型稳压电路。

1．工作原理

稳压管稳压的原理，实际上是利用稳压管在反向击穿时电流可在较大范围内变动而击穿电压却基本不变的特点实现的。在这种电路中，不论是电网电压波动还是负载电阻 R_L 的变化，稳压管都能起到稳压作用，因为 U_Z 基本恒定，而 $U_o = U_Z$。

- 设 R_L 不变，电网电压升高使整流滤波后的直流电压 U_i 升高，导致 U_o 升高，而 $U_o = U_Z$。根据稳压管特性，当 U_Z 升高一点儿时，I_Z 将会显著增加，则 I_R 必然增加，即电阻 R 上的压降增大，吸收了 U_i 的增加部分，从而保持 U_o 不变。反之亦然。

- 设电网电压不变，当负载 R_L 阻值增大时，I_o 减小，限流电阻 R 上压降将会减小。由于 U_i 不变，则导致 U_o 升高，即 U_Z 升高，这样必然使 I_Z 显著增加，从而使流过限流电阻 R 的电流 I_R 基本不变，导致压降 U_Z 基本不变，则 U_o 也就保持不变。反之亦然。

硅稳压管稳压电路利用稳压管两端电压的微小变化来调节其电流较大的变化，通过改变电阻 R 上压降，使输出电压 U_o 基本维持稳定。在实际使用中，这两个过程是同时存在的，而两种调整也同样存在。因而无论电网电压波动还是负载变化，都能起到稳压作用。

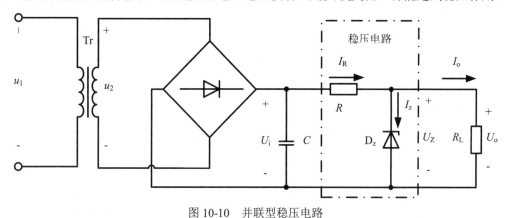

图 10-10　并联型稳压电路

2. 稳压电路参数

（1）稳压管的选型

一般情况下，选择稳压管型号主要依据参数 U_Z、I_{ZM} 和 r_Z。常取

$$U_Z = U_o \tag{10-17}$$

$$I_{ZM} = (1.5 \sim 3)\, I_{omax} \tag{10-18}$$

（2）输入电压 U_i 的确定

一般情况下，$U_i = (2 \sim 3) U_o$。

（3）限流电阻 R 的选择

为了使输出电压稳定，就必须保证稳压管正常工作，因此就必须根据电网电压和 R_L 的变化范围正确地选择 R 的大小。

由第 2 章所学内容可知，限流电阻 R 的取值范围为

$$I_{Zmin} \leqslant I_Z \leqslant I_{ZM} \tag{10-19}$$

考虑 U_i 达到最大而 I_o 达到最小时，有

$$\frac{U_{imax} - U_Z}{R} - I_{omin} \leqslant I_{ZM} \qquad (10\text{-}20)$$

整理得

$$R \geqslant \frac{U_{imax} - U_Z}{I_{ZM} + I_{omin}} \qquad (10\text{-}21)$$

考虑 U_i 达到最小而 I_o 达到最大时，有

$$\frac{U_{imin} - U_Z}{R} - I_{omax} \geqslant I_{Zmin} \qquad (10\text{-}22)$$

通常取 $I_{Zmin}=I_Z$，整理得

$$R \leqslant \frac{U_{imin} - U_Z}{I_Z + I_{omax}} \qquad (10\text{-}23)$$

综合可得 R 的取值范围为

$$\frac{U_{imax} - U_Z}{I_{ZM} + I_{omin}} \leqslant R \leqslant \frac{U_{imin} - U_Z}{I_Z + I_{omax}} \qquad (10\text{-}24)$$

一般来说，在稳压二极管安全工作的条件下，R 应尽可能小，从而使输出电流范围增大。并联型稳压电路可以使输出电压稳定，但稳定值不能随意调节，而且输出电流很小。

▶ 10.3.2　串联型稳压电路

尽管稳压管稳压电路简单、使用方便，但在使用时存在两方面的问题。一是电网电压和负载电流变化较大时，电路将失去稳压作用，适用范围小；二是稳压值只能由稳压管的型号决定，不能连续可调，稳压精度不高，输出电流也不大，很难满足对电压精度要求高的负载的需要。为了解决这一问题，往往采用串联反馈式稳压电路。

图 10-11 所示为串联型稳压电路的一般结构图，这是一个由负反馈电路组成的自动调节电路。当输出电压或者负载电流有一定的变化时，通过负反馈的自动调节使输出直流电压基本保持稳定不变。

这个稳压电路分为 4 部分：取样电路、比较放大电路、基准电压和调整电路。其中 U_i 是整流滤波电路的输入电压；T 为三极管；A 为比较放大电路；U_{REF} 为基准电压，它由稳压管 D_Z 与限流电阻 R 串联所构成的简单稳压电路获得；R_1 与 R_2 组成反馈网络，是用来反映输出电压变化的取样环节。这种稳压电路的主回路是起调整作用的三极管 T 与负载串联，故称为串联型稳压电路，电路中的三极管称为调整管。

1．工作原理

在图 10-11 所示电路中，串联型稳压电路是利用电压串联负反馈来达到稳定输出电压 U_o 的目的的。当输入电压 U_i 增加（或负载电流 I_o 减小）时，输出电压 U_o 增加，随之反馈电压 U_F 也增加。U_F 与基准电压 U_{REF} 相比较，其差值电压经比较放大电路放大后使 U_B 减小，由于调整管连接成射极输出器形式，因此三极管集-射间电压增大，使输出电压 U_o 下降，从而维持 U_o 基本恒定。

同理，当输入电压 U_i 减小（或负载电流 I_o 增加）时，亦将维持 U_o 基本恒定。

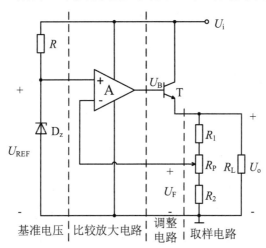

图 10-11　串联型稳压电路

值得注意的是，调整管 T 的调整作用是依靠 U_F 与基准电压 U_{REF} 之间的偏差实现的，必须有偏差才能调整。因此，图 10-11 所示的系统是一个闭环有差调整系统，反馈越深，调整作用越强，输出电压 U_o 也越稳定。

在实际的稳压电路中，如果输出端过载或者短路，将使调整管的电流急剧增大，为使调整管安全工作，还必须加过流保护电路。

2．输出电压的调整范围

当 R_P 的滑动触点在最上端时有

$$U_F = U_Z = \frac{R_P + R_2}{R_1 + R_P + R_2} U_o \tag{10-25}$$

即

$$U_o = \frac{R_1 + R_P + R_2}{R_P + R_2} U_Z \tag{10-26}$$

当 R_P 的滑动触点在最下端时有

$$U_o = \frac{R_1 + R_P + R_2}{R_2} U_Z \tag{10-27}$$

即输出电压的调整范围为

$$\frac{R_1 + R_P + R_2}{R_P + R_2}U_Z \leqslant U_o \leqslant \frac{R_1 + R_P + R_2}{R_2}U_Z \tag{10-28}$$

10.3.3 集成稳压电路

随着集成电路的发展,在许多电子设备中通常采用集成稳压器作为直流稳压电源部件。集成稳压器是将基准电压、比较放大器、调整管、采样电路及外加的限流、截流保护电路等集成在一块芯片上,并用金属完成塑料壳封装的固体组件。集成稳压器体积小,外围元件少,性能稳定可靠,使用十分方便。

集成稳压器的类型很多,按结构可分为串联型、并联型和开关型;按输出电压类型可分为固定式和可调式。使用最方便、应用也很广泛的有三端固定输出集成稳压器、三端可调输出集成稳压器。

1. 三端固定输出集成稳压电路

三端固定输出集成稳压器只有输入端 IN、输出端 OUT 及公共端 GND 3 个引脚,输出电压是固定的,如果不采取其他的方法,其输出电压一般是不可变的。三端固定输出集成稳压器有两个系列:78××系列和 79××系列。78 表示为正电压输出,79 表示为负电压输出,××为集成稳压器输出电压的标称值,有 5 V、6 V、8 V、9 V、12 V、15 V、18 V、24 V 等档次。其额定输出电流以 78 或 79 后面所加的字母来区分,L 表示 0.1 A,M 表示 0.5 A,无字母表示 1 A,如 78L05 表示 5 V、0.1 A。三端固定输出集成稳压器的外形及引脚排列如图 10-12 所示,应用电路如图 10-13 所示。

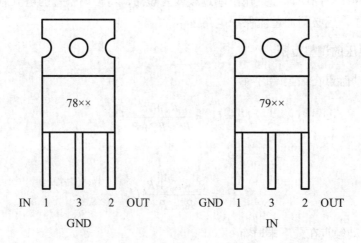

图 10-12　三端固定输出集成稳压器的外形及引脚排列

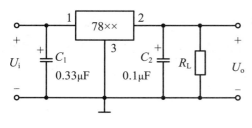

（a）正电压稳压器

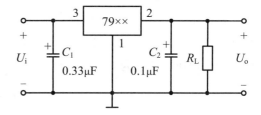

（b）负电压稳压器

图 10-13 三端固定输出集成稳压器基本电路

2. 三端可调输出集成稳压电路

三端可调输出集成稳压器是指输出电压可调节的稳压器，其性能优于三端固定式集成稳压器。该集成稳压器也分为正、负电压稳压器，正电压稳压器为 CW117 系列（CW117、CW217、CW317），负电压稳压器为 CW137 系列（CW137、CW237、CW337）。三端可调输出集成稳压器也有 3 个端子，分别为输入端 IN、输出端 OUT 及调整端 ADJ，如图 10-14 所示为其外形和引脚图，典型应用电路如图 10-15 所示。

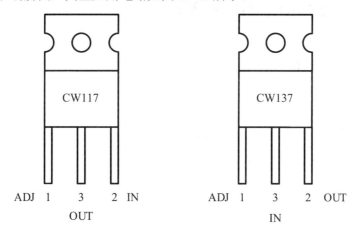

图 10-14 三端可调输出集成稳压器的外形及引脚排列

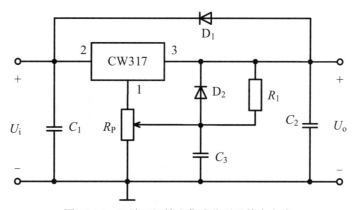

图 10-15 三端可调输出集成稳压器基本电路

为使电路正常工作，一般输出电流不小于 5mA，电阻 R_1 为 120～240Ω。输出电压可在 1.25～37V，负载电流可达 1.5A，由于调整端流出电流很小，一般为 50μA，故可将其忽略，那么输出电压可表示为

$$U_o = \left(1 + \frac{R_P}{R_1}\right) \times 1.25 \qquad (10\text{-}29)$$

思考题：

1. 稳压电路的主要功能是什么？

2. 并联型稳压电路的工作原理是什么？

3. 串联型稳压电路的工作原理是什么？

4. 三端稳压器 7805 和 7912 输出电压各为多少？

➡ 10.4　Multisim 仿真举例

▶ 10.4.1　整流电路的仿真

1. 半波整流电路

半波整流仿真电路如图 10-16 所示，输入信号为 220V、50Hz 的正弦信号，变压器采用 10∶1 的降压变压器，二极管采用 1N4007。

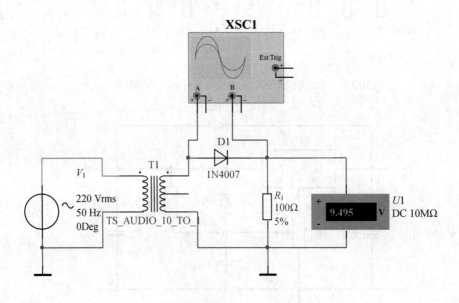

图 10-16　半波整流仿真电路

图 10-17 是用示波器观察到的输入、输出波形，通道 A 为变压器二次绕组 u_2 的波形，通道 B 为半波整流后的输出波形 u_o，测量的峰值分别为 31.073V 和 30.229V，整流后直流分量为 9.495V，二者比值为 $\dfrac{9.495}{\dfrac{31.073}{\sqrt{2}}} \approx 0.432$，近似满足 $U_o \approx 0.45U_2$。

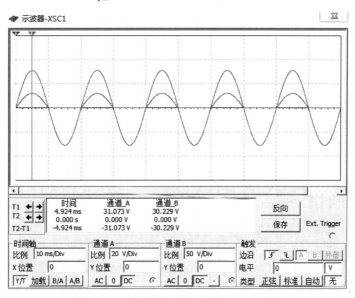

图 10-17　半波整流电路输入、输出波形

2. 桥式整流电路

桥式整流仿真电路如图 10-18 所示，输入信号为 220V、50Hz 的正弦信号，变压器采用 10 : 1 的降压变压器，二极管采用硅堆 MDA2500。

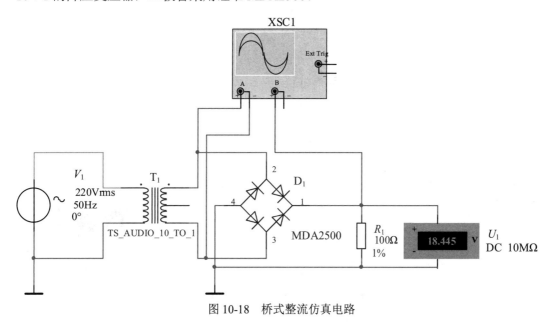

图 10-18　桥式整流仿真电路

　　图 10-19 是用示波器观察到的输入、输出波形，通道 A 为变压器二次绕组u_2的波形，通道 B 为桥式整流后的输出波形u_o，测量的峰值分别为 31.081V 和 29.675V，整流后直流分量为 18.445V，二者比值为 $\dfrac{18.445}{\dfrac{31.081}{\sqrt{2}}} \approx 0.839$，近似满足 $U_o \approx 0.9U_2$。

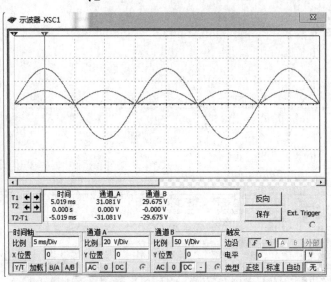

图 10-19　桥式整流电路输入、输出波形

▷ 10.4.2　滤波电路的仿真

　　桥式整流滤波仿真电路如图 10-20 所示,采用桥式整流和电容滤波,滤波电容为 470μF。

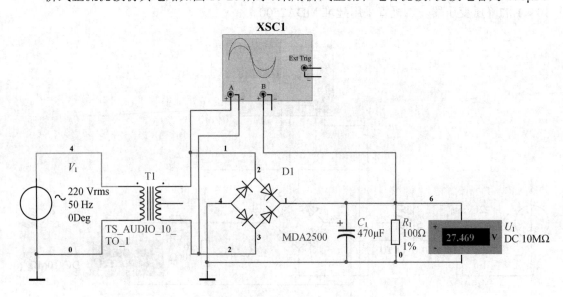

图 10-20　桥式整流滤波仿真电路

图 10-21 是用示波器观察到的输入、输出波形，通道 A 为变压器二次绕组 u_2 的波形，通道 B 为桥式整流滤波后的输出波形 u_o，测量的峰值分别为 31.609V 和 29.608V，整流后直流分量为 27.469V，二者比值为 $\dfrac{27.469}{\dfrac{31.069}{\sqrt{2}}} \approx 1.23$，近似满足 $U_o \approx 1.2U_2$。

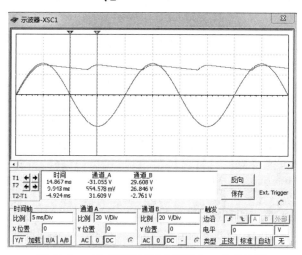

图 10-21　桥式整流滤波电路输入、输出波形

▶ 10.4.3　稳压电路的仿真

1. 并联型稳压电路

并联型稳压仿真电路如图 10-22 所示，采用桥式整流滤波，稳压电路为并联型稳压，稳压二极管为 1N4729A，稳压值为 3.586V。

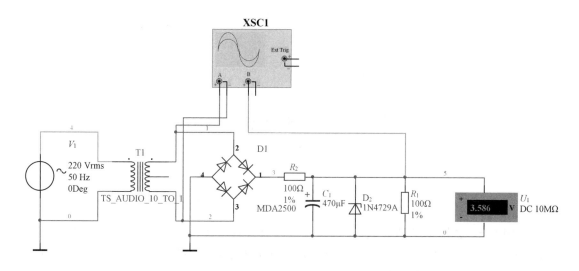

图 10-22　桥式整流滤波并联稳压仿真电路

图 10-23 是用示波器观察到的输入、输出波形，通道 A 为变压器二次绕组u_2的波形，通道 B 为桥式整流滤波并联稳压后的输出波形u_o，测量的峰值分别为 31.081V 和 3.630V，整流后直流分量为 3.586V，与稳压管二极管的稳压值近似相等。

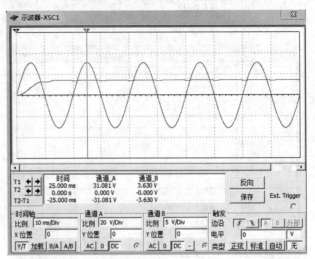

图 10-23　桥式整流滤波并联稳压电路输入、输出波形

2. 集成稳压电路

集成稳压仿真电路如图 10-24 所示，采用桥式整流滤波，稳压电路为集成稳压，集成稳压器为 LM7805KC 和 LM7905CT，二者的稳压值分别为+5V 和−5V。

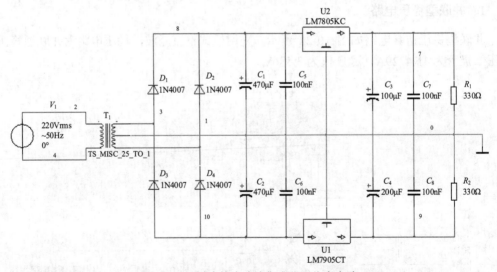

图 10-24　桥式整流滤波集成稳压仿真电路

图 10-25 是用示波器观察到的输入、输出波形，通道 A 为变压器二次绕组u_2的波形，通道 B 和通道 C 为桥式整流滤波集成稳压后的输出波形，测量的峰值分别为 12.440V、5.001V 和 5.060V，与集成稳压器的稳压值近似相等。

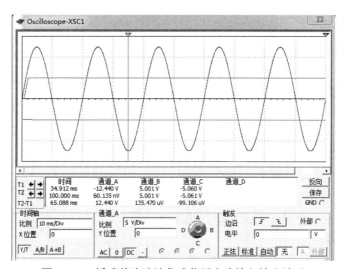

图 10-25　桥式整流滤波集成稳压电路输入输出波形

小　　结

为了给电子电路提供稳定直流电压，需要将交流电网电压（我国常用交流电为 220V／50Hz）转换为直流稳压电源，一般通过整流、滤波和稳压 3 个环节来实现。

在单相全波桥式整流电路中，首先利用二极管的单向导电性将交流电压变成脉动直流电压，然后利用电容或者电感等储能元件对脉动直流电进行滤波处理，滤除其中的纹波电压，最后经过稳压电路输出稳定的直流电。

稳压电路可采用由分立元件构成的并联或串联反馈式稳压电路，也可采用三端集成稳压器电路。并联稳压电路结构简单，易实现，但输出电压范围受负载和稳压管参数的限制；串联反馈式稳压电路输出电压范围大，带载能力强，但体积较大，使用不便；三端集成稳压器体积小，使用方便，得到广泛的应用。

开关稳压电源中调整管工作在开关状态，效率高，体积小，在小型电子产品中应用广泛。

习　　题

10.1　判断下列说法是否正确，用"√"或"×"表示判断结果填入后面的括号内。

（1）整流电路可将正弦电压变为脉动的直流电压。　　　　　　　　　　　　（　　）

（2）电容滤波电路适用于小负载电流，而电感滤波电路适用于大负载电流。（　　）

（3）在单相桥式整流电容滤波电路中，若有一个整流管断开，输出电压平均值变为原来的一半。　　　　　　　　　　　　　　　　　　　　　　　　　　　　　　　　（　　）

（4）在稳压管稳压电路中，稳压管的最大稳定电流必须大于最大负载电流。（　　）

10.2 选择合适的答案填入横线内。

（1）整流的目的是_____。

A. 将交流变为直流　　　　　B. 将高频变为低频

C. 将正弦波变为方波

（2）在单相桥式整流电路中，若有一个整流管接反，则_____。

A. 输出电压约为$2U_D$　　　　B. 变为半波直流__

C. 整流管将因电流过大而烧坏

（3）直流稳压电源中滤波电路的目的是_____。

A. 将交流变为直流　　　　　B. 将高频变为低频

C. 将交、直流混合量中的交流成分滤掉

（4）滤波电路应选用_____。

A. 高通滤波电路　　　　　　B. 低通滤波电路

C. 带通滤波电路

10.3 在如图 10-26 所示的稳压电路中，已知稳压管的稳定电压U_Z为 6V，最小稳定电流I_{Zmin}为 5mA，最大稳定电流I_{ZM}为 40mA，输入电压U_i为 15V，波动范围为±10%，限流电阻R为 200Ω。求解：

（1）电路是否能空载？为什么？

（2）作为稳压电路的指标，负载电流I_o的范围为多少？

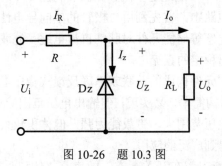

图 10-26　题 10.3 图

10.4 电路如图 10-27 所示。合理连线，构成 5V 的直流电源。

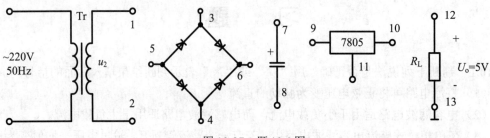

图 10-27　题 10.4 图

10.5 在如图 10-28 所示电路中，已知输出电压平均值U_o=15V，负载电流平均值

$I_o = 100\text{mA}$。求解：

（1）变压器副边电压有效值 U_2 是多少？

（2）设电网电压波动范围为 $\pm 10\%$。在选择二极管的参数时，其最大整流平均电流 I_D 和最高反向电压 U_{DRM} 的下限值约为多少？

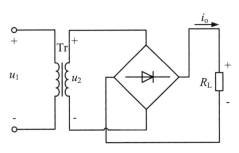

图 10-28 题 10.5 图

10.6 电路如图 10-29 所示。求解：

（1）分别标出 u_{o1} 和 u_{o2} 对地的极性。

（2）u_{o1}、u_{o2} 分别是半波整流还是全波整流？

（3）当 $u_{21} = u_{22} = 20\text{V}$ 时，u_{o1} 和 u_{o2} 各为多少？

（4）当 $u_{21} = 18\text{V}$，$u_{22} = 22\text{V}$ 时，画出 u_{o1}、u_{o2} 的波形，并求出 u_{o1} 和 u_{o2} 各为多少。

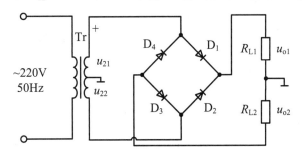

图 10-29 题 10.6 图

10.7 分别判断如图 10-30 所示各电路能否作为滤波电路，简述理由。

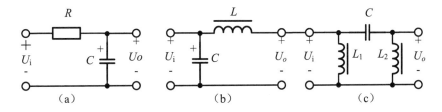

图 10-30 题 10.7 图

10.8 电路如图 10-31 所示，已知稳压管的稳定电压为 6V，最小稳定电流为 5mA，允许耗散功率为 240mW，输入电压为 20～24V，$R_1 = 360\Omega$。试问：

（1）为保证空载时稳压管能够安全工作，R_2 应选多大？

（2）当 R_2 按上面原则选定后，负载电阻 R_L 允许的变化范围是多少？

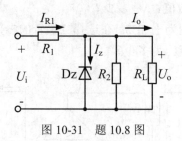

图 10-31　题 10.8 图

10.9　直流稳压电源如图 10-32 所示。要求：

（1）说明电路的整流电路、滤波电路、调整管、基准电压电路、比较放大电路、采样电路等各由哪些元件组成。

（2）标出集成运放的同相输入端和反相输入端。

（3）写出输出电压的表达式。

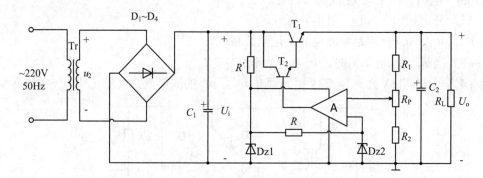

图 10-32　题 10.9 图

10.10　在如图 10-33 所示电路中，$R_1 = 240\Omega$，$R_2 = 3k\Omega$；W117 输入端和输出端电压允许范围为 3～40V，输出端和调整端之间的电压 U_{REF} 为 1.25V。求解：

（1）输出电压的调节范围。

（2）输入电压允许的范围。

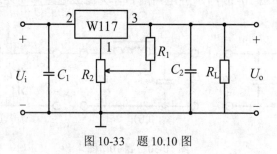

图 10-33　题 10.10 图

◈ 第 11 章 模拟电子电路读图 ◈

引言

前面各章分别介绍了半导体二极管、三极管、场效应管、集成运算放大器、集成功率放大器以及集成稳压器等元器件，并分析了由它们组成的各种基本电路。本章将通过一个实例，运用前面所学知识，读懂由这些基本电路组成或派生的较简单的实际电路，以达到复习、巩固和深化所学知识的目的。

实际工作中，要对电子设备和系统进行分析研究、维护使用或修理改进，首先需要看懂它的电路图，剖析电路组成，了解它的工作原理和主要功能，有时还要对其性能指标做出粗略的估算。因此，读电子电路图是从事电子技术工作的工程技术人员最基本而又非常重要的工作。

▨ 11.1 读图的一般方法

熟练地读懂电子电路图，需要综合运用已经学过的电路知识，有时还需要一定的实际工作经验。由于实用的电子设备或系统都是在原理电路图的基础上，根据性能要求和实现的条件做了相应的改进，增加或减少一些元器件，改变或调整元件的参数或布局，因此初学者看实际的电路图往往感到错综复杂，不知如何入手。

但是无论多么复杂的电路都是由简单电路组合而成的，只要具有一定的电路知识，掌握读图的基本方法，按照一般的读图步骤，就能逐步熟悉读图规律。经过反复的练习和实际经验的积累，必然会迅速提高电路图的识图能力。下面是读图的基本步骤。

1. 了解电路的用途

在具体分析一个电路之前，要了解电路或系统的主要用途，清楚电路的功能和作用、具有什么特点、能达到的技术指标，以便从总体上掌握电路的设计思想，了解各部分电路的安排以及可能的电路改进措施。

2. 将电路划分为若干个功能块

任何复杂的电路或电子设备都是由若干简单的基本单元或功能电路组合而成。因此，读图时要善于把总电路图化整为零，分成若干个基本单元。每个单元可能是单元电路、集成器件，也可能是功能块，最好用方块图表示它们各自的作用和相互联系。熟记基本单元电路是熟练读图的基础。看到熟悉的基本单元电路，就可知道各元器件的作用、电路性能参数如何估算，可确定其在整个系统中的作用。若遇到分立元件组成的电路或由集成电路组成的未知电路，可从电子器件手册或相关资料中查找到这些电路的功能、元器件的作用

与选用、电路性能的参数估算等技术资料。

3．分析基本单元的功能

对于初学者来说，在分析电路和确定基本单元电路的作用时，先找出电路图中的有源器件或核心元器件，划分出基本单元电路，再根据电路组成形式分析每个基本单元的功能。由于实际电路比原理电路复杂，需要进行电路简化；找出信号通路和影响电路功能的主要元器件；查清所用集成器件的功能和主要引出端的作用；掌握该基本单元的工作原理。

4．分析各基本单元之间的联系

从分析输入信号着手，标明各基本单元电路组成的功能电路模块的名称，如有必要，还可画出基本单元电路和功能电路模块的输入、输出波形，以分析信号在整个电路传输过程中的变化情况，然后画出总体方块图。其目的是对总体电路的功能形成完整认识。

若在给出电路图的同时，还提供了相应的系统框图和简要说明，则应首先通过系统框图和简要说明来领会电路设计者的设计思想和系统工作流程，再分析电路，这给电路分析带来很大方便。

5．进行工程计算

有时为了做出定量的分析，需要对主要单元电路进行工程估算。运用学过的定量估算方法，着重计算影响电路性能的主要环节，定量求出相应的技术指标，了解电路的性能和质量。

6．读图顺序方向

一般规定信号流向为自左向右、自上而下。读图顺序方向按信号的流向进行称为顺读法，反之，称为逆读法。

当然，不同的电路设备看图分析的方法也有所不同，因此分析步骤应根据具体电路的不同灵活运用。另外，不同的识图水平和分析要求，所采用的读图步骤也不一样，千万不要生搬硬套，拘泥于上述方法。

思考题：

简述模拟电子电路读图的基本步骤。

➡ 11.2 读图举例——带音调控制的音频放大器

1．了解电路的用途

如图 11-1 所示为带音调控制的音频放大器电路，该电路是一个典型、实用的音频放大电路。它可以将收音机、录音机和电唱机输出的音频信号进行放大，以获得较大的输出功率来推动扬声器发声。此外，它还可以对信号中的高频和低频成分进行控制，对音量大小进行调节。

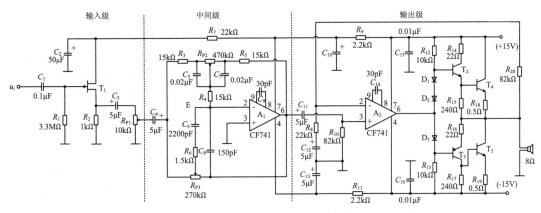

图 11-1　带音调控制的音频放大器

2．将电路划分为若干个功能块

既然是一个放大电路，则信号通路就是从输入端到输出端（接扬声器的端口）之间的放大通路。从左向右看过去，此电路的有源器件为：T_1（场效应管）、A_1、A_2（集成运放）和 $T_2 \sim T_5$（晶体管），则可大致推断信号是从 T_1 的栅极输入，经过 T_1 放大并送到 A_1 的输入端，经 A_1 放大后送到 A_2 再次放大，再送到 $T_2 \sim T_5$ 组成的放大电路（这部分很容易看出是准互补功放电路），最后送到扬声器。根据信号从左边输入、右边输出的流向通路，可以以两个耦合电容（C_4 和 C_{11}）为界，将电路分为 3 个部分：输入级、中间级和输出级，如图 11-1 所示电路中的虚线所示。

3．分析基本单元的功能

（1）输入级

输入级电路如图 11-2 所示，输入级又称前置级，用来实现阻抗变换。由结型场效应管 T_1 组成源极跟随器作为输入级电路，它具有输入阻抗高、输出阻抗低的特点，可满足中间级音调控制电路的低阻抗要求。输出信号通过 C_3 耦合到音量调节电位器 R_{P1} 上，以调节输入下一级的信号大小，达到调节音量大小的目的。

（2）中间级

中间级由 $R_3 \sim R_6$、$C_5 \sim C_9$、R_{P2}、R_{P3} 等 RC 选频网络和集成运放 A_1 所组成，如图 11-3 所示。音调控制电路实际上是一个高、低通选频网络，通过控制高、低频信号的增益来提升或衰减高、低音信号。由图可知，输入信号分为两路送到 A_1 输入端：一路经 R_3、C_5、R_{P2} 和 R_4 到反相输入端；另一路由 R_{P3}、R_6 和 C_6 到反相输入端。该电路的高、低音控制原理可分析如下。

① 低音控制原理

在图 11-3 所示电路中，R_{P2} 为低音控制电位器。低频和中频时，由于 C_6、C_8 数值很小，可视为开路；R_{P3} 的阻值若很大，也可视为开路；R_4 的阻值对于高输入阻抗的集成运放也可忽略。当 R_{P2} 的动端调至 A 点时，C_5 被短路。因此，中、低频时的音调控制电路可简化为如图 11-4（a）所示。由图可见，当信号频率下降时，C_7 的容抗变大。当频率下降到 C_7 可视为开路时，电路的电压增益为

$$\left|\frac{U_o}{U_i}\right| = \frac{R_{P2} + R_5}{R_3} = \frac{470 + 15}{15} \approx 32.3(30\text{dB})$$

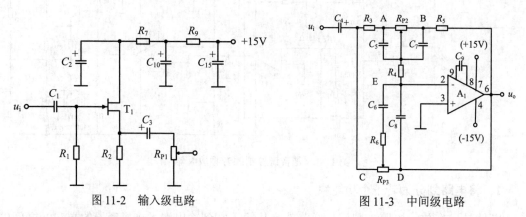

图 11-2　输入级电路　　　　图 11-3　中间级电路

当信号频率升高时，C_7 的容抗减小。当频率上升到 C_7 可视为短路时，电路的中频电压增益为

$$\left|\frac{U_o}{U_i}\right| = \frac{R_5}{R_3} = \frac{15}{15} = 1$$

所以，低音控制电位器 R_{P2} 的动端调至 A 点时，低频信号被提升。

当 R_{P2} 的动端调至 B 点时，C_7 被短路，中、低频电路可简化为如图 11-4（b）所示。当信号频率下降时，C_5 的容抗随频率下降而增大，对 R_{P2} 的旁路作用减小。当频率下降到 C_5 相当于开路时，低频电压增益为

$$\left|\frac{U_o}{U_i}\right| = \frac{R_5}{R_3 + R_{P2}} = \frac{15}{15 + 470} \approx 0.03(-30\text{dB})$$

当信号频率上升至 C_5 可视为短路时，中频电压增益仍为 $\left|\dfrac{U_o}{U_i}\right| = \dfrac{R_5}{R_3} = \dfrac{15}{15} = 1$。所以，低音控制电位器 R_{P2} 的动端调至 B 点时，低频信号被衰减。

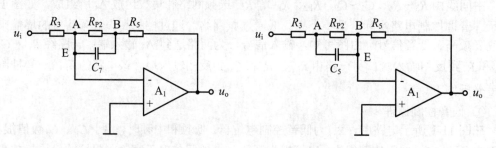

（a）R_{P2}动端调至A点时　　　　　（b）R_{P2}动端调至B点时

图 11-4　中、低音等效电路

以上分析说明，调节低音控制电位器 R_{P2} 的动端由 B 到 A 时，中频电压增益保持不变，

为 $-\dfrac{R_5}{R_3}=-1$，而低频信号的电压增益由-30dB 提升到+30dB，实现了低音控制功能。

② 高音控制原理

在如图 11-3 所示电路中，R_{P3} 为高音控制电位器。由于 C_5 和 C_7 的值大于 C_6，高频时 C_5 和 C_7 可视为短路，其高频等效电路如图 11-5（a）所示。将 Y 形接法的电阻 R_3、R_4、R_5 变换成三角形接法后，电路变为如图 11-5（b）所示。因为 $R_3=R_4=R_5=15\text{k}\Omega$，所以 $r_3=r_4=r_5=R_3+R_5+\dfrac{R_3R_5}{R_4}=3R_3=45\text{k}\Omega$。

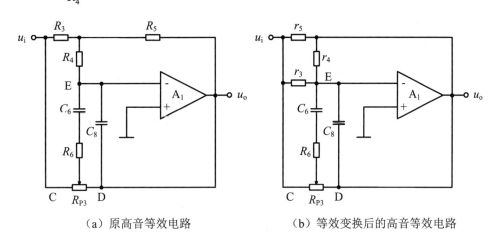

（a）原高音等效电路　　　　　　（b）等效变换后的高音等效电路

图 11-5　高音等效电路

由于输入级是源极跟随器，其输出电阻很小，同时由于 r_5 比源极跟随器的输出电阻 R_{o1} 大得多，故对第二级输入电压的影响可忽略不计，即 r_5 视为开路。当 R_{P3} 的动端调至 C 点时，R_{P3} 的阻值很大，可视为开路。电容 $C_8\ll C_6$，其影响可以忽略，于是得到简化电路如图 11-6（a）所示。

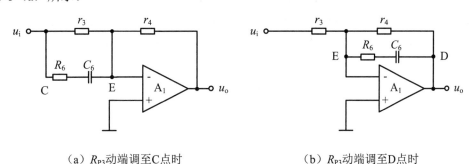

（a）R_{P3}动端调至C点时　　　　　　（b）R_{P3}动端调至D点时

图 11-6　简化高音等效电路

由图 11-6（a）可知，当信号频率升高时，C_6 的容抗减小。当频率上升到 C_6 的容抗可视为零时，高频信号电压增益为

$$\left|\frac{U_o}{U_i}\right| = \frac{r_4}{r_3 // R_6} = \frac{r_4 + R_6}{R_6} = \frac{45 + 1.5}{1.5} = 31(29.8\text{dB})$$

当信号频率下降时，C_6 的容抗增加，当频率下降到 C_6 可视为开路时，即中频电压增益为

$$\left|\frac{U_o}{U_i}\right| = \frac{r_4}{r_3} = 1$$

所以，高音控制电位器 R_{P3} 的动端调至 C 点时，高频信号提升。

当 R_{P3} 的动端移至 D 点时，同样可得到简化电路如图 11-6（b）所示。随着信号频率的增加，C_6 容抗减小直至零时，高频信号电压增益为

$$\left|\frac{U_o}{U_i}\right| = \frac{r_4 // R_6}{r_3} = \frac{R_6}{r_4 + R_6} = \frac{1.5}{45 + 1.5} \approx 0.032(-29.8\text{dB})$$

随着信号频率的下降，C_6 容抗增加直至开路时，即中频电压增益为

$$\left|\frac{U_o}{U_i}\right| = \frac{r_4}{r_3} = 1$$

所以，高音控制电位器 R_{P3} 的动端调至 D 点时，高频信号被衰减。

由以上分析可见，调节高音控制电位器 R_{P3} 的动端由 D 至 C，中频信号电压增益保持不变，而高频信号电压增益由 -29.8dB 提高到 $+29.8\text{dB}$。因此，实现了高音控制。

（3）输出级

输出级由集成运放 A_2 和三极管 $T_2 \sim T_5$、二极管 $D_1 \sim D_3$ 组成。如图 11-7 所示，A_2 为前置放大电路，作驱动级；$T_2 \sim T_5$ 为复合管准互补对称电路，作输出级；$D_1 \sim D_3$ 为 $T_2 \sim T_5$ 管提供静态小电流偏置，克服信号交越失真。R_{15} 和 R_{17} 用来减小复合管的穿透电流，以提高复合管的温度稳定性。R_{18} 和 R_{19} 用来获得电流负反馈，使电路性能更加稳定。为了提高该级的输入电阻，信号从 A_2 的同相端输入。输出端通过 R_{20}、R_8 和 C_{12} 构成交流电压串联负反馈，稳定输出电压，减小非线性失真和改善放大器的其他动态性能。由图可知，中频时的电压增益为

$$A_{uf} = 1 + \frac{R_{20}}{R_8} = 1 + \frac{82}{2.2} \approx 38$$

4. 总体框图

除了前面介绍的输入级、中间级和输出级电路以外，该电路为了消除低频自激振荡和滤除高频干扰，采用了由 C_2 和 R_7、C_{15}、C_{10} 和 R_9、C_{13} 和 R_{11} 及 C_{16} 组成的去耦滤波电路。为了使集成运放工作稳定，接入 C_9 和 C_{14}（30pF）来消除高频自激振荡。此外，电路还引入了深度电压串联负反馈，并采用了正、负两组电源供电。根据以上分析，可以画出该电路的整体原理框图如图 11-8 所示。

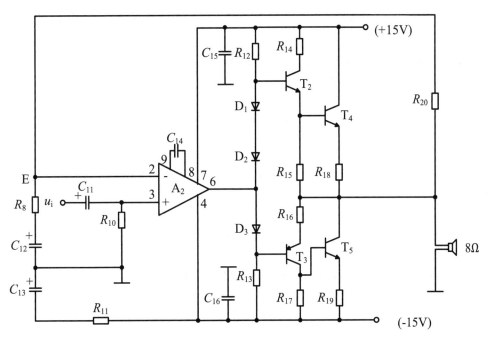

图 11-7　输出级电路

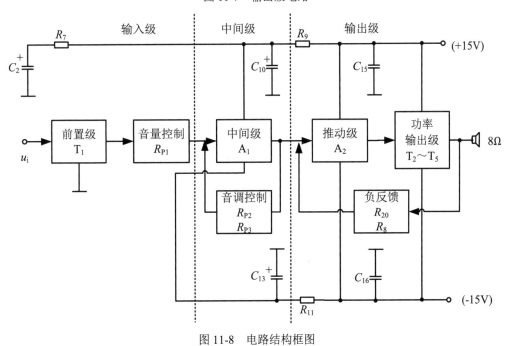

图 11-8　电路结构框图

5. 估算性能

（1）输入电阻和输出电阻

由于输入级是结型场效应管组成的源极跟随器，输入电阻很高，所以

$$R_i = R_1 = 3.3\text{M}\Omega$$

输出级是复合管射极跟随器，并且采用了深度电压串联负反馈，输出电阻极低。

（2）总电压增益

总电压增益 A_u 等于各级电压增益的乘积，即

$$A_u = A_{u1} A_{u2} A_{u3}$$

A_{u1} 是输入级的电压增益，因为是源极跟随器，所以

$$A_u \approx 1$$

A_{u2} 是中间级音调控制电路的负反馈电压增益。中频时，C_5 和 C_7 均视为短路，C_6 视为开路，因此

$$A_{u2} = \frac{R_5}{R_3} = -1$$

A_{u3} 是输出级的负反馈电压增益。此时为深度电压串联负反馈，中频时的电压增益

$$A_{u3} = 1 + \frac{R_{20}}{R_8} \approx 38$$

所以总的电压增益

$$A_u = A_{u1} A_{u2} A_{u3} = -38$$

（3）最大输出功率

因考虑 R_{18} 上的压降和 T_2、T_4 管的发射结压降 $U_{BE2} = U_{BE4} \approx 0.8V$，设输出级的饱和管压降为 2V，则最大输出功率为

$$P_{omax} = \frac{(U_{CC} - U_{CES})^2}{2R_L} = \frac{(15-2)^2}{2 \times 8} = 10.6W$$

（4）高、低音控制量

由前面分析可知：低音提升 $\pm 30dB$，高音提升 $\pm 29.8dB$。

思考题：

1．带音调控制的音频放大器由哪几部分组成？各部分完成什么功能？画出其方框图。
2．试定性分析音调控制电路是如何实现高、低音控制的。
3．说明二极管 D_1、D_2、D_3 的作用。

小　　结

本章首先介绍了读图的基本方法，然后以带音调控制的音频放大电路为例，具体说明了读图的一般方法和步骤，即按照了解用途、找出通路、化繁为简、各个击破、统观整体

和估算性能指标等步骤进行。虽然电子电路千差万别，但万变不离其宗，读者应在熟悉常用的电子电路和元器件的主要特点、性能参数、工作原理和分析方法的基础上，加强实践，逐渐积累经验，不断提高读图水平。

在化繁为简、各个击破，对电路进行功能分析时，一般应按先易后难、先粗后细的顺序进行。

电子电路品种繁多，更新很快，读图时难免遇到自己不熟悉的器件和看不懂的电路。出现这种情况时，应查阅有关资料，详细了解它的工作原理、主要性能、参数和典型应用电路等。

习　　题

11.1　电路如图 11-9 所示，其功能是实现模拟计算。要求：

（1）求出微分方程。

（2）简述电路原理。

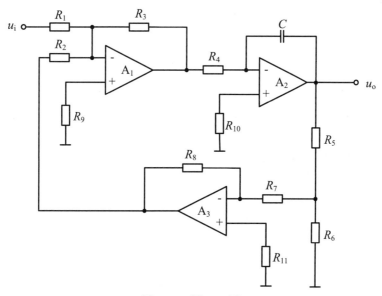

图 11-9　题 11.1 图

11.2　如图 11-10 所示为反馈式稳幅电路，其功能是：当输入电压变化时，输出电压基本不变。主要技术指标如下所示。

（1）输入电压波动 20%时，输出电压波动小于 0.1%。

（2）输入信号频率在 50～2000Hz 的范围变化时，输出电压波动小于 0.1%。

（3）负载电阻从 10kΩ 变为 5 kΩ 时，输出电压波动小于 0.1%。

要求：

（1）以每个集成运放为核心器件，说明各部分电路的功能。

（2）用方框图表明各部分电路之间的相互关系。

（3）简述电路的工作原理。

提示：场效应管工作在可变电阻区，电路通过集成运放 A_3 的输出控制场效应管的工作电流，来达到调整输出电压的目的。

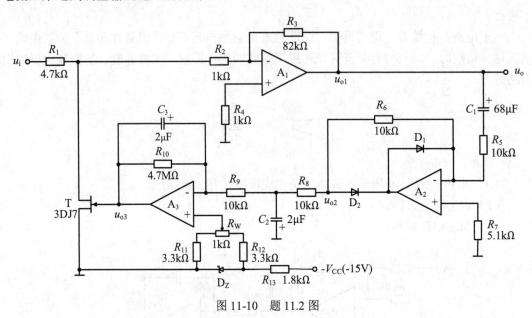

图 11-10　题 11.2 图

11.3　五量程电容测量电路如图 11-11 所示，C_X 为被测电容，输出电压 u_o 是一定频率的正弦波，u_o 经 AC/DC 转换和 A/D 转换，送入数字显示器，即可达到测量结果。要求：

（1）以每个集成运放为核心器件，说明各部分电路的功能。

（2）用方框图表明各部分电路之间的相互关系。

（3）简述电路的工作原理。

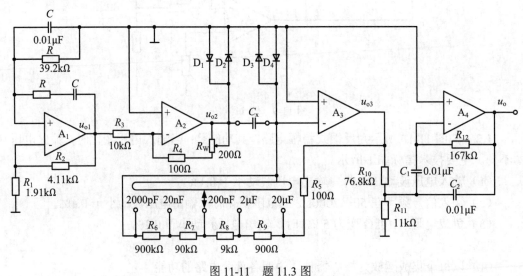

图 11-11　题 11.3 图

11.4　直流稳压电源如图 11-12 所示。要求：

（1）用方框图描述电路各部分的功能及相互之间的关系。

（2）已知 W117 的输出端和调整端之间的电压为 1.25V，3 端电流可忽略不计，求解输出电压 U_{o1} 和 u_{o2} 的调节范围，并说明为什么称该电源为"跟踪电源"。

（3）说明电路中各电容的作用。

（4）说明二极管 D_5 的作用。

（5）调整管为什么采用复合管？

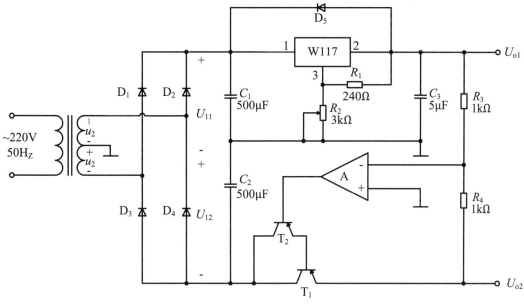

图 11-12　题 11.4 图